21世纪高等学校精品规划教材

数据库原理及应用（Access 2007）

沈祥玖　曹梅红　编著

中国水利水电出版社
www.waterpub.com.cn

内 容 提 要

本书以新版本 Microsoft Access 2007 中文版数据库系统作为教学数据库，针对应用型本科和高职高专学生的特点，总结并精选作者多年从事教学和实际应用开发的经验，以实际应用例子作为任务驱动，由浅入深，理论结合实际，兼顾全国计算机等级考试（二级 Access），全面讲述了 Access 关系数据库系统的特点及应用开发技术。

全书共分 12 章。第 1 章主要讲述数据库的基本概念和基本知识；第 2～10 章通过一个典型的数据库应用实例，主要讲述可视化操作工具（如表设计、查询设计、窗体设计、报表设计、Web 设计、宏应用等）和向导（如表向导、查询向导、窗体向导、报表向导等）。数据库的最终用户利用这些工具和向导不用编程即可构造简单实用的管理信息系统，充分展示了 Access 数据库应用开发便捷、灵活、易学易懂的特点，是数据库应用与开发的入门基础；第 11 和 12 章是 Access 数据库应用与开发的提高篇，主要介绍怎样优化和管理 Access 数据库、把 Access 升迁到 SQL Server、实现数据交换与共享、构造客户机/服务器结构应用系统，简单介绍 VBA 程序设计语言。以高校学生收费管理信息系统应用为实例，全面讲述数据库应用系统的开发设计步骤和方法。使用 Access 可以快速构造具有一定规模、较为复杂和功能强大的客户机/服务器结构应用系统。

本书可作为应用型本科和高职高专学生学习数据库原理与应用的教材，也可作为技术培训教材、全国计算机等级考试（二级 Access）和自学参考书。

本书配有电子教案，读者可以从中国水利水电版社网站和万水书苑免费下载，网址为：http://www.waterpub.com.cn/softdown/和 http://www.wsbookshow.com。

图书在版编目（CIP）数据

数据库原理及应用 : Access 2007 / 沈祥玖，曹梅红编著. -- 北京 : 中国水利水电出版社，2011.8
21世纪高等学校精品规划教材
ISBN 978-7-5084-8792-2

Ⅰ. ①数… Ⅱ. ①沈… ②曹… Ⅲ. ①关系数据库－数据库管理系统，Access 2007－高等学校－教材 Ⅳ. ①TP311.138

中国版本图书馆CIP数据核字(2011)第137619号

策划编辑：雷顺加　　责任编辑：张玉玲　　加工编辑：刘晶平　　封面设计：李　佳

书　名	21世纪高等学校精品规划教材 数据库原理及应用（Access 2007）
作　者	沈祥玖　曹梅红　编著
出版发行	中国水利水电出版社 （北京市海淀区玉渊潭南路 1 号 D 座　100038） 网址：www.waterpub.com.cn E-mail：mchannel@263.net（万水） sales@waterpub.com.cn 电话：（010）68367658（营销中心）、82562819（万水）
经　售	全国各地新华书店和相关出版物销售网点
排　版	北京万水电子信息有限公司
印　刷	三河市鑫金马印装有限公司
规　格	184mm×260mm　16 开本　15.25 印张　382 千字
版　次	2011 年 8 月第 1 版　2011 年 8 月第 1 次印刷
印　数	0001—4000 册
定　价	26.00 元

前　　言

本书以新版本 Microsoft Access 2007 中文版数据库系统作为教学数据库，针对应用型本科和高职高专学生的特点，总结并精选作者多年从事教学和实际应用开发的经验，以实际应用例子作为任务驱动，由浅入深，理论结合实际，兼顾全国计算机等级考试（二级 Access），全面讲述了 Access 关系数据库系统的特点及应用开发技术。

本书以适用于初学者为目的进行编排，知识难度控制在初学者能够接受的范围内，对于哪些内容可以了解、哪些必须掌握、哪些是较深入的应用等都给出了明确的说明。讲解简明扼要、条理清楚，应用例子贯穿始终，尽量简单易学，以适合初学者。

Access 2007 数据库系统是 Microsoft 公司新近开发的、最流行的和功能强大的桌面数据库管理系统。通过直观的、可视化的操作即可完成大部分数据的管理工作，Access 是完全面向对象，采用事件驱动机制的最新关系型数据库系统，使数据库的应用和开发更加便捷、灵活。在 Access 2007 中，用户可以使用 Internet 标准 XML/XSL 将数据快速发布到 Web，用户可以将 Access 报表、窗体、表或查询导出到 XML 文档中，该文档包含相关的 XSL 文件供演示文稿使用。这使得用户可以通过支持 HTML 的 Internet 浏览器查看在 Access 中创建的窗体和报表。Access 吸收了 FoxPro 关系数据库中最好的优点；引入 Visual Basic for Application（简称 VBA）语言进行程序设计。Access 具有和 Office 2007 中 Word、Excel、PowerPoint 相同的操作界面和环境，使 Access 易学易用，反映了数据库技术的最新发展和特点。

全书共分 12 章，第 1 章主要讲述数据库的基本概念和基本知识；第 2～10 章通过一个典型的数据库应用实例，主要讲述可视化操作工具（如表设计、查询设计、窗体设计、报表设计、Web 设计、宏应用等）和向导（如表向导、查询向导、窗体向导、报表向导等）。数据库的最终用户利用这些工具和向导不用编程即可构造简单、实用的管理信息系统，充分展示了 Access 数据库应用开发的便捷、灵活、易学易懂的特点，是数据库应用与开发的入门基础；第 11 和 12 章是数据库应用与开发的提高篇，介绍了 VBA 程序设计语言。以高校学生收费管理信息系统应用为例，全面讲述了数据库应用系统的开发设计步骤和方法。使用 Access 可以快速构造具有一定规模、较为复杂和功能强大的客户机/服务器结构应用系统。

本书由沈祥玖、曹梅红编著，其中第 1、6～8、10、12 由沈祥玖编写，第 2～4、11 章由曹梅红编写，第 5 章由尹涛编写，第 9 章由冉庆淼编写。全书由沈祥玖最后定稿，参加本书编写和录入工作的还有迟增晓、徐小平、周昊、周建玲老师，在此一并表示感谢。

由于作者水平有限，书中难免存在不足之处，恳请广大读者批评指正。

沈祥玖

2011 年 5 月于济南

E-mail: jnjtsxj@163.com

目录

第 1 章　关系数据库概述

- 关系数据库和数据模型的有关概念
- 关系数据库规范化的方法和步骤
- 关系数据标准语言——SQL 的功能和语法格式
- 数据库新技术

1.1　数据模型

1. 数据模型

数据模型就是现实世界的模拟。由于计算机不可能直接处理现实世界中的具体事物，所以人们必须事先把具体事物转换成计算机能够处理的数据。在数据库中用数据模型这个工具抽象、表示和处理现实世界中的数据和信息。

根据模型应用的不同目的，可以将这些模型划分为两类，它们分属于两个不同的层次。一类模型是概念模型，也称信息模型，它是按用户的观点对数据和信息建模。另一类模型是数据模型，主要包括网状模型、层次模型、关系模型等，它是按计算机系统的观点对数据建模。

2. 概念模型

概念模型是现实世界到机器世界的一个中间层次。现实世界的事物反映到人的脑子中来，人们把这些事物抽象为一种既不依赖于具体的计算机系统又不为某一 DBMS 支持的概念模型，然后再把概念模型转换为计算机上某一 DBMS 支持的数据模型。

（1）实体。客观存在并相互区别的事物及其事物之间的联系，如一个学生、一门课程、学生的一次选课等都是实体。

（2）属性。实体所具有的某一特性，如学生的学号、姓名、性别、出生年份、系、入学时间等。

（3）码。唯一标识实体的属性集，如学号是学生实体的码。

（4）域。属性的取值范围。例如，年龄的域为大于 15 小于 35 的整数，性别的域为（男，女）。

（5）实体型。用实体名及其属性名集合来抽象和刻画同类实体，称为实体型。例如，学生（学号，姓名，性别，出生年份，系，入学时间）就是一个实体型。实体型同型实体的集合称为实体集，如全体学生就是一个实体集。

（6）联系。实体与实体之间以及实体与组成它的各属性间的关系。

联系有 3 种情况：一对一联系、一对多联系、多对多联系。

3. E-R 方法（Entity-Relationship Approach）和实体模型

概念模型的表示方法很多，最常用的是实体—联系方法。该方法用 E-R 图来描述现实世界的概念模型。E-R 图提供了表示实体型、属性和联系的方法。数据可以按相应数据模型进行组织。E-R 图中表示实体联系的符号如图 1-1 所示。

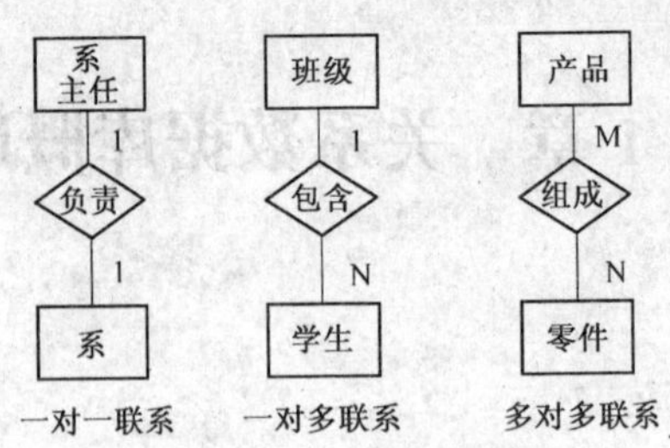

图 1-1　表示实体联系的符号

在 E-R 图中，矩形框表示实体，菱形框表示联系，椭圆形框表示实体和联系的属性，相互联系的实体之间以直线连接，并标注联系类型。

例如，在教学管理中，一个教师可以教一门或多门课程，每位学生也需要学习几门课程。因此，教学管理中涉及的对象（实体）有学生、教师和课程。

用 E-R 图描述他们之间的联系，如图 1-2 所示。其中，学生与课程是多对多的联系，而教师与课程是一对多的联系。

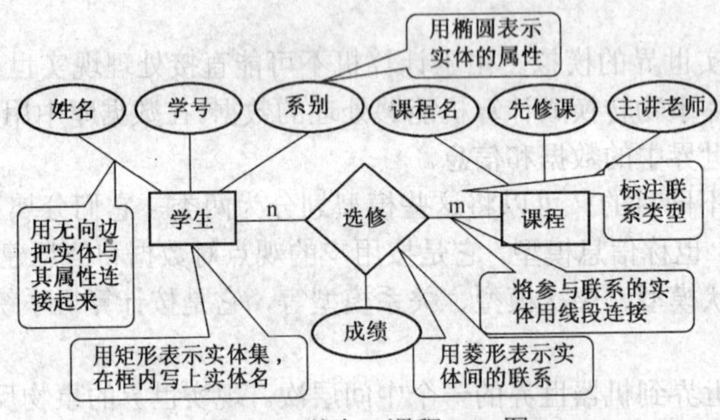

图 1-2　学生、课程 E-R 图

完整的学生、课程、教师教学实体模型（如图 1-3 所示）如下：

（1）学校有若干学生，属性包括：学号、姓名、性别、年龄。

（2）学校有若干教师，属性包括：编号、姓名、性别、年龄、职称。

（3）学校开设若干课程，属性包括：课程号、课程名、课时、学分。

（4）在教学中，一门课程只安排一名教师任教，一名教师可任教多门课程。

（5）教师任课包括：任课时间和使用教材。

（6）一门课程有多名学生选修，每名学生可选修多门课程。学生选课包括所选课程和考核成绩。

4．关系数据模型

关系模型是目前最重要的一种模型。美国 IBM 公司的研究员 E.F.Codd 于 1970 年发表了题为“大型共享系统的关系数据库的关系模型”的论文，文中首次提出了数据库系统的关系模型。20 世纪 80 年代以来，计算机厂商新推出的数据库管理系统（DBMS）几乎都支持关系模型，非关系系统的产品也大都加上了关系接口。数据库领域当前的研究工作都是以关系方法为基础。本书的重点也将放在关系数据模型上。这里只简单勾画一下关系模型。

（1）关系数据结构。

在用户看来，一个关系模型的逻辑结构是一张二维表，它由行和列组成。例如，学生记录表就是一个关系模型（如表 1-1 所示），它涉及下列概念。

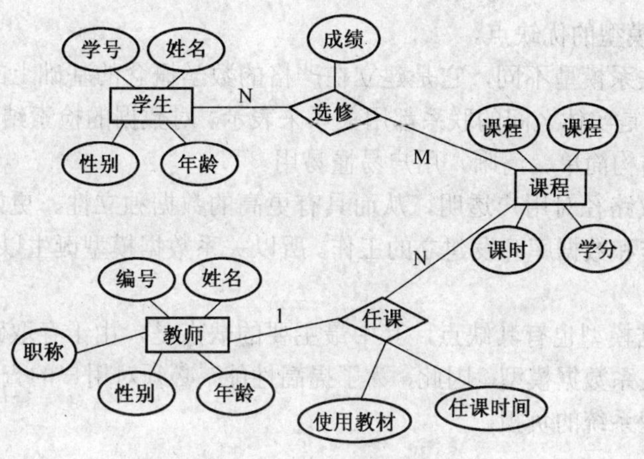

图 1-3　教学实体模型

表 1-1　学生记录表

学号	姓名	性别	年龄	所在系
0000101	王凯	男	17	人文系
000207	李云陆	男	18	机械系
010302	刘敏	女	18	信息系
010408	高红波	女	20	土木系
⋮	⋮	⋮	⋮	⋮
020309	李睿	男	19	汽车系
020506	万旭青	女	21	管理系

关系：一个关系对应一张二维表，表 1-1 所示的学生记录表就是一个关系。

元组：表中的一行即为一个元组，若有 20 行，就有 20 个元组。

属性：表中的一列即为一个属性，有 5 列，对应 5 个属性（学号，姓名，性别，年龄和所在系）。

码（Key）：表中的某个属性（组），它可以唯一确定一个元组，则称该属性组为“候选码”。若一个关系有多个候选码，则选定其中一个为主码。学号是该学生关系的码。

域（Domain）：属性的取值范围，学生年龄的域应是（16～28），性别的域是（男，女），系别的域是一个学校所有系名的集合。

分量：元组中的一个属性值。

关系模式：对关系的描述，一般表示为：

关系名(属性 1，属性 2，…，属性 n)

例如，上面的关系可描述为：

学生(学号，姓名，性别，年龄，所在系)

（2）关系数据模型的存储结构。

关系数据模型中，实体及实体间的联系都用表来表示。在数据库的物理组织中，表以文件形式存储，每一个表通常对应一种文件结构。

（3）关系数据模型的优缺点。

关系模型与非关系模型不同，它是建立在严格的数学概念的基础上的。关系模型的概念单一。无论是实体还是实体之间的联系都用关系来表示。对数据的检索结果也是关系（即表）。所以关系数据模型结构简单、清晰，用户易懂易用。

关系模型的存取路径对用户透明，从而具有更高的数据独立性、更好的安全保密性，也简化了程序员的工作和数据库开发建立的工作。所以关系数据模型诞生以后发展迅速，深受用户的喜爱。

当然，关系数据模型也有其缺点，其中最主要的缺点是，由于存取路径对用户透明，查询效率往往不如非关系数据模型。因此，为了提高性能，必须对用户的查询请求进行优化，增加了开发数据库管理系统的负担。

1.2 关系数据库理论

1.2.1 关系数据的规范化概念

在数据的规范化表达中，一般将一组相互关联的数据称为一个“关系”，而在这个“关系”下的每个数据项则称为“数据元素”，这种“关系”落实到具体数据库上就是基本表，如 Access 数据库中的表对象，而“数据元素”就是基本表中的一个字段，表中的第一行用来存放字段名，称为“关系模式”，其余各行用来存放字段的值，称为“记录”。同一张表中不应存放两个完全相同的记录，即同一张表中不应有两个或两个以上属性值完全相同的行。表 1-2 表示一组描述专业信息的相互关联的数据。

表 1-2　专业表

专业编号	专业名称	办公室	电话
01	计算机科学与技术	1201	80688868
02	电子商务	1301	80688867
03	土木工程	1401	80688866
04	经济管理	1501	80688865
05	机械设计	2601	80688864

表 1-3 表示一组描述学生信息的相互关联的数据。

表 1-3　学生表

学号	姓名	性别	年龄	专业编号
9901001	王凯	女	23	01
9901002	李云陆	男	21	01
9903003	刘敏	男	22	01
9903004	高红波	男	23	02
9904002	李睿	男	21	03

表 1-4 表示一组描述课程信息的相互关联的数据。

表 1-4　课程表

课程编号	课程名称	学分
100058	VB 程序设计	3
100044	数据库应用技术	4
020407	电子商务概论	3
210001	计算机网络技术	5

表 1-5 表示一组描述课程选修信息的相互关联的数据。

表 1-5　课程选修表

学号	课程编号
9901001	100058
9901001	100044
9901002	100058
9901002	020407
9905056	020407

1．关键字

在数据表的诸属性中，能够用来唯一标识记录的属性或属性的组合，称为“关键字”，即数据表中的记录由关键字的值唯一确定，如表 1-2 至表 1-4 中的关键字分别是专业编号、学号和课程编号。有些数据表中的记录不能由任何一个属性唯一标识，必须由多个属性的组合才能唯一标识。例如，表 1-5 所示的课程选修表（包括字段学号、课程编号），它的关键字由学号和课程编号两个属性的组合构成。一个表中的关键字的值不能为空，即数据表中不允许存在关键字为空的记录，否则将无法标识这一记录。

如果一个数据表中有多个属性或属性组合都能用来唯一标识记录，则这些属性或属性组合都称为该数据表的“候选关键字”，如表 1-2 中的专业编号和专业名称（当专业名称不重复时）。

在数据表的若干候选关键字中，被指定作为关键字的属性或属性组合称为该表的“主关键字”或“主键”，如表 1-2 中指定专业编号作为该表的主关键字。主关键字的选择没有固定的规则，但一般可以按如下原则确定：选择用户熟悉的属性或属性组合；选择变化最少的属性或属性组合；属性的组合数目越少越好。数据表中不组成关键字的属性均为“非主属性”。

当数据表中的某属性或属性组合不是该表的关键字（或只是关键字的一部分），但却是另一数据表的关键字时，称该属性或属性组合为这个表的“外部关键字”或“外键”。如表 1-3 中的“专业编号”，虽不是学生表中的关键字，但却是专业表中的主关键字，所以“专业编号”是学生表的外键。在数据库中表与表之间即通过外键建立联系，如表 1-3 与表 1-2 通过“专业编号”建立了多对一的关系，其中以外键“专业编号”为主键的表 1-2 称为“主表”，外键所在的表 1-3 称为“从表”。

关系数据库不仅描述数据（实体）本身，而且描述数据（实体）之间的联系（关系）。两个相关的数据表之间，通过主键和外键之间的映射建立起严格的关联关系。数据表之间的关系有 3 种，即一对一关系、一对多关系和多对多关系。

2. 一对一关系

若对表 A 中的每一个记录，表 B 中只有一个记录与之相联系；反之，对表 B 中的每一个记录，表 A 中只有一个记录与之相联系，则这两个表之间即是一对一关系。由此可知，建立一对一关系的两个数据表必须有相同的关键字。在实际的数据库设计中，一对一关系很少遇到。一般只有当某一数据表的属性数超过了 RDBMS（关系数据库管理系统）的限制时，需要将一个表拆分成两个表，以保存一个实体的信息，这两个表之间则建立了一对一关系。

3. 一对多关系

若对表 A 中的每一个记录，表 B 中有零个或多个记录与之相联系；反之，对表 B 中的每一个记录，表 A 中只有一个记录与之相联系，则这两个表之间是一对多关系。如表 1-2 与表 1-3 之间的关系就是一对多关系。一对多关系是数据库设计中最常遇到的关系，具有一对多关系的数据表间通过外键建立联系。

4. 多对多关系

若对表 A 中的每一个记录，表 B 中有零个或多个记录与之相联系；反之，对表 B 中的每一个记录，表 A 中有零个或多个记录与之相联系，则这两个表之间是多对多关系。在 RDBMS 中多对多关系不应直接存在，而应通过一个中间表将一个多对多关系转化成多个一对多关系。

例如，一个学生可以选修多门课程，一门课程可由多个学生选修，因此学生表（表 1-3）和课程表（表 1-4）之间是多对多关系。若在学生表与课程表之间建立一个中间表——课程选修表（表 1-5），课程选修表通过学号、课程编号两个外键分别与学生表、课程表建立了两个多对一关系，这样即可把学生表与课程表之间的多对多关系转化成学生表与课程选修表、课程表与课程选修表之间的两个一对多关系。

1.2.2 关系数据的规范化处理

数据组织的规范化，指的是按照数据组织规范原则（范式）设计数据库或修改一个现有数据库的过程。常用的规范化范式有 3 种：第一范式、第二范式、第三范式。

1. 第一范式（1NF）

所谓第一范式就是指表中的每一个属性都是不可分割的项（数据元素），在同一个表中，不能出现重复的数据项。如果在表中有重复的数据项则应将其去掉，这个去掉重复项的过程称为规范化处理。例如，在表 1-6 描述的关系模式（学号，姓名，电话号码）中，电话号码不是不可分割的数据项，它可分为手机号码和固定电话号码，显然该关系违反了第一范式，应转换为表 1-7 所示的关系模式（学号，姓名，固定电话号码，手机号码）。

表 1-6 学生电话号码表

学号	姓名	电话号码
9901001	王凯	86710912 13684536201
9901002	李云陆	83352134 13902244561
9903003	刘敏	84011256 13900591243
9903004	高红波	87613390 13600192837
9904002	李睿	84301255 13903498812
9905056	高明	84079128 13650431278

表 1-7　学生电话号码表

学号	姓名	固定电话号码	手机号码
9901001	王凯	0531-86710912	13684536201
9901002	李云陆	0531-83352134	13902244561
9903003	刘敏	0531-84011256	13900591243
9903004	高红波	0531-87613390	13600192837
9904002	李睿	0531-84301255	13903498812
9905056	高明	0531-84079128	13650431278

2. 第二范式（2NF）

所谓第二范式是指在一个满足第一范式的表中，必须有一个且仅有一个数据元素为主关键字，其他数据元素均与主关键字相关，也就是说，如果给定一个主关键字，则可以在这个数据表中唯一确定一条记录。通常称这种关系为函数依赖关系，即表中其他数据元素都依赖于主关键字。

如表 1-3 所示的关系模式（学号，姓名，年龄，专业）中，学号为主键，而姓名、年龄、专业均与学号有依赖关系，所以该关系模式符合第二范式。

又如表 1-8 所示的关系模式（学号，课程编号，学分）中，每一属性均是不可分的最小数据单位，符合第一范式。但其主键为组合键，即学号和课程编号，学分仅依赖于主键中的课程编号，而并不是整个主键，所以该关系模式不符合第二范式。在实际应用中，该关系模式将会出现以下问题：

表 1-8　课程选修表

学号	课程编号	学分
9901001	100058	3
9901001	100044	5
9901002	100058	3
9901002	020407	4
9905056	020407	4

（1）数据冗余。当一名学生选修一门课程时，该课程的学分就必须重复存储一次，造成数据冗余。

（2）更新异常。如果调整了该课程的学分，每个相应记录的学分值必须更新。这不仅增加了更新代价，而且有可能产生数据不一致性。如果某些记录没有同时修改，则会出现同一门课程有两种不同学分的现象。

要将上述非 2NF 范式的课程选修关系模式转换成 2NF 范式，通常采用模式分解方法，将其分解为以下两个关系模式，如表 1-9（学号，课程编号）与表 1-10（课程编号，课程名称，学分）的关系模式。课程选修表中的主关键字仍为学号与课程编号的组合，因而要引入自动编号“选课 ID”作为索引关键字，使得选课表中的其他字段都完全依赖于“选课 ID”字段。课程表中的主键为课程编号，课程名称与学分均完全依赖于课程编号。这两个关系模式均符合 2NF 范式，而且可

通过课程选修表中的外键（课程编号）相联系，可在需要时再进行连接，恢复原来的关系。

表 1-9　课程选修表

选课 ID（自动编号）	学号	课程编号
1	9901001	100058
2	9901001	100044
3	9901002	100058
4	9901002	020407
5	9905056	020407

表 1-10　课程表

课程编号	课程名称	学分
100044	VB 程序设计	3
100058	数据库应用技术	5
020407	电子商务概论	4

3. 第三范式（3NF）

所谓第三范式是指表中所有数据元素不但要能够唯一地被主关键字所标识，而且它们之间还必须相互独立，不存在其他的函数关系，如表 1-9 和表 1-10 所示的关系模式均符合 3NF 范式。对于一个满足第二范式的数据表来说，表中有可能存在某些数据元素函数依赖于其他非关键字数据元素的现象，这种在同一表中 A 函数依赖于 B，而 B 又函数依赖于 C，从而导致 A 函数依赖于 C 的现象，称为“传递依赖”。

在表 1-11 所示的关系模式（学号，姓名，系别，专业）中，学号为主键，非主属性“专业”依赖于系别。学号、系别、专业构成如下的传递依赖关系：学号决定学生所在系，系别决定该系的专业。因此该关系模式符合第二范式而不符合第三范式。此关系仍然存在大量的数据冗余，在更新记录时也将产生类似上例的异常现象。因此，为了确保关系数据库中的数据唯一并准确，有必要对该关系模式进一步规范化，减少数据冗余，消除这种传递依赖关系，使对表中数据的各种操作变得简单。通常规范化采用的方法也是模式分解法，将该关系模式分解转换成下列两个关系模式。如表 1-12 和表 1-13 所示的关系模式均符合第三范式，并可通过学生表的外键“系别”相联系。

表 1-11　学生登记表

学号	姓名	系别	专业
9901001	陈小蕾	计算机	计算机应用
9901002	李泉勇	计算机	网络工程
9901003	张小芳	建筑	工民建
9903003	笪小波	建筑	建筑设计
9903002	李群	计算机	计算机应用
9905056	高明	建筑	工民建

表 1-12　学生表

学号	姓名	系别
9901001	陈小蕾	计算机
9901002	李泉勇	计算机
9901003	张小芳	建筑
9903003	笪小波	建筑
9903002	李群	计算机
9905056	高明	建筑

表 1-13　班级专业表

专业	系别
计算机应用专业	计算机
网络工程	计算机
建筑设计	建筑
工民建	建筑
广告设计	艺术
服装设计	艺术

从上面的介绍可以看出，数据库的规范化处理过程就是逐步地分析处理原有的信息表。处理时，首先使之成为满足第一范式的数据表；然后分解数据表，并设定主关键字，使它们成为满足第二范式的数据表；最后消除数据表中数据元素对主关键字的传递依赖关系，使它们成为满足第三范式的数据表。数据库的规范化设计应该保证数据库中所有数据表都满足第一范式和第二范式，并应力求绝大多数数据表满足第三范式。

1.2.3　关系的完整性

关系模型的完整性规则是对关系的某种约束条件。关系模型中可以有 3 类完整性约束：实体完整性、参照完整性和用户定义的完整性。其中，实体完整性和参照完整性是关系模型必须满足的完整性约束条件，被称为是关系的两个不变性，应该由关系系统自动支持。

1. 实体完整性

实体完整性规则：若属性 A 是基本关系 R 的主属性，则属性 A 不能取空值。

例如，在学生关系学生（学号，姓名，性别，年龄，所在系），表示为 S（S#，SN，SS，SA，SD），S#属性为主码，则 S#不能取空值。实体完整性规则规定基本关系的所有主属性都不能取空值，而不仅是主码整体不能取空值。例如，学生选课关系 SC（S#，C#，G），(S#，C#）为主码，则 S#和 C#两属性都不能取空值。

2. 参照完整性

现实世界中的实体之间往往存在某种联系，在关系模型中实体及实体间的联系都是用关系来描述的。这样就自然存在着关系与关系间的引用。先来看一个例子。

例如，在学生—课程关系数据库中，包括学生关系 S、课程关系 C 和选修关系 SC，这 3

个关系分别为：

学生 S（学号，姓名，性别，年龄，所在系）

课程 C（课程号，课程名，学分）

选修 SC（学号，课程号，成绩）

这 3 个关系之间也存在着属性的引用，即选修关系引用了学生关系的主码“学号”和课程关系的主码“课程号”。显然，选修关系中的学号值必须是确实存在的学生的学号，即学生关系中有该学生的记录；选修关系中的课程号值也必须是确实存在的课程的课程号，即课程关系中有该课程的记录。换句话说，选修关系中某些属性的取值需要参照其他关系的属性取值。

不仅两个或两个以上的关系间可以存在引用关系，同一关系内部属性间也可能存在引用关系。

定义：设 F 是关系 R 的一个或一组属性，但不是关系 R 的码，如果 F 与关系 S 的主码 Ks 相对应，则称 F 是基本关系 R 的外码（foreign key），并称关系 R 为参照关系，关系 S 为被参照关系。

显然，被参照关系 S 的主码 Ks 和参照关系的外码 F 必须定义在同一个（或一组）域上。

在例子中，选修关系的“学号”属性与学生关系的主码“学号”相对应，因此“学号”属性是选修关系的外码；学生关系为被参照关系，选修关系为参照关系。选修关系的“课程号”属性与课程关系的主码“课程号”相对应，因此“课程号”属性也是选修关系的外码；课程关系为被参照关系，选修关系为参照关系。

参照完整性规则就是定义外码与主码之间的引用规则。参照完整性规则：若属性（或属性组）F 是关系 R 的外码，它与关系 S 的主码 Ks 相对应（基本关系 R 和 S 不一定是不同的关系），则对于 R 中每个元组在 F 上的值必须为：

（1）或者取空值（F 的每个属性值均为空值）。

（2）或者等于 S 中某个元组的主码值。

对于例子中选修关系中每个元组的学号属性只能取下面两类值：

（1）空值，表示尚未有学生选课。

（2）非空值，这时该值必须是学生关系中某个学生学号，表示某个未知的学生不能选课。

同样，选修关系中每个元组的课程号属性只能取下面两类值：

（1）空值，表示尚未开课。

（2）非空值，这时该值必须是课程关系中某个课程号，表示不能选未开设的课。

3. 用户定义的完整性

实体完整性和参照完整性适用于任何关系数据库系统。此外，不同的关系数据库系统根据其应用环境的不同，往往还需要一些特殊的约束条件。用户定义的完整性就是针对某一具体关系数据库的约束条件，它反映某一具体应用所涉及的数据必须满足的语义要求。例如，学生关系的年龄在 15～30 之间；选修关系的成绩必须在 0～100 之间等。

1.3 关系数据库标准语言——SQL

SQL 语言（Structured Query Language，结构化查询语言）是 1974 年由 Boyce 和 Chamberlin 提出的。1975～1979 年，IBM 公司 San Jose Research Laboratory 研制的关系数据库管理系统的

原型系统 System R 实现了这种语言。由于它功能丰富、语言简洁、使用方法灵活，倍受用户及计算机工业界欢迎，被众多计算机公司和软件公司所采用。经各公司的不断修改、扩充和完善，SQL 语言最终发展成为关系数据库的标准语言。1986 年 10 月由美国国家标准局（ANSI）公布将 SQL 作为关系数据库语言的美国标准，1987 年国际标准化组织（ISO）也通过了这一标准。1989 年 ANSI 发布了 SQL-89 标准，后来被 ISO 采纳为国际标准；1992 年 ANSI/ISO 发布了 SQL-92 标准，习惯称为 SQL 2；1999 年 ANSI/ISO 发布了 SQL-99 标准，习惯称为 SQL 3；2003 年 ANSI/ISO 共同推出了 SQL 2003 标准。

尽管 ANSI 和 ISO 针对 SQL 制定了一些标准，但各家厂商仍然针对其各自的数据库产品进行某些程度的扩充或修改。

自 SQL 成为国际标准语言以后，各个数据库厂家纷纷推出各自支持的 SQL 软件或与 SQL 的接口软件。这就有可能使将来大多数数据库均用 SQL 作为共同的数据存取语言和标准接口，使不同数据库系统之间的互操作有了共同的基础。

SQL 成为国际标准，对数据库以外的领域也产生了很大影响，有不少软件产品将 SQL 语言的数据查询功能与图形功能、软件工程工具、软件开发工具、人工智能程序结合起来。SQL 已成为关系数据库领域中一个主流语言。

1.3.1　SQL 概述

SQL 语言集数据查询、数据操纵、数据定义和数据控制功能于一体，语言是一个综合的、通用的、功能极强同时又简洁易学的语言。其主要特点如下：

（1）综合统一。

非关系模型（层次模型、网状模型）的数据语言一般分为模式数据定义语言（Data Definition Language，DDL）、外模式数据定义语言（外模式 DDL）、子模式数据定义语言（子模式 DDL）及数据操纵语言（Data Manipulation Language，DML），它们分别完成模式、外模式、内模式的定义和数据存取、处置功能。而 SQL 语言则集数据定义语言（DDL）、数据操纵语言（DML）、数据控制语言（DCL）的功能于一体，语言风格统一，可以独立完成数据库生命周期中的全部活动，包括定义关系模式、录入数据以建立数据库、查询、更新、维护、数据库重构、数据库安全性控制等一系列操作的要求，这就为数据库应用系统开发提供了良好的环境。

（2）高度非过程化。

非关系数据模型的数据操纵语言是面向过程的语言，要完成某项请求，必须指定存取路径。而用 SQL 语言进行数据操作，用户只需提出“做什么”，而不必指明“怎么做”。因此用户无需了解存取路径，存取路径的选择及 SQL 语句的操作过程由系统自动完成。这不但大大减轻了用户负担，而且有利于提高数据独立性。

（3）用同一种语法结构提供两种使用方式。

SQL 语言既是自含式语言，又是嵌入式语言。作为自含式语言，它能够独立地用于联机交互的使用方式，用户可以在终端键盘上直接输入 SQL 命令对数据库进行操作。作为嵌入式语言，SQL 语句能够嵌入到高级语言（如 C、COBOL、FORTRAN、PL/1）程序中，供程序员设计程序时使用。而在两种不同的使用方式下，SQL 语言的语法结构基本上是一致的。这种以统一的语法结构提供两种不同的使用方式的做法，为用户提供了极大的灵活性与方便性。

（4）语言简洁、易学易用。

SQL 语言功能极强，但由于设计巧妙，语言十分简洁，完成数据定义、数据操纵、数据控制的核心功能只用了 9 个动词：CREATE、DROP、ALTER、SELECT、INSERT、UPDATE、DELETE、GRANT 和 REVOKE，如表 1-14 所示。而且 SQL 语言语法简单，接近英语口语，因此容易学习和使用。

表 1-14　SQL 语言的动词

SQL 功能	动词
数据查询	SELECT
数据定义	CREATE、DROP、ALTER
数据操纵	INSERT、UPDATE、DELETE
数据控制	GRANT、REVOKE

1.3.2　SQL 的功能

1. 数据定义

SQL 的数据定义功能包括定义表、定义视图和定义索引。在这里先讲述表和索引的定义，视图后面专门讲述。

（1）定义表。

SQL 语言使用 CREATE TABLE 语句定义表，其一般格式如下：

```
CREATE TABLE 表名(列名 数据类型 [列级完整件约束条件]
                    [，列名 数据类型 [列级完整性约束条件]...]
                    [，表级完整性约束条件]；
```

其中“表名”是所要定义的表的名字，它可以由一个或多个属性（列）组成。建表的同时通常还可以定义与该表有关的完整性约束条件，这些完整性约束条件被存入系统的数据字典中，当用户操作表中数据时，由 DBMS 自动检查该操作是否违背这些完整性约束条件。如果完整性约束条件涉及该表的多个属性列，则必须定义在表级上。

（2）修改表。

随着应用环境和应用需求的变化，有时需要修改已建立好的表，包括增加新列、增加新的完整性约束条件、修改原有的列定义或删除已有的完整性约束条件等。SQL 语言用 ALTER TABLE 语句修改基本表，其一般格式如下：

```
ALTER TABLE 表名
[ADD 新列名 数据类型 [完整性约束条件]
[DROP 完整性约束名]
[MODIFY 列名 数据类型]；
```

其中，“表名”指定需要修改的表；ADD 子句用于增加新列和新的完整性约束条件；DROP 子句用于删除指定的完整性约束条件；MODIFY 子句用于修改原有的列的数据类型。

（3）删除表。

当某个基本表不再需要时，可以使用 SQL 语句 DROP TABLE 进行删除。其一般格式如下：

```
DROP TABLE 表名；
```

基本表定义一旦删除，表中的数据和在此表上建立的索引都将自动被删除，而建立在此表上的视图虽仍然保留，但已无法引用。因此执行删除操作时一定要格外小心。

（4）建立索引。

在 SQL 语言中，建立索引使用 CREATE INDEX 语句，其一般格式如下：

```
CREATE UNIQUE CLUSTER INDEX 索引名
ON 表名(列名 [次序] [,列名[次序]]…);
```

其中，“表名”指定要建立索引的表的名字。索引可以建立在该表的一列或多列上，各列名之间用逗号分隔。每个列名后面还可以用次序指定索引值的排列次序，包括 ASC（升序）和 DESC（降序）两种，默认值为 ASC。

UNIQUE 表示此索引的每一个索引值只对应唯一的数据记录。

CLUSTER 表示要建立的索引是聚簇索引。所谓聚簇索引是指索引项的顺序与表中记录的物理顺序一致的索引组织。用户可以在最常查询的列上建立聚簇索引以提高查询效率。显然在一个基本表上最多只能建立一个聚簇索引。建立聚簇索引后，更新索引列数据时，往往导致表中记录的物理顺序的变更，代价较大，因此对于经常更新的列不宜建立聚簇索引。

2. 数据查询

建立数据库的目的是为了查询数据，数据库的查询功能是数据库的核心功能。SQL 语言使用 SELECT 语句进行数据库的查询，该语句具有灵活的使用方式和丰富的功能。其一般格式如下：

```
SELECT [ALL|DISTINCT 目标列表达式[,目标列表达式] …
FROM 表名或视图名[,<表名或视图名>;…
[WHERE 条件表达式]
[GROUP BY 列名 1 [HAVING 条件表达式]
[ORDER EY 列名 2 [ASC|DESC]
```

整个 SELECT 语句的含义是，根据 WHERE 子句的条件表达式，从 FROM 子句指定的表或视图中找出满足条件的元组，再按 SELECT 子句中的目标列表达式，选出元组中的属性值形成结果表。如果有 GROUP 子句，则将结果按列名 1 的值进行分组，该属性列值相等的元组为一个组，每个组产生结果表中的一条记录。通常会在每组中作用集函数。

如果 GROUP 子句带 HAVING 短语，则只有满足指定条件的组才予输出。如果有 ORDER 子句，则结果表还要按列名 2 的值的升序或降序排序。

SELECT 语句既可以完成简单的单表查询，也可以完成复杂的连接查询和嵌套查询。

3. 数据更新

SQL 中数据更新包括插入数据、修改数据和删除数据。

（1）插入数据。

SQL 用 INSERT 语句来插入数据。SQL 通常有两种形式：

1）插入单个元组。语句格式如下：

```
INSERT
INTO 表名 [(列名 1[,列名 2]…)]
VALUES(常量 1[,常量 2] …)
```

其功能是将新元组插入指定表中。其中新元组属性列 1 的值为常量 1，属性列 2 的值为常量 2，……。如果某些属性列在 INTO 子句中没有出现，则新元组在这些列上将取空值。

如果 INTO 子句中没有指明任何列名，则新插入的记录必须在每个属性列上均有值。

2）插入查询结果。语句格式如下：

```
INSERT
INTO 表名 [(列名1[,列名2]…)]
```

其功能是以批量插入，一次将查询的结果全部插入指定表中。

（2）修改数据。

修改操作用 UPDATE 语句实现，其语句的一般格式如下：

```
UPDATE 表名
SET 列名=表达式 [,列名=表达式] …
[WHERE 条件];
```

其功能是修改指定表中满足 WHERE 条件的元组。其中 SET 子句用于指定修改值，即用表达式的值取代相应的属性列值。如果省略 WHERE 子句，则表示要修改表中的所有元组。

（3）删除数据。

删除数据用 DELETE 语句，语句格式如下：

```
DELETE
FROM 表名
[WHERE 条件];
```

功能是从指定表中删除满足 WHERE 条件的所有元组。如果省略 WHERE 子句，表示删除表中全部元组。

1.4 数据库系统结构

从数据库管理系统角度看待数据库结构，可以发现数据库系统采用三级模式结构；从数据库最终用户角度看，数据库系统的结构分为单用户结构、主从式结构、分布式结构和客户/服务器结构。

1.4.1 数据库系统的模式结构

1. 数据库系统的三级模式结构

数据库系统的三级模式结构是指数据库系统是由外模式、模式和内模式三级组成。

（1）外模式。

外模式也称子模式或用户模式，它是数据库用户（包括应用程序员和最终用户）看得见和使用的局部数据的逻辑结构和特征的描述，是数据库用户的数据视图，是与某一应用有关的数据的逻辑表示。一个数据库可以有多个外模式。

（2）模式。

模式也称逻辑模式，是数据库中全体数据的逻辑结构和特征的描述，是所有用户的公用数据视图。一个数据库只有一个模式。

（3）内模式。

内模式也称存储模式，它是数据物理和存储结构的描述，是数据在数据库内部的表示方式。一个数据库只有一个内模式。

2. 数据库的二级映像功能与数据独立性

数据库系统在这三级模式之间提供了两层映像：外模式/模式映像和模式/内模式映像。正是这两层映像保证了数据库系统的数据能够具有较高的逻辑独立性和物理独立性。

模式描述的是数据的全局逻辑结构，外模式描述的是数据的局部逻辑结构。对应于同一个模式可以有任意多个外模式。对于每一个外模式，数据库系统都有一个外模式/模式映像，它定义了该外模式与模式之间的对应关系。当模式改变时（如增加新的数据类型、新的数据项、新的关系等），由数据库管理员对各个外模式/模式的映像作相应改变，可以使外模式保持不变，从而应用程序不必修改，保证了数据的逻辑独立性。

数据库中只有一个模式，也只有一个内模式，所以模式/内模式映像是唯一的，它定义了数据全局逻辑结构与存储结构之间的对应关系。当数据库的存储结构改变了（如采用了更先进的存储结构），由数据库管理员对模式/内模式映像作相应改变，可以使模式保持不变，从而保证了数据的物理独立性。

1.4.2　数据库系统的体系结构

从最终用户角度来看，数据库系统分为单用户结构、主从式结构、分布式结构和客户/服务器结构。

1. 单用户数据库系统

这是一种早期的最简单的数据库系统。在这种系统中，整个数据库系统（包括应用程序、DBMS、数据）都装在一台计算机上，由一个用户独占，不同机器之间不能共享数据。

2. 主从式结构

这是指一个主机带多个终端的多用户结构。在这种结构中，数据库系统（包括应用程序、DBMS、数据）都集中存放在主机上，所有处理任务都由主机来完成，各个用户通过主机的终端并发地存取数据库，共享数据资源。

3. 分布式结构

这是指数据库中的数据在逻辑上是一个整体，但物理地分布在计算机网络的不同节点上。网络中的每个节点都可以独立处理本地数据库中的数据，执行局部应用；同时也可以同时存取和处理多个异地数据库中的数据，执行全局应用。

4. 客户/服务器结构

主从式数据库系统中的主机和分布式数据库系统中的每个节点机是一个通用计算机，既执行 DBMS 功能又执行应用程序。随着工作站功能的增强和广泛使用，人们开始把 DBMS 功能和应用分开，网络中某个（些）节点上的计算机专门用于执行 DBMS 功能，称为数据库服务器，简称服务器，其他节点上的计算机安装 DBMS 的外围应用开发工具，支持用户的应用，称为客户机，这就是客户/服务器结构的数据库系统。

在客户/服务器结构中，客户端的用户请求被传送到数据库服务器，数据库服务器进行处理后，只将结果返回给用户（而不是整个数据），从而显著减少了网络上的数据传输量，提高了系统的性能、吞吐量和负载能力。另外，客户/服务器结构的数据库往往更加开放。客户与服务器一般都能在多种不同的硬件和软件平台上运行，可以使用不同厂商的数据库应用开发工具，应用程序具有更强的可移植性，同时也可以减少软件维护开销。

1.4.3 数据库管理系统

数据库管理系统是数据库系统的核心，是为数据库的建立、使用和维护而配置的软件。它建立在操作系统的基础上，是位于操作系统与用户之间的一层数据管理软件，负责对数据库进行统一的管理和控制。用户发出的或应用程序中的各种操作数据库中数据的命令，都要通过数据库管理系统来执行。数据库管理系统还承担着数据库的维护工作，能够按照数据库管理员所规定的要求，保证数据库的安全性和完整性。

1. DBMS 的功能

由于不同 DBMS 要求的硬件资源、软件环境是不同的，因此其功能与性能也存在差异，但一般说来，DBMS 的功能主要包括以下 6 个方面：

（1）数据定义。数据定义包括定义构成数据库结构外模式、模式和内模式，定义各个外模式与模式之间的映射，定义模式与内模式之间的映射，定义有关的约束条件，如为保证数据库中数据具有正确语义而定义的完整性规则、为保证数据库安全而定义的用户口令和存取权限等。

（2）数据操纵。数据操纵包括对数据库数据的检索、插入、修改和删除等基本操作。

（3）数据库运行管理。对数据库的运行进行管理是 DBMS 运行时的核心部分，包括对数据库进行并发控制、安全性检查、完整性约束条件的检查和执行、数据库的内部维护（如索引、数据字典的自动维护）等。所有访问数据库的操作都要在这些控制程序的统一管理下进行，以保证数据的安全性、完整性、一致性及多用户对数据库的并发使用。

（4）数据组织、存储和管理。数据库中需要存放多种数据，如数据字典、用户数据、存取路径等，DBMS 负责分门别类地组织、存储和管理这些数据，确定以何种文件结构和存取方式物理地组织这些数据，如何实现数据之间的联系，以便提高存储空间利用率以及提高随机查找、顺序查找、增、删、改等操作的效率。

（5）数据库的建立和维护。建立数据库包括数据库初始数据的输入与数据转换等。维护数据库包括数据库的转储与恢复、数据库的重组织与重构造、性能的监视与分析等。

（6）数据通信接口。DBMS 需要提供与其他软件系统进行通信的功能。例如，提供与其他 DBMS 或文件系统的接口，从而能够将数据转换为另一个 DBMS 或文件系统能够接受的格式，或者接收其他 DBMS 或文件系统的数据。

2. DBMS 的组成

DBMS 通常由以下 4 部分组成：

（1）数据定义语言及其翻译处理程序。DBMS 一般都提供数据定义语言（Data Definition Language，DDL）供用户定义数据库的外模式、模式、内模式、各级模式间的映射、有关的约束条件等。用 DDL 定义的外模式、模式和内模式分别称为源外模式、源模式和源内模式，各种模式翻译程序负责将它们翻译成相应的内部表示，即生成目标外模式、目标模式和目标内模式。

（2）数据操纵语言及其编译（或解释）程序。DBMS 提供了数据操纵语言（Data Manipulation Language，DML）实现对数据库的检索、插入、修改、删除等基本操作。DML 分为宿主型 DML 和自主型 DML 两类。宿主型 DML 本身不能独立使用，必须嵌入主语言中，如嵌入 C、VB、Java 等高级语言中；自主型 DML 又称为自含型 DML，它们是交互式命令语

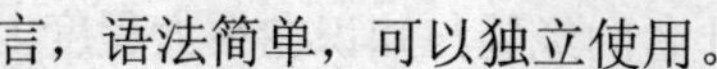

言，语法简单，可以独立使用。

（3）数据库运行控制程序。DBMS 提供了一些负责数据库运行过程中的控制与管理的系统运行控制程序，包括系统初启程序、文件读写与维护程序、存取路径管理程序、缓冲区管理程序、安全性控制程序、完整性检查程序、并发控制程序、事务管理程序、运行日志管理程序等，它们在数据库运行过程中监视着对数据库的所有操作，控制管理数据库资源，处理多用户的并发操作等。

（4）实用程序。DBMS 通常还提供一些实用程序，包括数据初始装入程序、数据转储程序、数据库恢复程序、性能监测程序、数据库再组织程序、数据转换程序、通信程序等。数据库用户可以利用这些实用程序完成数据库的建立与维护，以及数据格式的转换与通信。

1.5 数据库设计

数据库技术是信息资源开发、管理和服务的最有效手段，因此数据库的应用范围越来越广，从小型的单项事务处理系统到大型的信息系统大都利用了先进的数据库技术来保持系统数据的整体性、完整性和共享性。目前，数据库的建设规模、信息量大小和使用频度已成为衡量一个国家信息化程度的重要标志之一。这就使如何科学地设计与实现数据库及其应用系统成为日益引人注目的课题。

大型数据库设计是一项庞大的工程，其开发周期长、耗资多。它要求数据库设计人员既要具有坚实的数据库知识，又要充分了解实际应用对象。所以可以说数据库设计是一项涉及多学科的综合性技术。设计出一个性能较好的数据库系统并不是一件简单的工作。

1.5.1 数据库设计的任务与内容

数据库设计的任务是在 DBMS 的支持下，按照应用的要求，为某一部门或组织设计一个结构合理、使用方便、效率较高的数据库及其应用系统。

数据库设计应包含两方面的内容：一是结构设计，也就是设计数据库框架或数据库结构；二是行为设计，即设计应用程序、事务处理等。

设计数据库应用系统，首先应进行结构设计。数据库结构设计是否合理，直接影响到系统中各个处理过程的性能和质量。另外，结构特性又不能与行为特性分离。静态的结构特性的设计与动态的行为特性的设计分离，会导致数据与程序不易结合，增加数据库设计的复杂性。

1.5.2 数据库设计的方法

目前常用的各种数据库设计方法都属于规范设计法，即都是运用软件工程的思想与方法，根据数据库设计的特点，提出了各种设计准则与设计规程。这种工程化的规范设计方法也是在目前技术条件下设计数据库的最实用方法。

在规范设计法中，数据库设计的核心与关键是逻辑数据库设计和物理数据库设计。逻辑数据库设计是根据用户要求和特定数据库管理系统的具体特点，以数据库设计理论为依据，设计数据库的全局逻辑结构和每个用户的局部逻辑结构。物理数据库设计是在逻辑结构确定之后，设计数据库的存储结构及其他实现细节。

规范设计法在具体使用中又可以分为两类：手工设计和计算机辅助数据库设计。按规范设计法的工程原则与步骤手工设计数据库，其工作量较大，设计者的经验与知识在很大程度上决定了数据库设计的质量。计算机辅助数据库设计可以减轻数据库设计的工作强度，加快数据库设计速度，提高数据库设计质量。但目前计算机辅助数据库设计还只是在数据库设计的某些过程中模拟某一规范设计方法，并以人的知识或经验为主导，通过人机交互实现设计中的某些部分。

1.5.3 数据库设计的步骤

1. 需求分析

进行数据库设计首先必须准确了解与分析用户需求（包括数据与处理）。需求分析是整个设计过程的基础，是最困难、最耗费时间的一步。需求分析的结果是否准确地反映了用户的实际要求，将直接影响到后面各个阶段的设计，并影响到设计结果是否合理和实用。

2. 概念结构设计

准确抽象出现实世界的需求后，下一步应该考虑如何实现用户的这些需求。由于数据库逻辑结构依赖于具体的 DBMS，直接设计数据库的逻辑结构会增加了设计人员对不同数据库管理系统的数据库模式的理解负担，因此在将现实世界需求转化为机器世界的模型之前，先以一种独立于具体数据库管理系统的逻辑描述方法来描述数据库的逻辑结构，即设计数据库的概念结构。概念结构设计是整个数据库设计的关键。

3. 逻辑结构设计

逻辑结构设计是将抽象的概念结构转换为所选用的 DBMS 支持的数据模型，并对其进行优化。

4. 数据库物理设计

数据库物理设计是对为逻辑数据模型选取一个最适合应用环境的物理结构（包括存储结构和存取方法）。

5. 数据库实施

在数据库实施阶段，设计人员运用 DBMS 提供的数据语言及其宿主语言，根据逻辑设计和物理设计的结果建立数据库，编制与调试应用程序，组织数据入库，并进行试运行。

6. 数据库运行和维护

数据库应用系统经过试运行后即可投入正式运行。在数据库系统运行过程中必须不断地对其进行评价、调整与修改。

1.5.4 学生信息管理数据库设计举例

使用 Access 数据库管理系统软件开发实用的数据库应用系统，是学习本课程的最终目的。下面将结合一个具体实例（学生信息管理系统），介绍进行 Access 数据库应用系统的分析、设计。

在进行数据库应用系统开发时，一定要规划设计好数据库，设计好数据库中适当的数据表、数据表的结构、数据表间的关联关系。

数据库应用系统的数据量越大，数据来源越复杂，数据库设计得好坏就越显得重要，它将影响整个系统的设计过程。设计数据库要完成以下几项工作：

（1）收集数据。将与数据库应用系统相关的数据收集到一起。

（2）分析数据。根据数据库应用系统功能的需求，分析确定数据源，去掉重复数据，删除无关数据。

（3）规范数据。按"数据库规范化设计原则"，设计数据库应该使用多少表，并合理定义每个表的结构。学生信息管理系统可包含以下数据表（如图 1-4 所示）：

- 学生表 （学号，姓名，性别，出生日期，班级编号，照片）
- 课程表（课程编号，课程名称）
- 成绩表（学号，课程编号，成绩）
- 班级表（班级编号，班级名称）

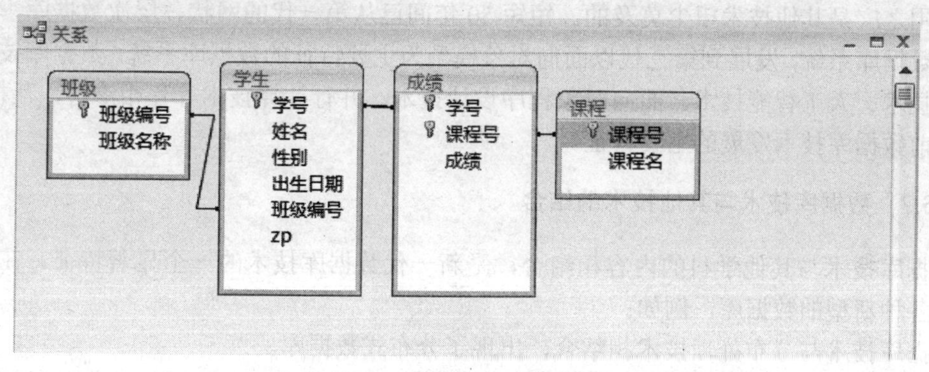

图 1-4　学生信息管理系统

在以上各表中，括弧内是它的字段，带下划线的字段或字段组合是主键。

（4）建立关联。

在学生信息管理系统数据库中，确立多表间的关联关系，为查询做准备。

1.5.5　数据库设计过程应注意的问题

设计一个完善的数据库应用系统，往往是这 6 个阶段不断反复的过程。在数据库设计过程中必须注意以下问题：

（1）数据库设计过程中要注意充分调动用户的积极性。用户的积极参与是数据库设计成功的关键因素之一。用户最了解自己的业务，最了解自己的需求，用户的积极配合能够缩短需求分析的进程，帮助设计人员尽快熟悉业务，更加准确地抽象出用户的需求，减少反复，也使设计出的系统与用户的最初设想更为符合。同时用户参与意见，双方共同对设计结果承担责任，也可以减少数据库设计的风险。

（2）应用环境的改变、新技术的出现等都会导致应用需求的变化，因此设计人员在设计数据库时必须充分考虑到系统的可扩充性，使设计易于变动。一个设计优良的数据库系统应该具有一定的可伸缩性，应用环境的改变和新需求的出现一般不会推翻原设计，不会对现有的应用程序和数据造成大的影响，而只是在原设计基础上做一些扩充即可满足新的要求。

（3）系统的可扩充性最终都是有一定限度的。当应用环境或应用需求发生巨大变化时，原设计方案可能终将无法再进行扩充，必须推倒重来，这时就会开始一个新的数据库设计的生命周期。但在设计新数据库应用的过程中，必须充分考虑到已有应用，尽量使用户能够平稳地从旧系统迁移到新系统。

1.6　数据库新技术

数据库系统是在计算机硬件、软件发展的基础上，在应用需求的推动下，从文件系统发展而来的。本章将概括介绍数据库技术的发展历程及发展趋势。

1.6.1　数据库技术发展概述

数据库技术从 20 世纪 60 年代中期产生到今天仅仅是 50 年的历史，但其发展速度之快，使用范围之广是其他技术望尘莫及的。短短 50 年间已从第一代的网状、层次数据库，第二代的关系数据库系统，发展到第三代以面向对象模型为主要特征的数据库系统。数据库技术与网络通信技术、人工智能技术、面向对象程序设计技术、并行计算技术等互相渗透，互相结合，成为当前数据库技术发展的主要特征。

1.6.2　数据库技术与其他技术的结合

数据库技术与其他学科的内容相结合，是新一代数据库技术的一个显著特征。在结合中涌现出各种新型的数据库，例如：

数据库技术与分布处理技术相结合，出现了分布式数据库。

数据库技术与并行处理技术相结合，出现了并行数据库。

数据库技术与人工智能相结合，出现了演绎数据库、知识库和主动数据库。

数据库技术与多媒体处理技术相结合，出现了多媒体数据库。

数据库技术与模糊技术相结合，出现了模糊数据库等。

1.6.3　数据仓库

数据仓库（Data Warehouse，DW）概念的创始人 W.H.Inmon 给数据仓库作出了如下定义：数据仓库是面向主题的、集成的、稳定的、不同时间的数据集合，用以支持经营管理中的决策制订过程。其主要的特征如下：

（1）数据仓库是面向主题的。

它是与传统数据库面向应用相对应的。主题是一个在较高层次将数据归类的标准，每一个主题基本对应一个宏观的分析领域。比如一个保险公司的数据仓库所组织的主题可能为客户、政策、保险金、索赔。而按应用来组织则可能是汽车保险、生命保险、健康保险、伤亡保险。可以看出，基于主题组织的数据被划分为各自独立的领域，每个领域都有自己的逻辑内含而不相交叉。而基于应用的数据组织则完全不同，它的数据只是为处理具体应用而组织在一起的。应用是客观世界既定的，它对于数据内容的划分未必适用于分析所需。“主题”在数据仓库中是由一系列表实现的。也就是说，依然是基于关系数据库的。虽然，现在许多人认为多维数据库更适用于建立数据仓库，它以多维数组形式存储数据，但“大多数多维数据库在数据量超过 10GB 时效率不佳”。一个主题表的划分可能是由于对数据的综合程度不同，也可能是由于数据所属时间段不同而进行的划分。但无论如何，基于一个主题的所有表都含有一个称为公共码键的属性作为其主码的一部分。公共码键将各个表统一联系起来。同时，由于数据仓库中的数据都是同某一时刻联系在一起的，所以每个表除了其公共码键之外，还必然包括时间成分

作为其码键的一部分。

（2）数据仓库是集成的。

前面已经讲到，操作型数据与适合 DSS 分析的数据之间差别甚大。因此数据在进入数据仓库之前，必然要经过加工与集成。这一步实际是数据仓库建设中最关键、最复杂的一步。

首先，要统一原始数据中所有矛盾之处，如字段的同名异义、异名同义、单位不统一、字长不一致等，并且将对原始数据结构作一个从面向应用到面向主题的大转变。

（3）数据仓库是稳定的。

它反映的是历史数据的内容，而不是处理联机数据。因而，数据经集成进入数据库后是极少或根本不更新的。

（4）数据仓库是随时间变化的。

它表现在以下几个方面：首先，数据仓库内的数据时限要远远长于操作环境中的数据时限。前者一般在 5～10 年，而后者只有 60～90 天。数据仓库保存数据时限较长是为了适应 DSS 进行趋势分析的要求。其次，操作环境包含当前数据，即在存取一刹那是正确有效的数据。而数据仓库中的数据都是历史数据。最后，数据仓库数据的码键都包含时间项，从而标明该数据的历史时期。

一、选择填空

1．数据库应用系统是由数据库、数据库管理系统（及其开发工具）、应用系统、（　　）和用户构成。

A．DBMS　　B．DB　　C．DBS　　D．DBA

2．目前（　　）数据库系统已逐渐淘汰了网状数据库和层次数据库，成为当今最为流行的商用数据库系统。

A．关系　　B．面向对象　　C．分布

3．SQL 语言是集定义、查询、控制、更新于一体的语言，其中（　　）功能是其核心。

A．定义　　B．查询　　C．控制　　D．更新

4．关系模式的规范化过程是通过对关系模式（　　）的来实现的。

A．选择　　B．投影　　C．连接　　D．分解

5．Access 2003 的数据库文件的扩展名是（　　）。

A．DBF　　B．MDB　　C．XLS　　D．DBT

6．Microsoft Access 能将不同来源的数据建立起关联，而将其视为（　　）。

A 数据库　　B．记录　　C．表　　D．字段

7．关系数据模型中，实体及实体间的联系都用__________来表示。在数据库的物理组织中，它以__________形式存储。

8．SQL 是集__________、__________、__________和__________功能于一体的语言。

9．数据库的选择、投影、连接操作均可以由__________实现。

二、判断题

1．数据是对客观事物属性的描述与记载，学生的档案记录、货物的运输情况等，这些都是数据。

2．数据库中的数据可为各种用户共享。

3．使用文件系统管理数据要比数据库方便。

4．数据模型是机器世界的模拟。

5．美国 IBM 公司的研究员 E.F.Codd 于 1970 年首次提出了数据库系统的关系模型。

6．一个关系模型的逻辑结构是一张二维表，它由行和列组成。

7．一张表就是一个关系。

8．关系代数、关系演算和 SQL 语言能完成相同的功能。

9．规范化能部分解决插入异常、删除异常、修改复杂及数据冗余等问题。

三、简答题

1．简述计算机数据管理技术发展的 3 个阶段。

2．常用的 3 种数据模型的数据结构各有什么特点？

3．一个关系必须满足的条件是什么？任意一张表格是否都是关系？

4．给出 1NF、2NF、3NF 的定义。

5．设有如表 1-15 所示的关系，问是属于第几范式？如何规范化为 3NF？

表 1-15　习题用表

职工号	职工名	年龄	性别	单位号	单位名
E1	赵云云	20	男	99008	汽车系
E2	张　君	35	男	99006	经济系
E3	刘　开	36	女	89008	管理系
E4	孙　明	22	女	99900	机械系

四、上机操作

请用 Access 2007 建立学生成绩管理系统数据库（CJGL），该系统包括“学生”、“课程”、“成绩”3 张表，各表的定义如下:

学生（学号 char(8)，姓名 char (6)，性别 char (2)，班级 char (6)）

课程（课程 ID char(6)，课程名称 char(20)，学分 float）

成绩（学号 char(8)，课程 ID char (6)，成绩 float）

第 2 章　Access 数据库简介及应用

- Access 2007 数据库的特点
- Access 2007 数据库创建和打开的方法和步骤
- xssjk 数据库实例演示

2.1　Access 2007 的特点

Microsoft Office Access 2007 提供了一组功能强大的工具，允许用户在便于管理的环境中快速开始跟踪、报告和共享信息。利用其新的交互式设计功能、跟踪应用程序模板的预置库及处理来自多种数据源（包括 Microsoft SQL Server）的数据处理能力，Office Access 2007 允许用户快速创建具有吸引力的功能性跟踪应用程序，而不需要具有高深的数据库知识。可以快速创建和修改应用程序及报表以满足不断变化的业务需要。通过其新增的、改进的且与 Microsoft Windows SharePoint Services 3.0 高度集成的特性，Office Access 2007 可帮助您共享、管理、审核和备份信息。使用 Microsoft Access 可以无需编写程序代码，仅通过直观的可视化操作即可完成大部分数据的管理工作，是 Windows XP 平台上倍受青睐的关系数据库管理系统之一。Access 2007 作为一个中、小型关系数据库系统，是完全面向对象，采用事件驱动机制的最新关系型桌面数据库系统，使数据库的应用和开发更加便捷、灵活。与其他数据库管理系统相比，Access 2007 具有以下特点：

（1）Access 2007 是一个同时面向数据库最终用户和数据库开发人员的关系数据库管理系统。

它提供了许多便捷的可视化操作工具（如表生成器、查询设计器、窗体设计器、报表设计器等）和向导（如表向导、查询向导、窗体向导、报表向导等）。数据库的最终用户利用这些工具和向导不用编程即可构造简单、实用的管理信息系统。对于数据库开发人员，Access 2007 提供了更为完善和灵活的 Visual Basic for Application（VBA）语言。利用该语言以及 Access 2007 提供的可视化操作工具和向导，可以快速构造具有一定规模、较为复杂和功能强大的管理信息系统。

（2）Access 2007 是一个典型的开放式数据库管理系统。

通过 ODBC（开放式数据库互联）能与其他数据库（如 Oracle、Sybase、SQL-Server、Visual FoxPro 等）相连，实现数据交换与共享。另外，Access 2007 作为 Microsoft Office 2007 套装办公软件专业版的一个部分，承担了数据处理、查询和管理的责任。它与 Word 2007、Excel 2007 等办公软件进行的数据交换和共享变得更加容易，构成了一个集文字处理、图表生成和数据管

理于一体的高级综合办公软件。

（3）改进的全新用户界面。

Office Access 2007 采用了一种全新的用户界面，这种用户界面是从零开始设计的，可帮助用户提高工作效率。新界面使用称为“功能区”的标准区域来替代 Access 早期版本中的多层菜单和工具栏，如图 2-1 所示。

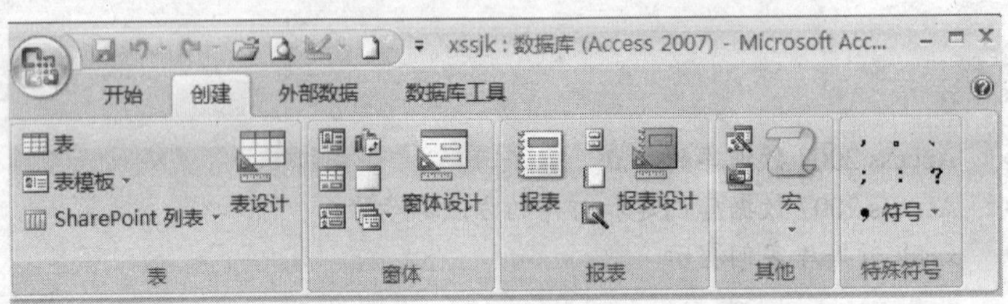

图 2-1 Access 2007 功能区

使用功能区可以更快地查找相关命令组。例如，如果要创建新的窗体和报表，将在“创建”选项卡上找到它。新的设计可以更方便地找到需要的命令，还会发现一些可能在别处未留意到的功能。这是因为对于 Office Access 2007 中使用的选项卡来说，命令的位置与表面更为接近，而不是深深嵌入菜单中。用户可以很快找到它们，并记住更多命令的位置。

（4）Access 2007 内置了大量的函数。

其中包括数据库函数、数字函数、字符串函数、日期和时间函数、财务函数等。用户可以利用这些函数在窗体、报表、查询和数据访问页中建立复杂的计算表达式。

（5）Access 2007 提供了许多宏。

宏在用户不介入的情况下能够执行许多常规的操作，如打开表或窗体、操作记录等。用户只要按照一定的顺序组织 Access 2007 提供的宏，不用编程就能够实现工作的自动化，这对于数据库最终用户是非常方便的。

（6）基于 Web 的智能管理的功能。

Access 2007 为用户提供了访问公司级别后端数据库（如 Microsoft SQL Server）的信息的能力。Access 的最新版本还就用户如何使用数据透视表动态视图和数据透视图动态视图（以前只在 Excel 中才有）及数据访问页（使用户能够将公司数据库应用程序扩展到 Web）等工具分析这些数据进行了改进。在 Access 2007 中，用户可以使用 Internet 标准 XML/XSL 将数据快速发布到 Web 上。用户可以将 Access 报表、窗体、表或查询导出到 XML 文档中，该文档包含相关的 XSL 文件供演示文稿使用。这使得用户可以通过支持 HTML 4.0 的 Internet 浏览器查看在 Access 中创建的窗体和报表。

（7）Access 中包括新的 SQL Server Desktop Engine。

该桌面引擎与 SQL Server 完全兼容，使用户能够轻松地创建和修改与 SQL Server 兼容的数据库。准备就绪后，用户不进行任何修改就可以无缝地将数据库部署到 SQL Server 中。在使用 Access 数据项目时，用户可以使用存储过程设计器创建和修改简单的 SQL Server 存储过程（别名操作查询）。该功能使用户不必了解 Transact SQL 就可以创建存储过程。

（8）增强了开发人员的编程能力。

为开发人员提供创建功能强大、繁复的数据库解决方案（这些解决方案能在确保与新的和现有的数据库解决方案向前兼容和向后兼容的情况下，与企业范围内的数据无缝集成）所必需的工具。Access 2007 现在提供的工具可以创建能集成和利用 Internet 标准（如 XML、XSL 和动态 Web 页）的解决方案，以便更好地在 Intranet 和 Internet 上进行数据的共享和演示。Access 现在在整个产品中都支持 XML。XML 数据可以通过从 Jet 或 SQL Server 数据库导出来创建，也可以导入到 Jet 或 SQL Server 数据库中。

2.2　Access 数据库文件和表

1. Access 数据库

与其他数据库管理系统相同，Access 提供了存储和管理信息的方式。Microsoft Access 能将不同来源的数据建立起关联，而将其视为关系式数据库。Access 不但考虑到保存数据的表，也考虑到展示信息的支持对象，如报表、窗体、查询、宏和程序模块等对象，并且将其当成数据库的一部分，如图 2-2 所示。这与在只有数据本身被考虑成数据库的一部分的传统标准数据库系统语法不同。例如，当使用软件如 DBase 时，可能有员工数据库、客户数据库和供应商数据库。每个数据库都是单个的文件。在 Access 中可以将 3 种类型的数据库对象存储在同一文件中，与 DBase 数据库方式相同。这意味着改进了在数据库成员之间关联的集成性。当建立较复杂的系统时，将用到全部 Access 所支持的对象，如 xssjk 数据库。

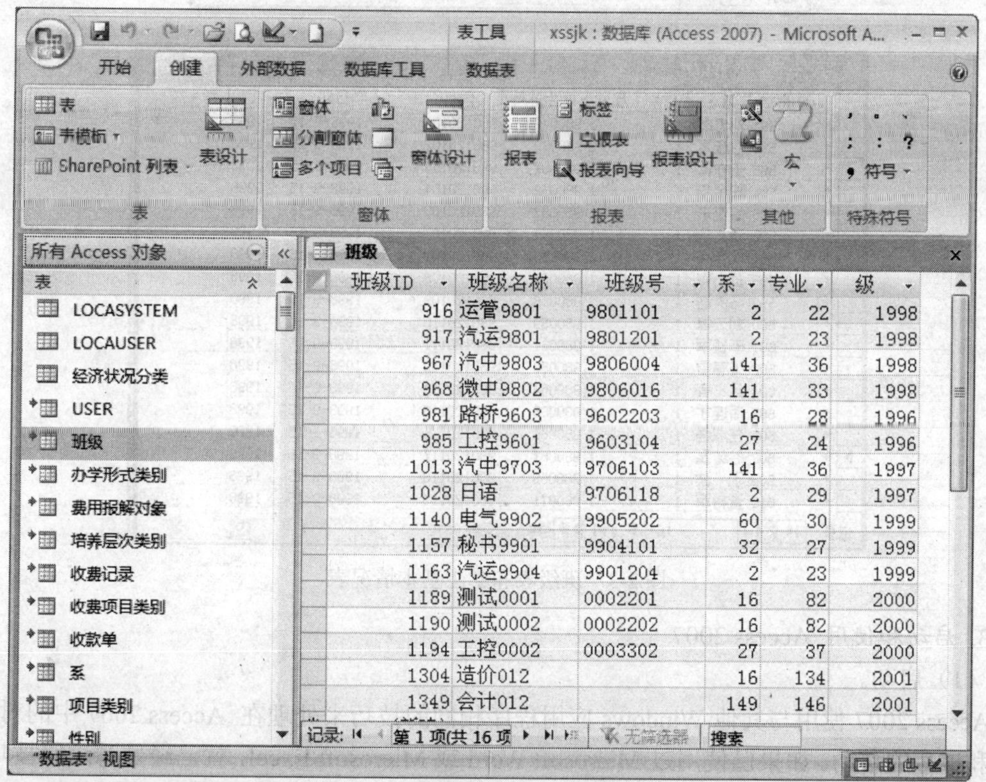

班级ID	班级名称	班级号	系	专业	级
916	运管9801	9801101	2	22	1998
917	汽运9801	9801201	2	23	1998
967	汽中9803	9806004	141	36	1998
968	微中9802	9806016	141	33	1998
981	路桥9603	9602203	16	28	1996
985	工控9601	9603104	27	24	1996
1013	汽中9703	9706103	141	36	1997
1028	日语	9706118	2	29	1997
1140	电气9902	9905202	60	30	1999
1157	秘书9901	9904101	32	27	1999
1163	汽运9904	9901204	2	23	1999
1189	测试0001	0002201	16	82	2000
1190	测试0002	0002202	16	82	2000
1194	工控0002	0003302	27	37	2000
1304	造价012		16	134	2001
1349	会计012		149	146	2001

图 2-2　Access 数据库管理界面（xssjk 数据库）

2. *表*

表（Tables）是将信息以表格方式安排。“列”表示信息的字段或是信息的个别项目部分，可以存放表中每一个实体元素。而“行”则是记录。一条记录包含了数据库中每个字段。虽然字段可以空白，但是数据库中每条记录具有在表中每个字段保存信息的能力。图 2-3 所示为班级表和学生基本情况表，列出了中部分记录和字段。

班级 ： 表

班级ID	班级名称	班级号	系	专业ID	级
981	路桥9603	9602203	16	28	1996
985	工控9601	9603104	27	24	1996
1028	日语	9706118	2	29	1997
1013	汽中9703	9706103	141	36	1997
916	运管9801	9801101	2	22	1998
968	微中9802	9806016	141	33	1998
967	汽中9803	9806004	141	36	1998
917	汽运9801	9801201	2	23	1998
1163	汽运9904	9901204	2	23	1999
1157	秘书9901	9904101	32	27	1999
1140	电气9902	9905202	60	30	1999
1189	测试0001	0002201	16	82	2000
1190	测试0002	0002202	16	82	2000
1194	工控0002	0003302	27	37	2000
1349	会计012		149	146	2001
1304	造价012		16	134	2001
(自动编号)					

记录: 1 共有记录数: 16

学生基本情况 ： 表

学生ID	姓名	性别	民族	学生证号	学号	入学日期	年级	考生类
591	刘忠杰	1	1	980049	980120101	1998-9-15	1998	
592	白彦军	1	2	980050	980120102	1998-9-15	1998	
593	王守国	1	1	980051	980120103	1998-9-15	1998	
594	陈罕翔	1	1	980052	980120104	1998-9-15	1998	
595	徐亚东	1	1	980053	980120105	1998-9-15	1998	
596	潘文华	1	1	980054	980120106	1998-9-15	1998	
597	侯祥兵	1	1	980056	980120107	1998-9-15	1998	
598	黄小青	1	1	980057	980120108	1998-9-15	1998	
599	马洪浩	1	3	980058	980120109	1998-9-15	1998	
600	刘云峰	1	1	980059	980120110	1998-9-15	1998	
601	李长军	1	1	980061	980120111	1998-9-15	1998	
602	张春雷	1	1	980060	980120112	1998-9-15	1998	
604	吕　青	1	1	980064	980120114	1998-9-15	1998	
605	潘连才	1	1	980065	980120115	1998-9-15	1998	
606	任淑强	1	1	980066	980120116	1998-9-15	1998	
607	谷绪磊	1	1	980067	980120117	1998-9-15	1998	
608	于　波	1	1	980069	980120118	1998-9-15	1998	
610	董树军	1	1	980071	980120119	1998-9-15	1998	

记录: 16 共有记录数: 572

图 2-3　班级表和学生基本情况表

3. *启动和使用* Access 2007

（1）启动。

Access 2007 使用与其他 Windows 应用程序相同的技巧来处理在 Access 2007 中的对象、菜单和屏幕的移动。如果已使用过 Microsoft Word 或 Microsoft Excel，就已经熟悉这些技巧了。当初次启动 Access 2007 时，就如图 2-4 所示出现在屏幕上。

图 2-4　Access 启动界面

（2）新建 xssjk 数据库。

当要建立一个新的数据库时，选择“文件”→“新建数据库”菜单命令。然后，输入数据库文件名，并单击“创建”按钮，新建窗口就会出现了，如新建数据库“xssjk 数据库”，如图 2-5 所示。

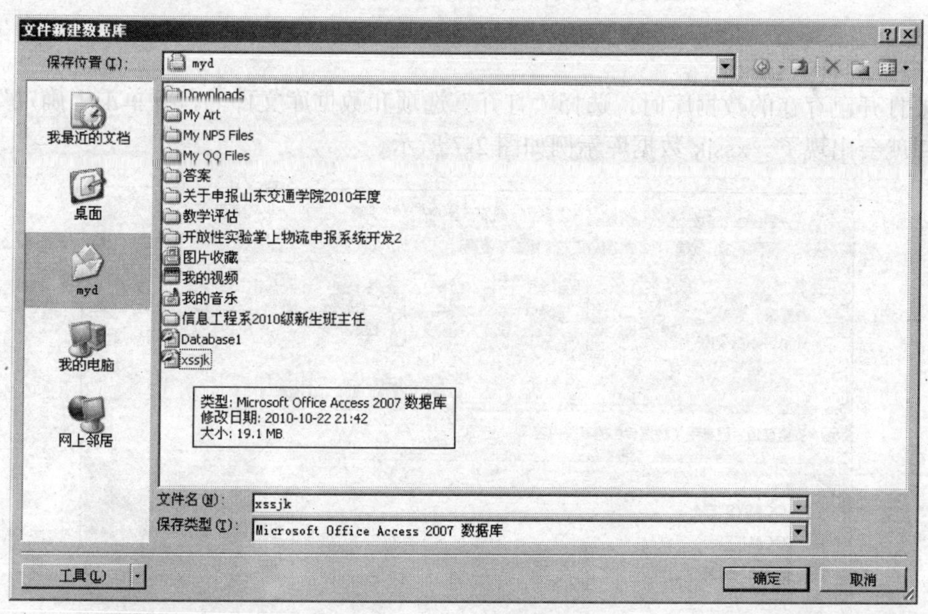

图 2-5　新建数据库 xssjk

（3）打开数据库。

当要打开已存在的数据库时，选择“打开”选项和数据库文件名，并单击“确定”按钮，打开窗口就会出现了，如图 2-6 所示为打开数据库“xssjk 数据库”。

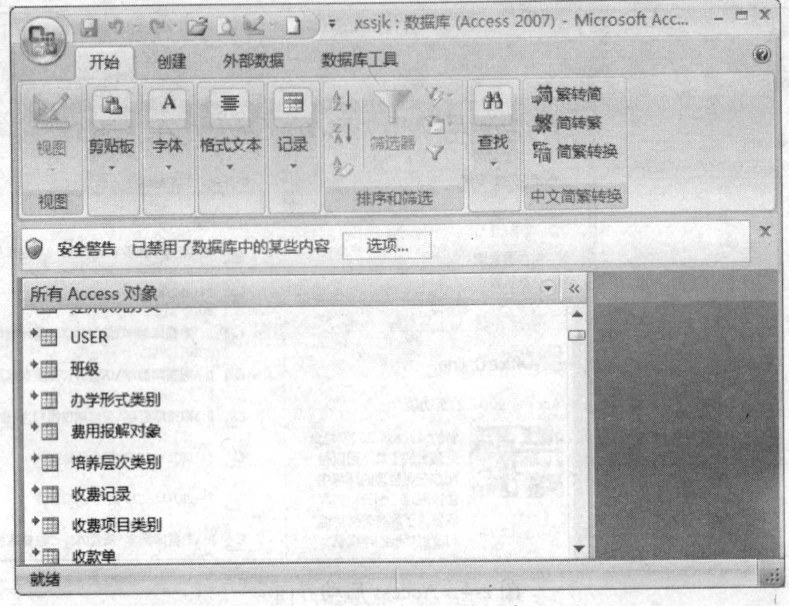

图 2-6　打开 xssjk 数据库

（4）退出 Access 2007。

当要退出数据库时，选择“文件”→“退出”菜单命令。

2.3　xssjk 数据库实例演示

1. 打开 xssjk 数据库

当要打开已存在的数据库时，选择“打开”选项和数据库文件名，并单击“确定”按钮，打开窗口就会出现了。xssjk 数据库示例如图 2-7 所示。

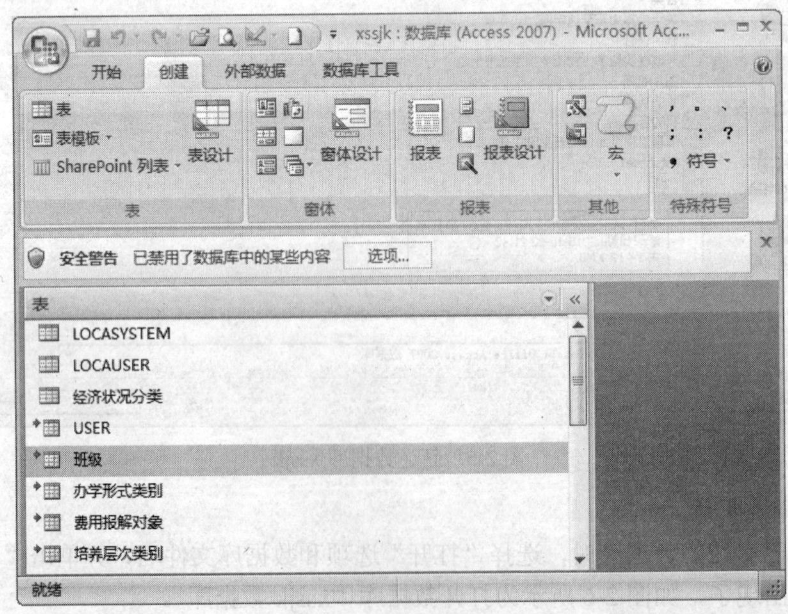

图 2-7　xssjk 数据库示例

2. 修改收费项目

修改收费项目数据库示例如图 2-8 所示。

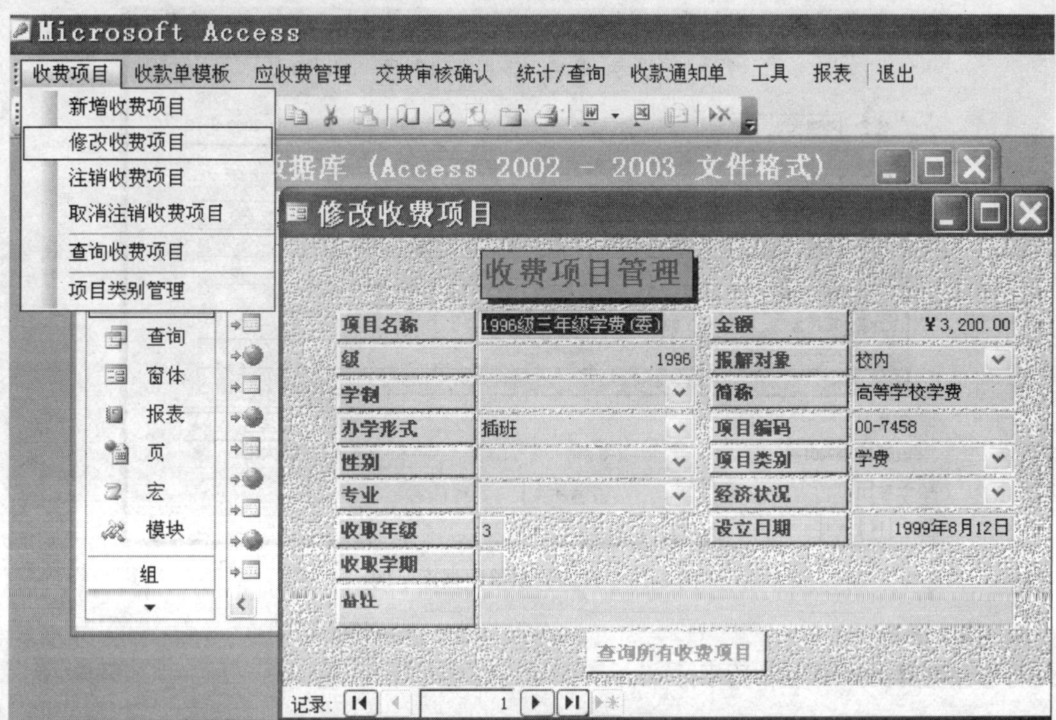

图 2-8　修改收费项目数据库示例

3. 修改收款单模板

修改收款单模板数据库示例如图 2-9 所示。

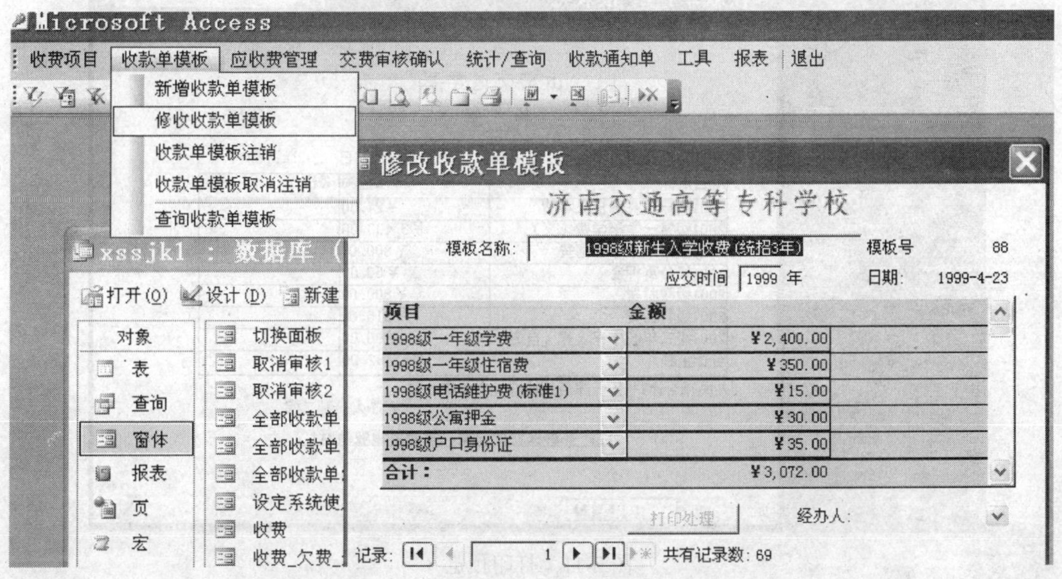

图 2-9　修改收款单模板数据库示例

4. 查询收款单

查询收款单数据库示例如图 2-10 所示。

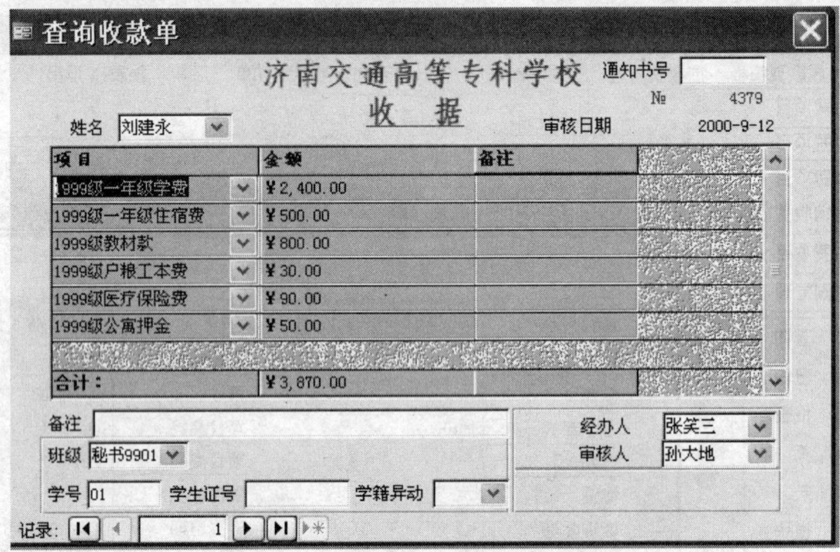

图 2-10 查询收款单数据库示例

5. 打印预览

打印预览界面如图 2-11 所示。

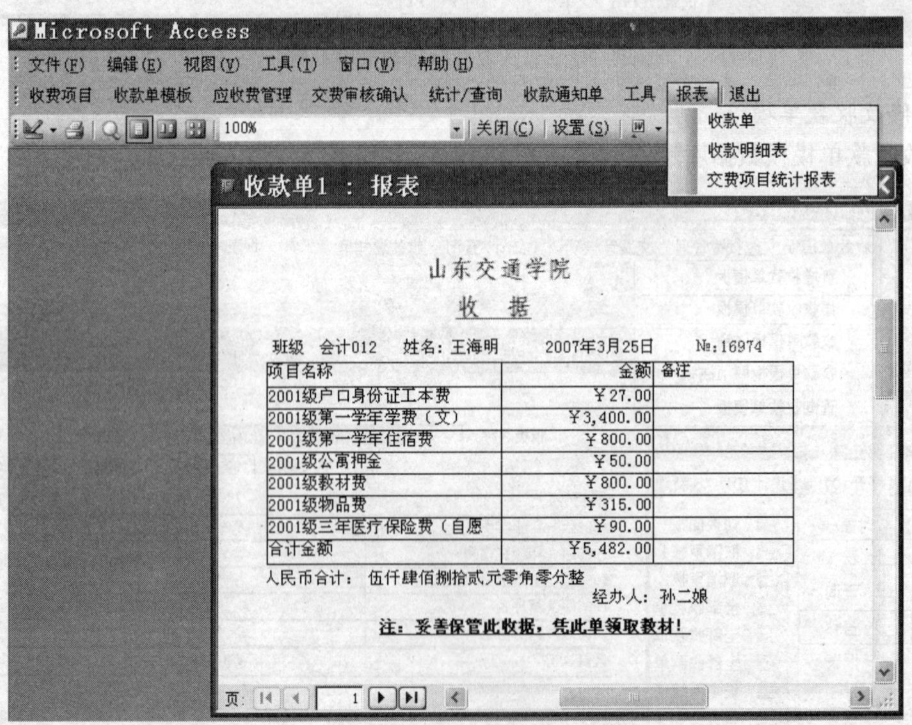

图 2-11 打印预览

1．Access 2007 具有哪些特点？

2．Access 2007 中，用户可以使用 Internet 标准 XML/XSL 吗？

3．Access 2007 与 SQL Server 的关系是什么？

4．Access 2007 数据库中有几个对象？

5．Access 2007 数据库中表的作用是什么？

6．Access 2007 是关系数据库系统吗？

7．怎样新建一个 Access 2007 数据库？

8．上机操作

请在 Access 中建立一个图书借阅管理数据库系统（TSJYGL），该系统包括“图书”、“读者”、“借阅”3 张表，各表的定义如下:

图书（图书 ID char(6)，类别 char(8)，书名 char (30)，作者 char (6)，出版社 char(16)）

读者（学号 char(8)，姓名 char (6)；性别 char (2)，班级 char (6)）

借阅（学号 char(8)，图书 ID char (6)，借书日期 date，还书日期 date）

第 3 章　表结构的设计

- 二维表及其结构概念
- Access 表的设计要素
- 字段类型、主键、索引概念
- 用表设计器创建表

3.1　二维表及其结构

日常工作中经常用到一些表格，有的非常复杂，有的比较简单，最简单的一种表是由不同的行、列构成的二维表，如图 3-1 所示。

学生基本情况 ——表名

学生证号	姓名	性别	身份证号码	出生日期	身高	民族	政治面貌	班级
980850	郭小虎	男	11022219790	1979-5-25	169	汉	团员	电气9801
980853	刘成金	男	15230119790	1979-1-1	172	汉	团员	电气9801
980855	刘小华	男	32098119790	1979-1-1	167	汉	团员	电气9801
980856	项永力	男	33900519770	1977-9-1	172	汉	团员	电气9801
980857	吴蒲伏	男	36252419770	1977-5-26	175	汉	团员	电气9801
980858	张　勃	男	37012619801	1980-11-20	177	汉	团员	电气9801
980859	张維斌	男	37028219780	1978-3-4	166	汉	团员	电气9801
980860	张炳辉	男	37028819771	1977-11-6	175	汉	团员	电气9801
980861	王守锋	男	37282819790	1979-4-5	173	汉	团员	电气9801
980863	刘选彤	男	37062819790	1979-1-9	170	汉	团员	电气9801
980862	孙义杰	男	37061119790	1979-7-23	175	汉	团员	电气9801
980864	张维庆	男	37072219781	1978-12-23	170	汉	团员	电气9801
980865	马怀喜	男	37010519791	1979-11-26	172	汉	团员	电气9801
980866	侯新红	男	37092119770	1977-1-9	170	汉	团员	电气9801
980868	朱礼团	男	37010519791	1979-11-16	161	汉	团员	电气9801
980867	赵中华	男	37132319800	1980-3-12	181	汉	团员	电气9801

表头　行记录　表干　列字段

图 3-1　最简单的表——二维表

分析图 3-1 可知，一个二维表由 3 个要素构成，即表名、表头、表干。图 3-1 所示的表名是“学生基本情况”；表头部分决定了整个表的框架和结构，它由各个列组成，表头说明了各列的名称；表干由一行行的数据构成。

从纵向看，二维表由多列组成，每一列有一个名称，不同列的名称不同，每列存放的数据是同一种类型。不同的列存放的数据类型可能不同，有的列存放的是文字，有的列存放的是

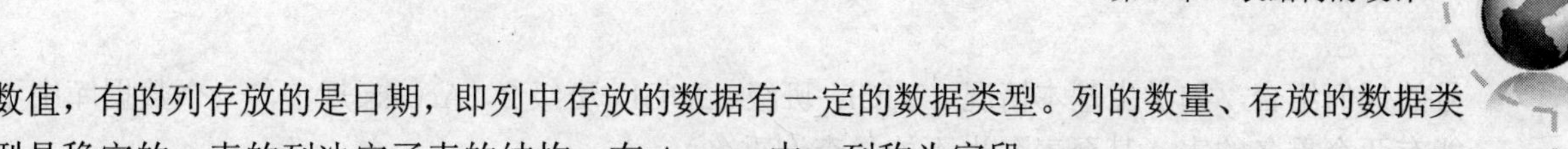

数值，有的列存放的是日期，即列中存放的数据有一定的数据类型。列的数量、存放的数据类型是稳定的，表的列决定了表的结构。在 Access 中，列称为字段。

从横向看，二维表的表干由多行组成，每一行都包含完全相同的列。对一个二维表来说，表中的行和其每一数据项是可以经常增加、删除、修改的。相对于列，行是不稳定的。在 Access 中，每一行称为一条记录，每条记录包含完全相同个数、相同列名的字段数据。

在 Access 中，把一个简单的二维表称为表（Table），表是 Access 数据库唯一用来实际存储数据的地方，是整个数据库系统的基础，其他数据库对象（如查询、窗体、报表等）是表的不同形式的“视图”，不存放数据。因此，在创建其他的数据库对象之前，必须先创建表。

创建表包括两个步骤，先设计出表的结构，然后通过各适当方式向表中输入记录数据。然后才能对表中数据进行查询、统计和输出等各种操作，产生对用户有价值的信息。

设计表的结构就是设计二维表的表头，设计表结构的关键是指明表的字段属性，包括字段的名称和字段的数据类型等。下面详细介绍 Access 表的设计要素。

3.2　Access 表的设计要素

一个 Access 表是与特定主题（如学生基本情况、产品或供应商）有关的数据集合。简单情况下，对一个实体建立一个表，复杂情况下，需要用多个表表示一个实体，先学习简单的情况。Access 表不可缺少的要素是表名、字段名、字段数据类型、字段大小、表的主关键字，其他的可选要素是字段说明、字段属性、表的属性等。表的核心 4 要素是表名、字段、数据类型和主键。例如，图 3-2 所示为学生基本情况表结构。

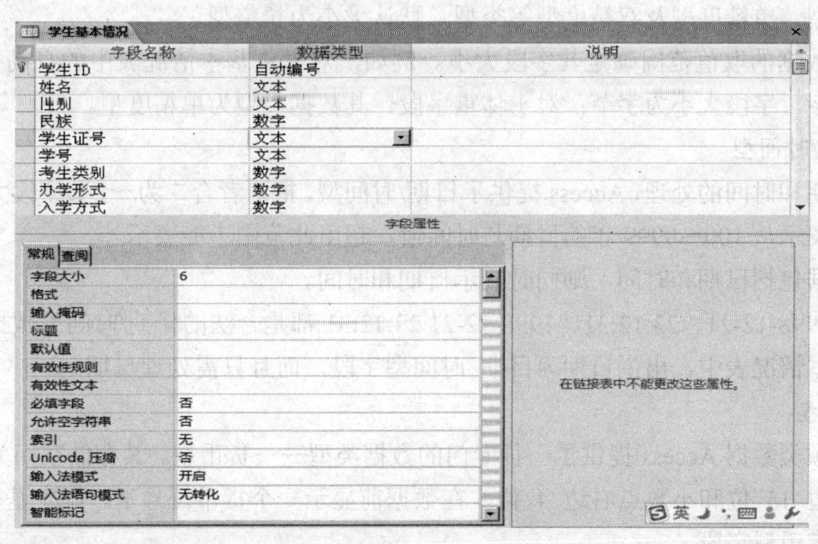

图 3-2　学生基本情况表结构

3.2.1　表名、字段名

表名可以是包含字母、汉字、数字和除了句号以外的特殊字符、叹号、重音符号或方括号的任何组合，如学生基本情况、XJGL_班级、XJGL_班级 2。Access 规定，一个数据库中不能有两个重名的表（甚至表名也不能与查询重名）。

字段名可以是包含字母、汉字、数字、空格和除了句号以外的特殊字符、叹号、重音符号或方括号的任何组合，可以包含最多 64 个字符，如姓名、性别、班级 ID。Access 规定，一个表中不能有两个重名的字段。

3.2.2 字段数据类型及字段大小

字段数据类型指定了在字段中存储的数据特征，字段大小是字段中存储数据的字符个数或字节数。根据字段中存储数据的不同，采用不同的数据类型。Access 提供了丰富的数据类型，包括文本型、数字型、日期/时间型、货币型、是/否型、备注型、OLE 对象型、自动编号型、超链接型及特殊类型查阅向导型。

1. 文本型

文本型字段可以存放字母、汉字、符号、数码。如图 3-1 所示的学生基本情况表中的姓名、籍贯字段都是文本型。不需要计算的数字，如身份证号、电话号码，可以指定该字段的数据类型为文本型。

根据存放数据的需要为文本型字段指定字段大小，字段大小为 1～255，文本型字段最多可以存放 255 个字符，默认值为50。

2. 数字型

用于数学计算的数值数据，其数据类型为数字型，如长度、重量、人数等。

Access 为了提高存储效率和运行速度，把数字型按大小进行细分，数字型大小分为字节、整型、长整型、单精度型及双精度型等类型，默认大小为长整型。

应根据数据的取值范围确定其字段大小。例如，对学生基本情况表中的身高字段，其数据类型为数字，字段大小为字节；对于体重字段，其数据类型为单精度型。

3. 日期/时间型

对于日期和时间的处理，Access 提供了日期/时间型，把两者合二为一，其字段大小为 8 个字节，可以表示从 100～9999 年的日期与时间值，超出此范围不能表示。

如果数据包括日期和时间，则同时显示日期和时间。

例如，1998-12-21、23:12:31、1998-12-21 23:12:31 都是合法的日期/时间型数据。

学生基本情况表中，出生日期为日期/时间型字段，而且只需处理日期。

4. 货币型

对于金额类数据 Access 提供了一种专门的数据类型——货币型。其存储空间为 8B，精确到小数点左边 15 位和小数点右边 4 位，在数据前显示一个货币符号￥。学生基本情况表中家庭收入为货币型字段。

5. 是/否型

对于二值型的字段，其数据类型采用是/否型，如婚/否、是否付款、落户口否。用是/否数据类型表示是/否、真/假、开/关。其大小为一位。

学生基本情况表中婚/否为是/否型字段。

6. 备注型

文本型最多只能存放 255 个字符，如果实际数据超过 255 个字符，可用备注型数据类型。备注型数据类型可以存放长文本或文本和数字的组合，最多为 65535 个字符（如果 Memo 字段是通过 DAO 来操作并且只有文本和数字保存在其中，则备注型字段的大小可以非常大，只受数据库大小的限制）。常用备注型存放较长的大文本。学生基本情况表中的简历字段数据类型为备注型。

7. OLE 对象

OLE（Object Linking and Embedding）原先指对象连接与嵌入概念。OLE 是一种机制，它允许用户创建和编辑由其他应用程序创建的文档，如在 Access 中处理有录音机程序录制的声音、显示由画图程序处理的照片。OLE 文档无缝地集成了各种类型的数据或组件。应用程序中的 OLE 支持使用户能够使用 OLE 文档，而不必考虑在不同的应用程序之间切换；因为该切换由 OLE 完成。OLE 实现应用程序之间的无缝交互。

对照片、图形等数据，Access 提供 OLE 对象数据类型进行处理。其实，不仅是照片，其他如 Excel 电子表格、Word 文档、图形、声音或其他二进制数据，都可以用 OLE 对象处理，甚至一个 Access 数据库也可以放入 OLE 对象字段中。俗话说，OLE 对象是个筐，什么都可以往里装。字段数据的大小仅受可用磁盘空间的限制。

例如，学生基本情况表，把照片字段设计为 OLE 对象类型，而且支持.bmp、.gif、.jpg、.jpeg、.tif、.png、.pcd 和.pcx 等数据格式。

OLE 对象存储空间大小不一，根据实际存储的数据大小由 Access 自动调整，也是不定常字段。

8. 自动编号

对于自动编号型字段，当向表中添加一条新记录时，由 Access 自动产生的一个唯一的编号存入该字段。自动编号型字段不能改变，是不可编辑字段，在为记录生成编号之后，该编号就不能进行更改，但整条记录可以删除。后续产生的编号与以前产生的编号不重复，即使记录删除了，其对应的编号也不可再占用。保证了产生编号的唯一性。一个表只能有一个自动编号字段。自动编号字段也经常作为表的主键。

9. 超链接

该类型字段存放的数据是超链接地址，是以文本形式存储并用作超链接地址。超链接地址是指向对象、文档或 Web 页面等目标的一个路径。超链接地址可以是 URL（Internet 或 Intranet 站点的地址），可以在超链接字段直接输入文本或数字，Access 把输入的内容作为超链接地址。超链接型字段存放数据最长为 64000 个字符，也不需要设置字段大小，Access 自动调整。

例如，在学生基本情况表中加入“个人网址”字段，其数据类型为超链接。

10. 查阅向导

在学生基本情况表中，应该把性别、民族、政治面貌、班级字段数据类型设计为文本型，但这样设计表的结构存在几个缺点。首先，对每个同学都要输入大量的文本，效率较低；其次，输入的数据可能不一致，输入错误，如输入班级，应该输入电气 9801，当输入电器 9801 时系统也接受；最后，数据存储空间大，如政治面貌字段可能每个记录占用 4 个字长，8 个字节。

学生基本情况表中这 4 个字段都有一个共同的特点，即每个字段的取值都是来源于一个有限的集合。性别字段只能从“男”、“女”两个值中取一；民族字段也只能从 56 个民族名称中取一；政治面貌字段也只能从十几个值中取一；班级字段也只能从学校全部班级名称中取一，而班级数也是有限的。

如果事先建立 4 个表，分别存放这 4 类基本数据，在计算机中输入编辑学生这 4 个字段的值时，不用在每条记录中输入文本（特别是汉字），采用点菜方式，选择式输入数据，这将大大提高数据的输入效率。而且只能从有限的数据集中选择输入，杜绝了的数据不一致性。

比如，建立政治面貌代码对照表，表有两个字段，一个是政治面貌代码，另一个是政治面貌（名称），数据类型都是文本型，事先输入全部常用的政治面貌记录，如表 3-1 所示。

表 3-1　政治面貌代码对照表

政治面貌代码	政治面貌
1	中共党员
2	中共团员
3	民主党派
4	群众

例如，学生基本情况表的性别、民族、政治面貌、班级字段都用查阅向导生成。学生基本情况表政治面貌字段的名称是政治面貌代码，数据类型是文本型，字段长度是 1。

3.2.3　字段属性

每种数据类型的字段都有它自己的一组属性，有些属性每种数据类型都有，每种数据类型也有自己特殊的属性。重要的字段属性如图 3-3 所示。

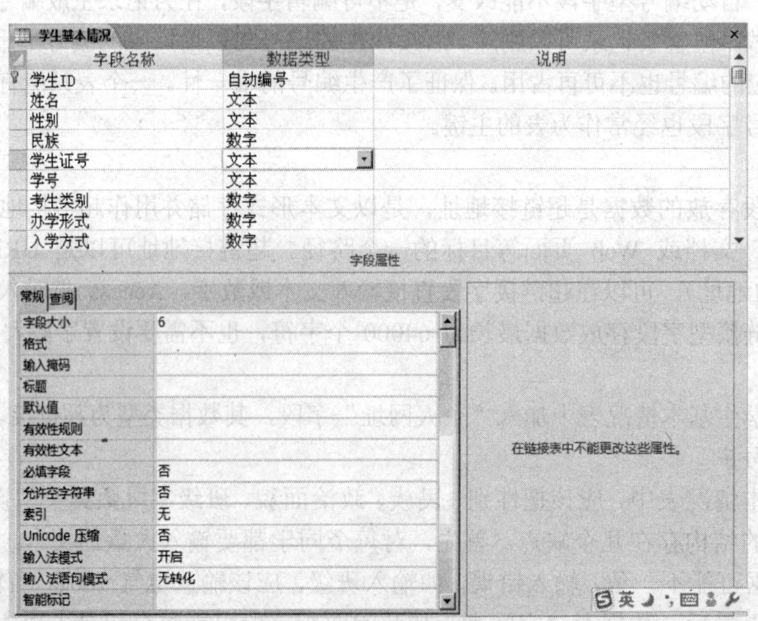

图 3-3　重要的字段属性

3.2.4　主键和索引

1. 主键

若表的一个字段或多个字段的组合可以唯一地标识表中每一条记录，则此字段称为表的主键，主键是每个记录的唯一标识符。主键字段不能包含重复值，也不能为空（NULL）值。也许，表中许多字段都可以作主键，主键字段不一定是唯一的。

例如，政治面貌代码对照表的政治面貌代码字段，其值是唯一的，没有相同的值，也没有空白，可以作为表中每一条记录的唯一标识，可以定义政治面貌代码字段为主键。定义政治面貌代码为主键后，Access 会自动防止在该字段中输入重复值、空白，增强了实体数据的完整性，在政治面貌代码对照表中，选择政治面貌代码作为主键，因为它是稳定的。

主键可分为 3 种类型，即自动编号、单个字段及多个字段。如果表中有自动编号字段，一般就把它作为主键。例如，“学生基本情况表”自动编号字段学生 ID 为主键。如果表中没有自动编号字段，而某一字段的值中是唯一的，如政治面貌代码对照表的政治面貌代码字段，可以将该字段指定为主键，这种主键称为单字段主键。

在不能保证任何单字段都包含唯一值时，可以将两个或更多的字段指定为主键，这种主键称为多个字段主键。如果不能确定是否能为多字段主键选择合适的字段组合，应该添加一个自动编号字段并将它指定为主键。建议为每一个表设置主键。

Access 自动为主键字段加上唯一索引。

2. 索引

在记录数较多的表中查找、排序数据时，利用索引技术可以极大地加快操作速度，如果经常需要在某字段进行查找、排序，建议对该字段设置索引。

索引是一种优化的数据管理技术，其工作机制类似于图书的目录。先在目录中查找某内容的页码，然后到该页码的正文继续查找该内容，比直接在整本书中查找该内容要快。当然，这要有代价的，必须先做出目录，这增加了书的页数，修改正文内容也要同时修改目录。使用索引，会增加数据库的存储空间，也会增加修改记录的操作时间。修改记录、删除记录和增加记录时 Access 要相应自动修改所有的索引。当然，这点代价与加快操作速度相比是很小的。因此，综合考虑，只对经常需要查找、排序的字段加索引，对要在查询中联接到其他表中字段的字段加索引。不要在无关的字段上建立索引。

例如，学生基本情况表的主关键字是学生 ID，Access 自动为其加上索引。由于经常在姓名字段进行查找，在姓名字段上设置索引，索引类型是重复索引，都是升序索引。

3.3　表的设计步骤

对一个数据库应用问题，首先要解决数据存储的问题，按以下步骤设计系统包含的表，解决数据存储设计问题。

（1）分析问题，找出主要业务是什么？主要的实体是什么？

例如，对学生管理系统，主要业务是对学生的基本情况进行管理，主要的数据是学生基本档案，也就是学生基本情况表，学生基本情况表就是学生管理系统的主要实体。

也许主要业务不止一项，应找每一项主要业务的实体是什么。如学生管理问题也包括成绩管理，成绩单是主要的数据对象。

（2）分析主要实体，规划用几个表存储实体数据。

简单的实体用一个主要表存放即可，如学生基本情况表用一个表存放数据。人事档案、工资表也用一个表存放数据。复杂的实体用多个表存放，如后面章节介绍的收款单、发票、出库单、入库单、电话费清单等，起码要用两个表表示一个完整的实体。

（3）对主要表进行结构分析。

主要表包括哪些字段？字段的名称、数据类型是什么？具体的数据是什么？可收集一些示例数据。分析关键是确定哪些字段的数据是来自一个有限数据集合？

比如：学生基本情况表的性别、政治面貌、民族、班级字段各来自一个有限数据集合。性别、政治面貌、民族、班级也是实体。

（4）对每一个有限数据集合单独设计一个表，这类表可以称为基础数据代码类表。

（5）设计基础数据代码类表数据结构。

它包括以下要素：表名、字段名称、字段数据类型、字段大小、字段索引、字段其他主要属性；表的主键、表的其他各种主要属性。

（6）设计基本情况表的数据结构要素同上。

（7）定义表间关系及参照完整性（详见第 8 章）。

（8）在计算机上完成设计。

下面是学生管理系统设计的结果。

（1）性别表，如表 3-2 所示。

表 3-2　性别表

表名称	字段名称	字段类型	字段大小	索引	输入法	其他属性
性别	性别 ID	文本	1	主键	关	
	性别	文本	1		开	

示例数据如下：

记录：性别 ID　性别

1　男

2　女

（2）民族表，如表 3-3 所示。

表 3-3　民族表

表名称	字段名称	字段类型	字段大小	索引	输入法	其他属性
民族	民族 ID	文本	2	主键	关	
	民族	文本	4		开	

示例数据如下：

记录：民族 ID　民族

01　汉族

02　回族

03　　满族
04　　蒙古族
05　　维吾尔族

（3）政治面貌表，如表 3-4 所示。

表 3-4　政治面貌表

表名称	字段名称	字段类型	字段大小	索引	输入法	其他属性
政治面貌	政治面貌 ID	文本	1	主键	关	
	政治面貌	文本	4		开	

示例数据如下：

记录：政治面貌 ID　　政治面貌
1　　党员
2　　团员
3　　群众
4　　民主党派

（4）班级表，如表 3-5 所示。

表 3-5　班级表

表名称	字段名称	字段类型	字段大小	索引	输入法	其他属性
班级	班级 ID	自动编号	长整型	主键		
	班级名称	文本	8		开	
	班级号	文本	6		关	
	级	数字	长整型			

示例数据如下：

记录：班级 ID　　班级　　班级号　　级
916　　运管 9801　　9801101　　1998
917　　汽运 9801　　9801201　　1998
918　　汽运 9802　　9801202　　1998
919　　汽运 9803　　9801203　　1998

（5）学生基本情况表，如表 3-6 所示。

表 3-6　学生基本情况表

表名称	字段名称	标题	字段类型	字段大小	索引	输入法	数据来源	其他属性
学生基本情况	学生 ID		自动编号	长整型	主键			
	姓名		文本	8	重复	开		
	学生证号		文本	6		关		
	性别 ID	性别	查阅向导	1		关	性别表	
	身份证号码		文本	18	唯一	关		

续表

表名称	字段名称	标题	字段类型	字段大小	索引	输入法	数据来源	其他属性
学生基本情况	出生日期		日期/时间					
	民族 ID	民族	查阅向导	2		关	民族表	
	政治面貌		查阅向导	1		关	政治面貌表	
	班级 ID	班级	查阅向导	长整型			班级表	
	籍贯		文本	40		开		
	身高		数字	长整型				
	落户否		是/否	1				
	家庭收入		货币	4				
	照片		OLE 对象					
	个人主页		超级链接			关		
	简历		备注			开		

示例数据略（见图 3-1）。

3.4 用表设计器创建表

3.4.1 表设计器

Access 数据库系统提供了 6 种创建新表的方法，它们分别是数据库向导、数据表视图、表设计器（视图）、导入表、链接表和表向导。其中有实际用途的是 “表设计器”。选择“创建表”，出现如图 3-4 所示的窗口。

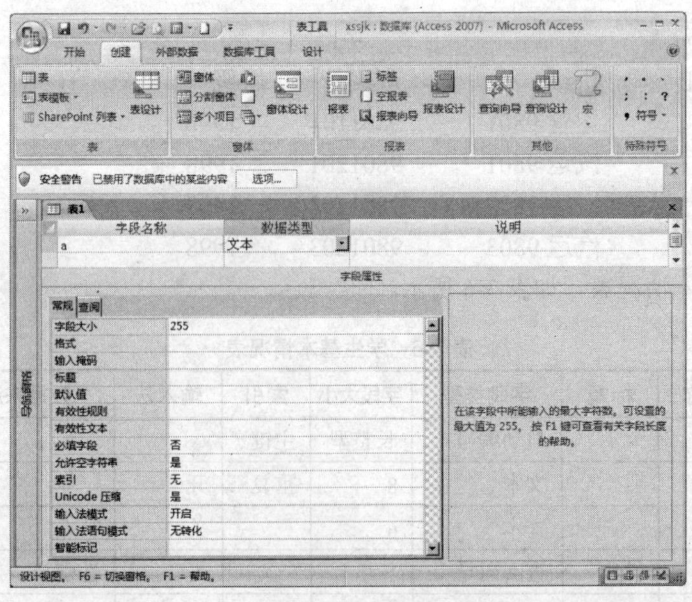

图 3-4 表设计器窗口

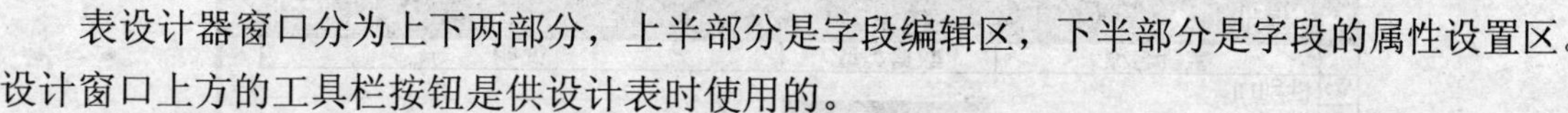

表设计器窗口分为上下两部分，上半部分是字段编辑区，下半部分是字段的属性设置区。设计窗口上方的工具栏按钮是供设计表时使用的。

在设计表结构的过程中，可随时查看表的记录编辑输入界面，这个界面称为数据表视图，单击视图切换按钮，可以在设计视图与数据表视图之间切换。

3.4.2　输入与编辑字段

1. 输入字段

在表设计视图的字段名称列中，每一行输入一个字段的名字，光标所在的行为当前行，当前行的行选择器有一个箭头，刚进入设计视图，第一行是当前行。

2. 增加字段、插入字段

在字段名称列第一个空白行中输入字段名即可增加字段。要在某字段前插入一个字段，光标移到该字段，单击插入行按钮，即插入一空白行，在空白行中输入字段名即可增加字段。或右键单击当前行，从弹出的快捷菜单中选择“插入行”命令，即在当前位置插入一空白行，在空白行中输入字段名即可增加字段。

3. 删除字段

在当前位置单击删除按行按钮或按 Delete 键，出现如图 3-5 所示的提示对话框，在对话框中单击“是”按钮，即可删除该字段。

图 3-5　提示对话框

4. 调整字段位置

单击行选择器，选择要移动的字段，然后按住鼠标左键，上下拖动鼠标，到适当位置松开鼠标按键即可。

5. 复制、粘贴字段

有时为了提高工作效率，需要复制、粘贴字段。单击行选择器并按住鼠标左键上下拖动鼠标选择多个字段，单击复制按钮，移动光标到适当位置，单击粘贴按钮，把所选择字段的字段名及字段所有属性全部粘贴过来。甚至，可以复制另一个表的一些字段，粘贴到当前表中。

3.4.3　输入字段数据类型及字段属性

在表设计视图窗口的“数据类型”列中单击下拉组合框，选择字段的数据类型，字段的“说明”栏是可选项，用于对该字段进一步说明，可以输入也可以不输入，如果输入了说明，对该表的记录操作时，则当光标停在该字段上，在 Access 状态栏显示该说明项，图 3-6 所示为字段类型及字段属性表。

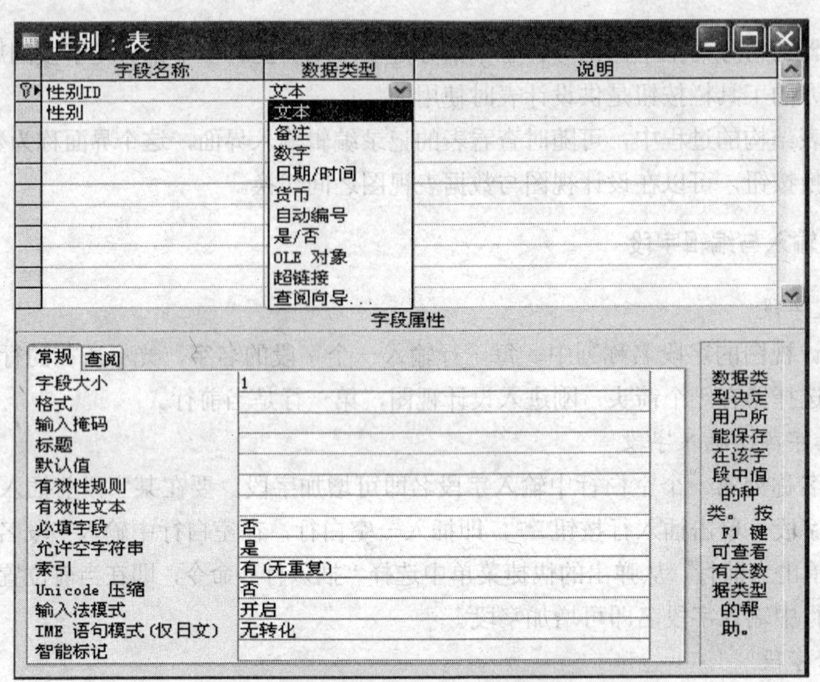

图 3-6　字段类型及字段属性

3.4.4　设置主键和索引

1. 设置主键

设置主键的方法是先选择要设置为主键的一个或多个字段，然后单击主键按钮，则在主键字段的行选择器上显示一个钥匙图标为主键的字段，再单击主键按钮，则取消主键的设置。

例如，设置性别表的主键，并输入记录。把性别 ID 设置为主键，如图 3-7 所示。

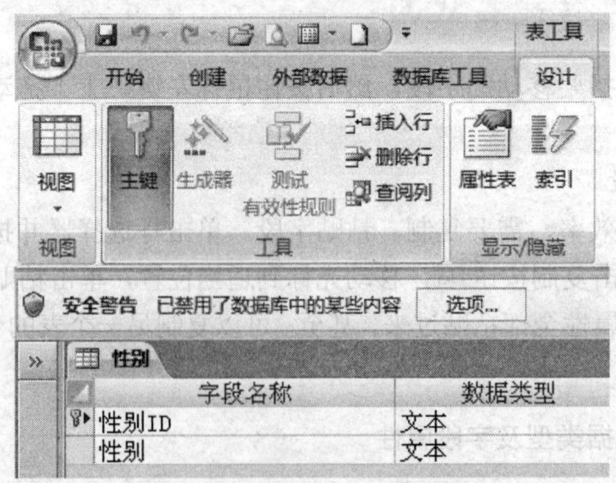

图 3-7　将性别 ID 设置为主键

2. 设置索引

对单个字段的设置索引，可以在设计视图中选择要设置索引的字段，然后单击索引属性的索引组合框，从弹出的选项中选择一合适项，如图 3-8 所示。例如，对学生基本情况表的“姓

名”字段，加上“有（有重复)”类型的索引。

学生基本情况：表

字段名称	数据类型	说明
学生ID	自动编号	
姓名	文本	
性别	文本	
民族	数字	
学生证号	文本	
学号	文本	
考生类别	数字	
办学形式	数字	

字段属性

常规　查阅

字段大小	8
格式	
输入掩码	
标题	
默认值	
有效性规则	
有效性文本	
必填字段	否
允许空字符串	否
索引	有(有重复)
Unicode 压缩	无
输入法模式	有(有重复)
IME 语句模式(仅日文)	有(无重复)
智能标记	

索引将加速字段中搜索及排序的速度，但可能会使更新变慢。选择“有(无重复)”可禁止该字段中出现重复值。按 F1 键可查看有关索引字段的帮助。

图 3-8　加上“有（有重复)”类型的索引

用索引设置对话框建立索引的步骤：输入索引名称，主键的索引名称 Access 自动为 PrimaryKey，选择要建立索引的字段名称，然后选择索引顺序，默认顺序为升序。如果在索引设置对话框中设置主键，应把“主索引”选项设置为“是”。如果设置索引为唯一索引，把“唯一索引”选项设置为“是”。对多字段索引，输入一个索引名称，然后选择多个字段。对学生基本情况表的年级+班级设置多字段索引，如图 3-9 所示。

索引：学生基本情况

索引名称	字段名称	排序次序
PrimaryKey	学生ID	升序
年级班级	年级	升序
	班级	升序

索引属性

主索引	否
唯一索引	否
忽略 Nulls	否

待索引字段的名称。

图 3-9　设置多字段索引

3.4.5　输入字段的格式及掩码

字段的格式属性用于定义数字、日期/时间、文本数据类型的显示和打印方式，格式属性只影响数据的显示结果，而不影响数据的实际保存方式。通常不用设置格式而用默认格式即可。

如果用户需要更合适的格式，可根据需要设置自定义格式。设置格式可以有两种方法：一种方法是系统预定义的格式，从格式组合框中选择一种，预定义的格式是最常用的格式，用户可快速方便地选择；另一种方法是自己输入格式符号，对于特殊的格式，用户可以输入格式字符，定义特殊格式。

1. 日期/时间的格式

日期/时间格式非常多，Access 支持各地区的各种常用的日期/时间，预定义的格式如图 3-10 所示。

常规 查阅

属性	格式	示例
格式		
输入掩码	常规日期	1994-6-19 17:34:23
标题	长日期	1994年6月19日
默认值	中日期	94-06-19
有效性规则	短日期	1994-6-19
有效性文本	长时间	17:34:23
必填字段	中时间	下午 5:34
索引	短时间	17:34

图 3-10　日期/时间预定义格式

2. 数字、货币的格式

数字、货币预定义的格式如图 3-11 所示。

图 3-11　数字、货币预定义格式

3.4.6　保存表

设计完表的结构后，单击保存按钮或设计视图的关闭按钮，如果以前保存过该表，计算机就会直接把表写入磁盘。如果以前没有保存过该表，则弹出保存选择对话框，如图 3-12 所示。

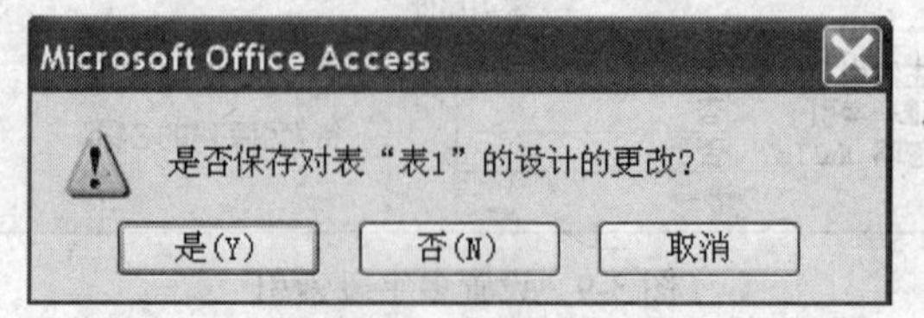

图 3-12　保存选择对话框

单击“否”按钮，不保存并退出设计状态。单击“取消”按钮，不保存并退回到原设计状态，单击“是”按钮，出现输入表名对话框。默认的表名为“表 X”，X 是表的序号，如图 3-13 所示。也可输入自己的表名。

图 3-13　保存表对话框

如果表没有定义主键，Access 出现如图 3-14 所示的提示对话框，提示尚未给表定义主键，如果单击“是”按钮，自动为该表加入“编号”字段，并设置“编号”字段为主键。

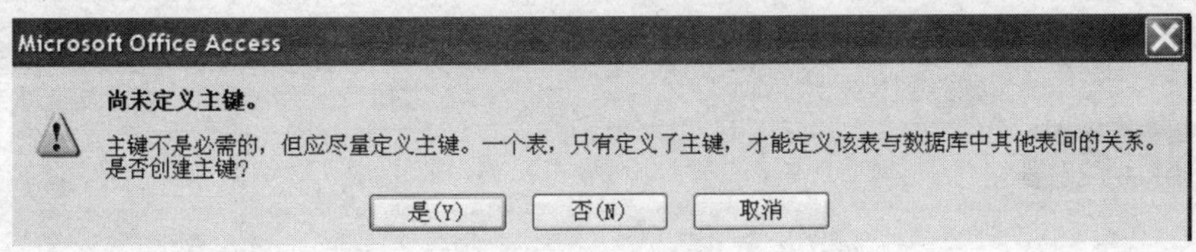

图 3-14　提示对话框

3.4.7　修改表结构

对已经存在的表修改其结构的操作步骤如下：

（1）右击要修改的表，弹出快捷菜单。

（2）选择“设计视图”命令，即可以修改表的结构，如图 3-15 所示。

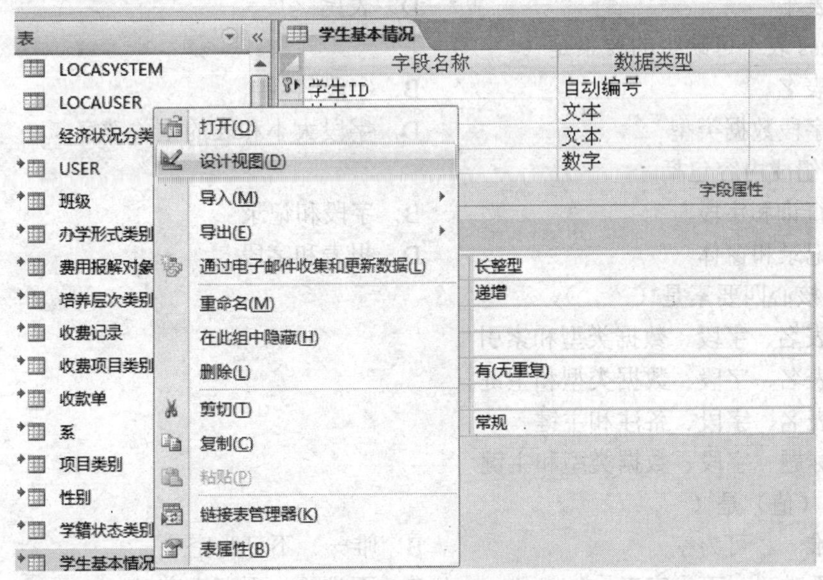

图 3-15　选择快捷菜单的“设计视图”命令

修改表结构的主要操作内容是增加字段、删除字段、调整字段相对位置、字段改名、变更主键、改变索引、改变数据类型及改变其他属性。

如果表中已有记录，而对表字段的有效性规则和表的有效性规则进行了修改，会出现如图 3-16 所示的提示，用户可以选择是否用新规则测试已有数据。

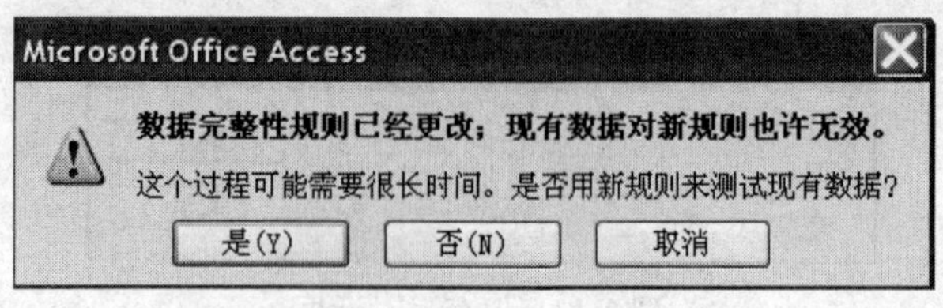

图 3-16　提示对话框

需要注意的是，Access 不自动备份修改的表，只保留最新的表，没有办法恢复到以前的结构，可能造成数据的丢失。建议在修改表的结构前，对要修改的表作个备份，这可以通过复制功能来完成。

一、选择题

1．Access 表中字段的数据类型不包括（　　）。

A．文本　　B．备注

C．通用　　D．日期/时间

2．二维表要素构成是（　　）。

A．表名　　B．表头

C．表干　　D．表尾

3．Access 表不可缺少的要素是（　　）。

A．表名　　B．字段名

C．字段数据类型　　D．字段大小和表的主关键字

4．表的组成内容包括（　　）。

A．查询和字段　　B．字段和记录

C．记录和窗体　　D．报表和字段

5．表的核心四要素是（　　）。

A．表名、字段、数据类型和索引

B．表名、字段、数据类型和主键

C．表名、字段、备注和主键

C．标题、字段、数据类型和主键

6．主键（值）是（　　）。

A．唯一、可为空　　B．唯一、不可为空

C．不唯一、可为空表　　D．不唯一、不可为空

7．主键字段是（　　）。

A．唯一的　　B．不唯一

C．不一定是唯一的　　D．一定不是唯一的

8．数据类型是（　　）。

A．字段的另一种说法

B．决定字段能包含哪类数据的设置

C．一类数据库应用程序

D．一类用来描述 Access 表向导允许从中选择的字段名称

二、填空题

1．在 Access 数据库中，唯一标识一条记录的一个或多个字段称为________。

2．在 Access 数据库模型中，二维表的列称为字段，二维表的行称为__________。

3．“姓名”字段采用的数据类型是__________。

4．“电话号码”字段采用的合适数据类型是__________。

5．Access 的中国的日期格式是__________。

三、简答题

1．简单二维表的结构有什么特点？收集并分析 10 种二维表。

2．Access 表字段的数据类型有哪几种？

3．数字数据类型的大小有几种？

4．数字数据类型与货币型的相同点是什么？

5．NULL 是什么概念？

6．零长度字符串与空值的区别是什么？

7．简述主键的概念。

8．简述索引的概念。索引有几种？

9．Access 是如何维护索引的？

10．Access 表设计步骤是什么？

四、设计题

1．对于某省的高考入学成绩表，设计其数据存储的表结构。设计内容有表名、字段名、字段数据类型、字段大小、主关键字、索引、字段说明、字段属性、输入字段的格式及掩码、表的属性等。

考号	姓名	英语	数学	语文	总成绩
……	……	……	……	……	……
……	……	……	……	……	……

2．设计人事档案表，已知数据项有编号、姓名、性别、婚否、出生日期、所属部门、职称、工资、电话、E-mail、简历、照片。设计内容同上。

3．设计工资表，已知数据项有编号、姓名、所属部门、基本工资、补贴、奖金、房租、水电、应发、实发。

五、操作题

1．上机操作练习：建立高考入学成绩结构。

2．上机操作练习：建立人事档案表结构。

3．上机操作练习：建立教师工资表结构。

4．上机操作练习：建立学生基本情况表结构。

六、思考题

1．思考题：如何建立你班级的大学一个学期的所有课程的成绩表结构，进行成绩的管理。你是否仿照高考入学成绩表的结构？字段数是多少？

2．思考题：用上题的解决思路，建立你班级的大学四年的所有课程的成绩表，进行成绩的管理。字段数是多少？是否感到字段数比上题要多？

3．思考题：用上题的解决思路，能否建立你校全部学生（包括每届大学本科、研究生和博士生）、全部专业、所有课程、所有成绩（期中、期末、多次补考的）成绩表，进行成绩的管理。如果不能，你如何解决？

第 4 章　数据表视图和数据记录操作

- 数据表视图概念及结构
- 记录的输入方法
- 记录的查找、排序和筛选
- 定制视图格式
- 记录打印
- 子数据表概念

4.1　数据表视图

对表中记录的操作格式可以分为 4 种类型：一是系统定义的数据表；二是用户自定义的窗体；三是 Web 格式的数据访问页；四是用户自定义的报表输出。前 3 种类型可以编辑数据，后一种类型只能输出而不能编辑数据。之所以对记录操作有许多格式，是为了满足不同用户的业务处理需要。其中，最简单的格式是数据表。对表中记录数据输入、编辑的最自然的格式是数据表，数据表是显示记录的一种格式，这种格式非常直观，直接对应一张二维表。

表、查询和窗体对象都有一种共同的表现形式——数据表视图，如图 4-1 所示，除了在标题上不同外，这 3 个对象的数据表视图格式完全相同；对它们的操作除了个别地方不同外，也基本大同小异。本章主要以表的数据表视图为例来介绍对数据表视图的操作内容。

班级ID	班级名称	班级号	系	专业	级
916	运管9801	9801101	2	22	1998
917	汽运9801	9801201	2	23	1998
967	汽中9803	9806004	141	36	1998
968	微中9802	9806016	141	33	1998
981	路桥9603	9602203	16	28	1996
985	工控9601	9603104	27	24	1996
13	汽中9703	9706103	141	36	1997
28	日语	9706118	2	29	1997
40	电气9902	9905202	60	30	1999
57	秘书9901	9904101	32	27	1999
63	汽运9904	9901204	2	23	1999
89	测试0001	0002201	16	82	2000
90	测试0002	0002202	16	82	2000
94	工控0002	0003302	27	37	2000
304	造价012		16	134	2001
349	会计012		149	146	2001
建)					

图 4-1　数据表视图

数据表视图特点：非常直观；同时可以浏览大量的记录；便于浏览修改记录。打开一个表的数据表视图方式的操作方法是双击一个表。

打开的一个数据表视图组成要素如图 4-2 所示。数据表视图由表头和表干组成，也可以说由行和列组成。

班级

班级I	班级名称	班级号	系	专业	级
967	汽中9803	9806004	141	36	1998
968	微中9802	9806016	141	33	1998
981	路桥9603	9602203	16	28	1996
985	工控9601	9603104	27	24	1996
1013	汽中9703	9706103	141	36	1997
1028	日语	9706118	2	29	1997
1140	电气9902	9905202	60	30	1999
1157	秘书9901	9904101	32	27	1999
1163	汽运9904	9901204	2	23	1999
1189	测试0001	0002201	16	82	2000
1190	测试0002	0002202	16	82	2000
1194	工控0002	0003302	27	37	2000
1304	造价012		16	134	2001
1349	会计012		149	146	2001
*（新建）					

记录：第 13 项(共 16 项) 无筛选器 搜索

导航窗格

"数据表" 视图

图 4-2　数据表视图组成要素

4.2　添加新记录

向表中输入记录有以下几种方法：逐条手工输入；复制粘贴输入；用查询命令批量输入。逐条手工输入记录的最常见格式是数据表视图，其他的格式是窗体和数据访问页。在表中增加记录的方式只有一种——“追加”方式，不能在某条记录前“插入”记录。本节先介绍在数据表视图中手工输入记录。

4.2.1　手工输入记录

以学生基本情况表为例，以数据表视图打开学生基本情况表，单击“添加新记录”移动按钮，光标移到最后一行的第一个数据项“学生 ID”上，记录选定器的“新记录”符号改变为“当前记录”符号，当按下第一个键输入数据时，记录选定器的“当前记录”符号变为“正在编辑”符号。字段的数据类型不同，输入数据的方式也略有不同。

1. 自动编号字段

自动编号字段不用输入，字段属性“新值”是“递增”时，自动编号字段是从 1 开始，自动累加。如果从表的后面删除了一些记录，再输入新记录时自动编号字段的新值还是按未删除前的值累加。

要想按已有的记录连续自动给字段编号，必须初始化自动编号的数值。方法是压缩数据库一次。如果想每次打开数据库时，自动初始化自动编号字段，这要通过修改数据库选项来做到。步骤如下：

选择“工具”→“选项”→“常规”→“关闭时压缩”菜单命令，打开该数据库，则数据库中所有的自动编号字段被初始化。

2. 文本和备注字段

在文本和备注字段的文本框中直接输入英文、数字、汉字和其他符号。如果在文本型字段中输入的字符超过字段长度，则光标停止不动，数据表头闪烁一次。

3. 数字字段

数字字段有许多数据类型，输入时应注意输入后的显示与输入的差别，如字段是整型数据，输入的数据如果带小数，则自动进行四舍五入。

对于特别大或特别小的数，可以采用科学记数法直接输入，如可以直接输入 2.1e9 以代替输入 2100000000。

如果输入的数据超出字段允许范围，会出现如图 4-3 所示的提示对话框，应按 Esc 键重新输入。

图 4-3　提示对话框

4. 日期/时间字段

日期/时间字段输入可以分为 3 类：纯日期、纯时间和日期时间混合。一般在设计日期/时间字段时要设计输入掩码，以方便用户输入数据。

纯日期输入一般以格式“____年__月__日”输入数据，当光标移到日期/时间字段时，并不显示以上格式，只有按下第一个键才出现以上格式提示，如图 4-4 所示，输入的纯日期带有的时间是 00:00:00。

学生基本情况：表

班级	姓名	性别	出生日期	民族	落户否
其他	鹿文胜	男		汉族	☐
信息012	张丽	女	1___年__月__日	汉族	☐
信息015	赵彦镇	男		汉族	☐
信息013	路鸣	女		汉族	☐

记录：8929　共有记录数：11643

图 4-4　日期/时间一般格式

纯时间输入一般以格式：__:__:__输入数据，当光标移到日期/时间字段时并不显示以上格式，只有按下第一个键才出现以上格式提示，如图 4-4 所示。注意，一般默认时间是 24 小时制。在日期/时间字段只输入时间，那么在字段中存放数据是不是只有时间？在字段中存放数据也包括日期，以“常日期”显示格式显示是“1998-12-30”。

5. 插入 OLE 对象

数据表视图中在 OLE 对象字段输入数据的方法是插入 OLE 对象，操作方法如下：

（1）将光标移动到当前记录的 OLE 对象类型的字段中，如学生基本情况表的照片字段。学生照片是事先用数码相机拍好后，以文件方式存放到一个目录中。

（2）选择菜单命令“插入对象”，Access 打开“插入对象”对话框，如图 4-5 所示。选择“由文件创建”单选按钮，然后单击“浏览”按钮找到存放照片的目录，选择对应学生的照片。如果不在数据库中保存照片数据，可选中“链接”复选框，选择“链接”复选框时应注意不要删除原照片或改变照片的位置，否则不能正确显示照片。或者选择嵌入方式，在数据库中保存照片数据，单击“确定”按钮。

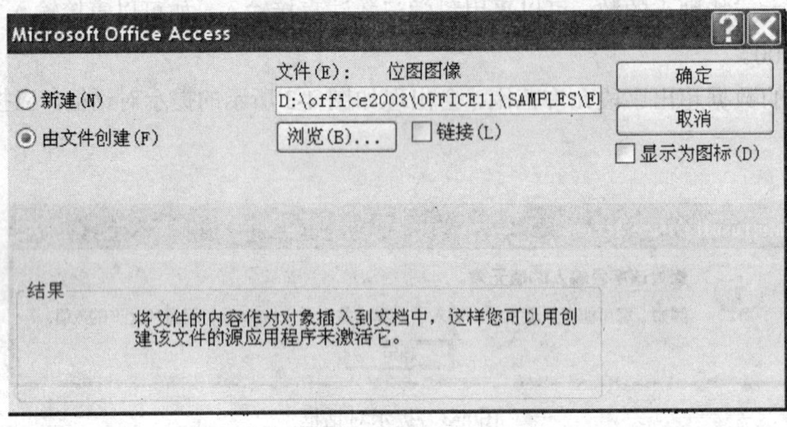

图 4-5　插入对象对话框

（3）在 OLE 对象字段中显示输入数据后的字段为 OLE 对象类型名称，如图 4-6 所示，显示为“位图图像”，不直接显示照片，如果想看照片，双击照片字段即可打开照片，如图 4-7 所示。

学生基本情况：表

学生ID	姓名	曾用名	性别	个人主页	照片
1	郭小虎		男	http://www.sdjtu.edu.cn	位图图像
4	刘成金		男		
6	刘小华		男		

图 4-6　照片为位图图像

4.2.2　复制粘贴输入记录

如果两个表的结构完全相同，可以从源表中复制记录添加到目标表中，操作方法有两种：一是复制整个表；二是复制部分记录。

也可以在同一个表中复制和粘贴数据，源表和数据表可以是同一个表。

图 4-7　打开的照片

4.3　记录定位

对记录进行编辑前首先确定要编辑的记录，把记录指针移到目标记录上，即对记录进行定位。记录定位的方法有 3 种类型，即直接定位、导航按钮定位和记录查找定位。用户应灵活选择定位方式。

4.4　编辑数据

对数据表中的数据从两个角度操作：从行角度和从列角度。从行角度，对记录编辑有 3 项操作内容：

（1）添加新记录。

（2）修改记录。

（3）删除记录。

如果要修改的数据有规律，可以采用批量修改功能。单击菜单中的“查找”命令，弹出“查找和替换”对话框，如图 4-8 所示。

批量替换数据不能再恢复了。

如果要从数据表中删除一条或多条记录，首先选择要删除的记录，单击“删除记录”工具栏中的按钮 ，也可以选择“编辑”→“删除记录”命令，或者选择该行，右击鼠标后在弹出的快捷菜单中选择“删除记录”命令。Access 会按图 4-9 所示提示您是否决定要删除这些记录，因为这个删除操作是不可撤销的，即被删除的记录是不可恢复的。

由于被删除的记录是不可恢复的，因此，建议删除大量数据前一定要对表中记录数据作备份。

图 4-8　单击“查找”命令

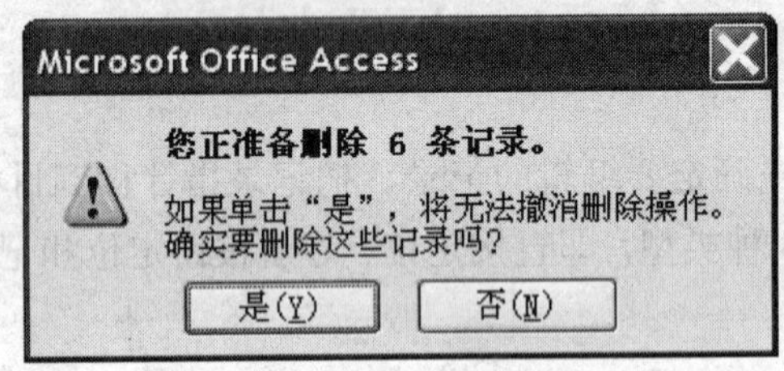

图 4-9　提示对话框

4.5　记录排序

4.5.1　排序类型

把数据输入到表中不是目的，输入数据的目的在于使用数据。简单地使用数据的操作是排序和筛选。排序和筛选不仅在数据表视图中使用，在窗体中也可以使用。

用户经常需要对记录自己定义显示的顺序。比如按出生日期从小到大排序；按成绩对名单排序。排序也包含了分类的概念，排序结果把同一数值的记录放在一起。排序分为两种类型：升序和降序。

排序要按字段排序，对不同的字段数据类型，有不同的排序次序。除了“OLE”对象”类型外，可以对其他任何类型的字段进行排序。对数字字段和货币型字段，按照数值从大到小排序为升序，从小到大排序为降序。对英文字符，按字母顺序 A~Z 排序为升序，按字母顺序 Z~A 排序为降序。对日期/时间型字段，按日期/时间从小到大排序为升序。对“是/否”型字段按“是”、“否”顺序排序为升序。

参与排序的字段可以是一个字段，也可以是多个字段。对按多个字段排序，这些列则必须在数据表视图中是彼此相邻的，Access 将先对最左列开始排序，然后再对接下来的字段进行排序，依此类推。

排序只改变了记录的显示逻辑次序，而并没有改变物理次序。

4.5.2　汉字排序类型

对于汉字的排序，排序方法是汉语拼音。在数据表视图中对记录进行排序的操作步骤如下：

（1）单击选择用于排序记录的字段，或同时选择两个或两个以上的相邻列。

（2）单击“升序排序”按钮或“降序排序”按钮。

在保存数据表时，Access 将保存该排序次序，下次打开该数据表时，按保存的排序顺序显示记录。

在数据表视图中删除排序次序可恢复原始排序，选择“记录”→“取消筛选”→“排序”命令，即可删除排序次序。

例如，学生基本情况表中，按学生班级+性别+姓名进行降序排序，先调整列的位置，是 3 列并列，然后选择 3 列，如图 4-10 所示，单击“降序”按钮。排序顺序是按汉语拼音排序。

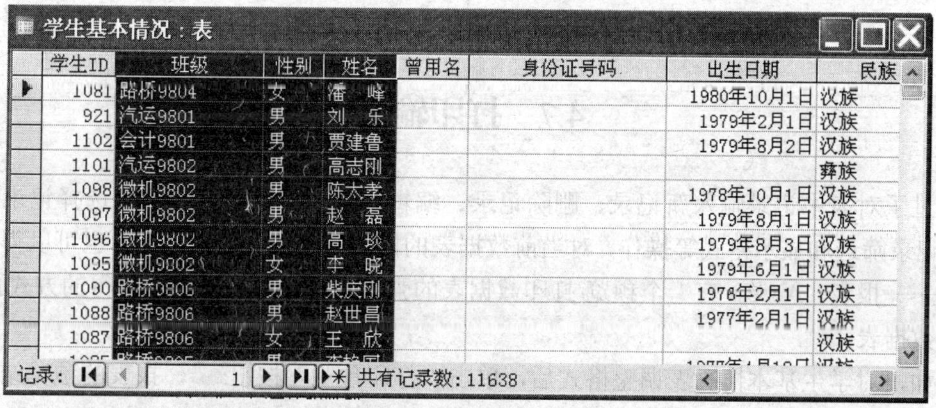

学生基本情况 : 表

学生ID	班级	性别	姓名	曾用名	身份证号码	出生日期	民族
1081	路桥9804	女	潘　峰			1980年10月1日	汉族
921	汽运9801	男	刘　乐			1979年2月1日	汉族
1102	会计9801	男	贾建鲁			1979年8月2日	汉族
1101	汽运9802	男	高志刚				彝族
1098	微机9802	男	陈太孝			1978年10月1日	汉族
1097	微机9802	男	赵　磊			1979年8月1日	汉族
1096	微机9802	男	高　琰			1979年8月3日	汉族
1095	微机9802	女	李　晓			1979年6月1日	汉族
1090	路桥9806	男	柴庆刚			1976年2月1日	汉族
1088	路桥9806	男	赵世昌			1977年2月1日	汉族
1087	路桥9806	女	王　欣				汉族

记录: 1 共有记录数: 11638

图 4-10　选择 3 列

4.6　记录筛选

打开一个数据表，系统把所有的记录都显示出来，包括用户需要的和不需要的记录。采用记录“筛选”功能，可以只显示需要的记录，屏蔽掉不需要的记录。被屏蔽的记录没有被删除，而是隐藏起来了。

在数据表中可以使用 5 种筛选方法：按选中内容筛选、内容排除筛选、按窗体筛选、输入筛选目标和高级筛选/排序，这里只介绍第一种——按选中内容筛选。

按选中内容筛选是在打开的数据表的字段中，先查找记录中包含的值，然后把该字段包含该值的所有记录显示出来，隐藏所有不满足条件的记录。这种筛选方法最直观，可以把看到的筛选出来。

可以选择字段中某个值的全部或部分进行筛选，选择数据的方式有以下几种：选择整体内容、选择打头字符、选择中间部分。选择值的方式决定了筛选将返回的记录。

下面仅介绍选择整体内容的方法。

查找字段的整体内容与选定内容相匹配的记录，操作方法是选定字段的整体内容，或将插入点放在字段中而不进行任何选择，单击“筛选”按钮即可完成筛选。

例如，在学生基本情况表中，在“姓名”字段中选择值“陈文婵”，如图 4-11 所示，单击“筛选”按钮，会返回所有姓名为“陈文婵”的记录。

学生基本情况 : 表

学生ID	班级	性别	姓名	曾用名	身份证号码	出生日期
13510	土建gx012	女	魏丽			
13480	旅游gx011	女	李敏			
12049	电算0001	男	马鼎			1977年9月
16431	微机0002	女	陈文婵			
16442	营销0002	男	邢永果			
16441	营销0002	男	李煜辉			
16440	营销0002	男	魏彬			

记录：924 共有记录数：11638

图 4-11　选中“陈文婵”

4.7　打印输出

经过了对表中记录输入新记录、删除记录、编辑记录、记录查找定位、选择记录、记录排序、记录筛选和显示格式等操作，对当前数据表的内容和格式比较满意了，也可以得到一份硬拷贝——报表。Access 有一个预览/打印数据表的强大功能，可按所见即所得的方式预览/打印当前数据表。

例如，对学生基本情况表调整格式后，单击“打印预览”按钮，报表的预览结果如图 4-12 所示。

学号	姓名	性别	出生日期	班级编号	zp	备注
9601001	岳艳玲	女	77-08-21	9601	位图图像	
9601002	罗军	男	75-11-05	9601	oft Word 图片	
9601003	张英	女	77-09-07	9601	位图图像	
9601004	王静波	男	76-02-03	9601		
9601005	蔡尧	男	74-06-23	9601		
9601006	高峰	男	73-10-26	9601		
9601007	孙琴	女	76-07-30	9601		
9601008	罗军	男	75-04-16	9601		
9601009	李阳	男	77-05-10	9601		
9601010	王海鸥	男	75-09-29	9601		

图 4-12　报表预览结果

打印格式的自动设置，每页打印的字段自动分配，自动加上打印表头，表头名字与表名字一样，加上当前打印日期，自动分页并加上打印页码。可以选择单页或多页预览格式。如

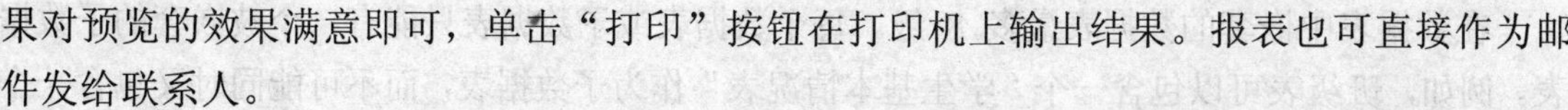

果对预览的效果满意即可，单击“打印”按钮在打印机上输出结果。报表也可直接作为邮件发给联系人。

4.8　子数据表

在用户浏览编辑一个数据表时，希望可以同时浏览编辑与其相关的一个数据表。如浏览班级数据表，想看该班级的学生名单，如图 4-13 所示。Access 提供了子数据表功能满足用户的此类要求。子数据表是嵌套于另一个数据表中的一种数据表，它包含了与第一个数据表相关或联接的数据。

班级

班级编号	班级名称	添加新字段
9601	96计算机	

学号	姓名	性别	出生日其	班级编号	zp	备注
9601001	岳艳玲	女	77-08-21	9601	位图图像	
9601002	罗军	男	75-11-05	9601	t Word 图片	

课程号	成绩	添加新字段
001	54	
002	81	
003	73	
007	63	
008	67	
009	83	
*	0	

学号	姓名	性别	出生日其	班级编号	zp	备注
9601003	张英	女	77-09-07	9601	位图图像	
9601004	王静波	男	76-02-03	9601		
9601005	蔡尧	男	74-06-23	9601		
9601006	高峰	男	73-10-26	9601		
9601007	孙琴	女	76-07-30	9601		
9601008	罗军	男	75-04-16	9601		
9601009	李阳	男	77-05-10	9601		

记录: 第 1 项(共 10 项　无筛选器　搜索

图 4-13　浏览班级数据表

之所以打开“班级”时系统自动找到了其子表“学生基本情况”表，是因为建立学生基本情况是用“查阅向导”建立的班级字段，Access 自动在“班级”表中创建子数据表“学生基本情况”表，自动在两个表之间建立了关联关系，两个表通过班级表的“班级编号”和学生基本情况表的“班级编号”字段连接起来。在主表中移动指针时，系统自动在子表中查询并移动记录指针。

在主表中单击展开符号可展开查看子数据表，也可折叠子数据表。子数据表功能提供了同时编辑多个表的方法。用户不仅可以修改主表记录，也可以同时在子数据表中增加、修改和删除记录。子数据表中的连接字段不显示出来。在子表中输入记录，系统自动确定子表连接字段的值等于当前主表连接字段的值，而不用再输入连接字段的值。

可以分别对主、子表进行排序、筛选及显示格式设置等操作，但打印预览只显示主表。

在数据表中嵌套的数据表最多 8 级。每个数据表或子数据表只能有一个被嵌套的子数据表。例如，班级表可以包含一个“学生基本情况表”作为子数据表，而不可能同时又包含一个“收费情况表”子数据表。

习题4

一、选择题

1．记录选定器状态符号▶表示（　　）。

A．当前记录　　B．编辑该记录

C．锁定记录　　D．输入的新记录

2．在数据表视图中，不能（　　）。

A．修改字段的类型　　B．修改字段的名称

C．删除一个字段　　D．删除一条记录

3．排序时如果选取了多个字段，则输出结果是（　　）。

A．按设定的优先次序依次进行排序

B．按最右边的列开始排序

C．按从左向右优先次序依次排序

D．无法进行排序

4．对简体汉字排序方法有（　　）。

A．汉语拼音　　B．中文笔画

C．ASCII　　D．区位码

5．下列说法正确的有（　　）。

A．排序后改变了记录在表中的顺序

B．排序后没有改变了记录在表中的顺序

C．可以对“OLE 对象”类型字段排序

D．可以对备注类型字段排序

6．在数据表中按照直接选择的内容筛选方法是（　　）。

A．按选中内容筛选　　B．内容排除筛选

C．按窗体筛选　　D．输入筛选目标和高级筛选/排序

二、填空题

1．导航按钮的功能包括__________。

2．记录选定器在数据表的__________。

3．弹出“显示比例”对话框的方法是__________。

4．通过直接在记录编号框输入记录号，实现记录定位的方法是__________。

5．对汉字的默认排序方法是__________。

6．要筛选出所有姓“王”的同学的所有记录，在图 4-14 所示的“筛选目标”框中应输入值__________。

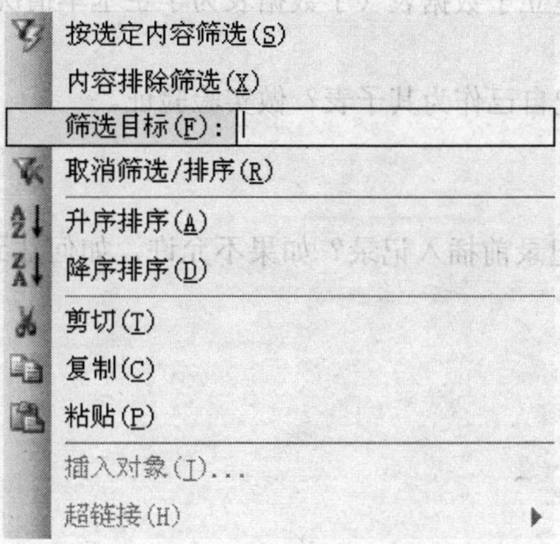

图 4-14　在“筛选目标”框中输入值

7．在数据表中嵌套的数据表最多为__________。

二、简答题

1．如何选定多条记录？分隔开的记录可否同时选定？

2．数据表视图工具栏按钮主要有什么功能？

3．如何输入长文本数据？

4．查找、排序和筛选之间的区别是什么？

5．如何实现按汉字的笔划排序？

6．写出筛选目标表达式：姓名中包含“雨”的记录。

7．如何查找姓名中不包含“雨”的记录？

四、操作题

1．先建立一个全国省和直辖市的名称列表，在学生基本情况表中用查询向导建立籍贯，字段的数据来源是“省和直辖市列表”，在学生基本情况表字段籍贯输入数据，验证组合框列递进搜索功能。

2．实验，把学生基本情况表的数据复制到 Excel 中。

3．实验，继续上个实验，把 Excel 中的数据复制、粘贴到学生基本情况表中。

4．实验，把学生基本情况表中的 5 条记录粘贴到原表中，观察自动字段值的变化。

5．实验，在学生基本情况表中查找姓“王”或姓“张”的记录。

6．实验，在学生基本情况表中查找姓“王”而且是男性的记录。

7．实验。在学生基本情况表中，观察对超链接字段的排序结果是否与文本姓字段排序结果一致。

8．实验，打开在学生基本情况表中，改变其显示格式，关闭表，再打开，观察重新打开的表是否继承了原先的格式。

9．实验，打开在学生基本情况表中，改变其显示格式，预览其打印格式，然后打印出来。找出何种格式的打印效果比较清楚。

10．实验，对民族表建立子数据表（子数据表为学生基本情况表）。分别改变主、子数据表的格式。

11．一个表是否可以把自己作为其子表？做实验验证。

五、思考题

思考题：可否在某条记录前插入记录？如果不允许，如何达到在某条记录前插入记录的目的？

第 5 章　查询设计

- 数据库查询的基本概念
- 用向导创建常规查询的方法
- 在查询的设计视图中自定义查询
- 正确书写查询表达式
- 统计查询的聚合函数及统计查询设计
- 各类型的操作查询设计
- 参数查询设计
- SQL 查询概念及命令设计
- 子查询概念及命令设计

5.1　查询概念

1. 查询

把数据输入到表中不是目的，输入数据的目的在于使用数据，从数据中得到有价值的信息。Access 数据库的数据存放在表中，简单数据存放在一个表中，复杂数据则分解为多个相关或者不相关的表保存。表的设计要按照数据库的标准范式进行，最终的结果与用户要求见到的数据往往不同。同一个表，在不同场合、不同用户要见到的数据也可能不同，用户要求按自己的需要查询统计数据。比如：全部男学生的数据；今年 19 岁的姓王的同学；今天过生日的同学；平均成绩是多少等。在一个庞大的数据库中，每次为了特定的目的使用其中特定的记录时，只有通过建立查询才能准确、快捷地达到目的。

查询就是从不同的角度观看到表中记录构成的信息。Access 把查找数据的方式定义称为“查询”，把整个由多条记录构成的查询结果称为“记录集”。前一章的筛选实际上就是查询。创建查询可以在不用先打开表的条件下，查看表全部记录的子集。查询本身没有保存数据，只保存 Access 查询（SQL）命令，查询是在运行时从一个或多个表中取出数据，运算产生结果，这个结果暂时保存在内存中。关闭查询，这个结果也就消失了。可以像使用表一样，使用返回记录集的查询。

查询的日常概念是“查看”，而 Access 也把对表和表中记录的增加、删除和修改等操作归入“查询”中，Access 的“查询”比 MS SQL Server 的“查询”概念范围要广，事实上，Access

把 MS SQL Server 的“查询”和“存储过程”通称为“查询”。Access“查询”除了提供根据查询条件进行的搜索功能以外，查询还可以用于汇总、分析、追加和删除数据。

Access 的查询就是对记录进行查找、筛选、统计、汇总、增加、删除、修改操作的总称。Access 的查询有的返回结果记录集，有的不返回结果记录集。不返回结果记录集的查询称为操作查询。

有返回记录的查询其运行结果可以以数据表视图显示。前一章介绍的数据表视图是基于表生成的，对基于表生成的数据表视图的所有操作可以用到查询生成的数据表视图，如排序、筛选、列的位置调整、打印预览和子数据表等操作。

Access 的查询与表一样，可以单独使用查询，但经常把查询作为窗体、报表和数据访问页的数据源。

2. 记录集

查询返回结果，把由多条记录构成的查询结果称为记录集，在某些情况下，可以在查询的记录集中修改数据，修改的数据存回到基础表中，记录集就不仅仅是一个静态的记录集合，这一点与日常概念不一样，日常概念的查询是静态的、不可修改的。记录集分为静态记录集、动态记录集。默认是动态记录集，可以在查询的属性对话框中设定该属性。

3. 查询种类

Access 中查询种类分为选择查询、参数查询、交叉表查询、操作查询（删除、更新、追加与生成表）和 SQL 查询（联合查询、传递查询、数据定义查询和子查询）。

5.2 用查询向导创建查询

Access 查询运行时执行的是 SQL 查询语句，如何设计出查询的 SQL 语句即如何建立查询，有 3 种建立查询的方法。一种是直接用手工书写，这种方式可以达到最大功能，但效率也最低，难度也最大；另一种是使用查询设计视图，在设计器的直观帮助下，用拖动操作完成大部分设计内容，生成查询的 SQL 语句，学习较容易，掌握也简单，效率也较高；最后一种方法是查询向导，在查询向导的一步一步指导下完成规范的查询设计，生成查询的 SQL 语句，向导生成查询更直观、快速、简便，大部分常规的查询都可以用查询向导生成，查询向导是一种高效的生成工具。

有时为了提高设计速度，先用查询向导建立一个初步查询，然后进入查询设计视图对其进行精细修改或直接修改生成的 SQL 命令，最终设计出符合要求的查询。即使用其他高级语言如 VB/Delphi 开发数据库应用系统，用 Access 的查询向导来设计查询的 SQL 命令也可大大提高工作效率。

使用“简单查询向导”可以创建简单的选择查询，包括明细查询和汇总查询。明细查询是选择查询，明细查询功能不够强大，它仅允许用户在查询结果中选择所要包含的字段并输出全部记录；汇总查询可以对数字货币字段进行计数、求和、最大、最小、平均汇总，给出常用的统计信息。

该向导的使用十分方便，是在“新建查询”对话框中，单击“简单查询向导”选项，再单击“确定”按钮。下面利用前面的“学生基本情况表”来创建一个简单查询：在数据库“查询”对象的窗口中，单击“新建”按钮，出现如图 5-1 所示的对话框。

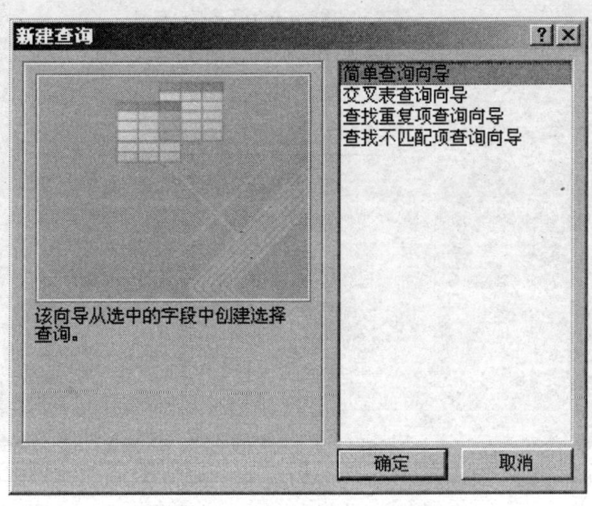

图 5-1　“新建查询”对话框

选择“简单查询向导”选项，单击“确定”按钮，出现如图 5-2 所示的对话框。

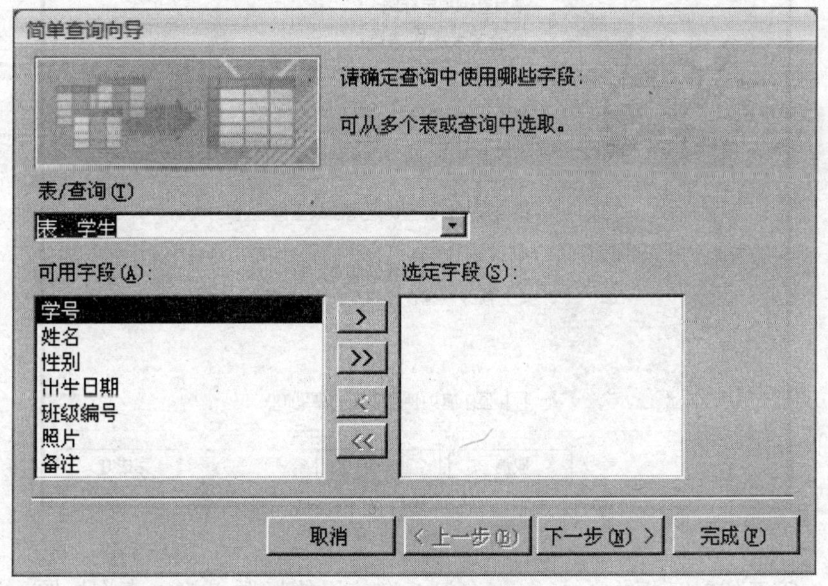

图 5-2　“简单查询向导”对话框

在“表/查询”下拉列表框中选择“学生基本情况表”，也可以选择一个查询作为数据来源。在“可用字段”列表框中出现该表全部的字段，选择需要的字段，单击 > 按钮，选定的一个字段出现在右边的“选定字段”列表框中。单击 >> 按钮，可一次选择全部记录。选择“班级”、“姓名”和“性别”字段，单击“下一步”按钮，出现如图 5-3 所示的对话框。

在图 5-3 中选择“明细（显示每个记录的每个字段）”单选按钮，建立明细查询，单击“下一步”按钮，出现如图 5-4 所示的对话框。

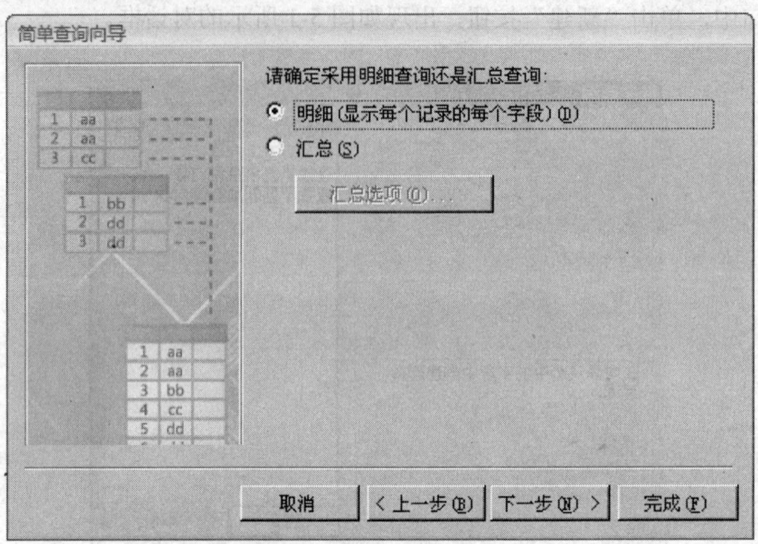

图 5-3　选择查询方式对话框

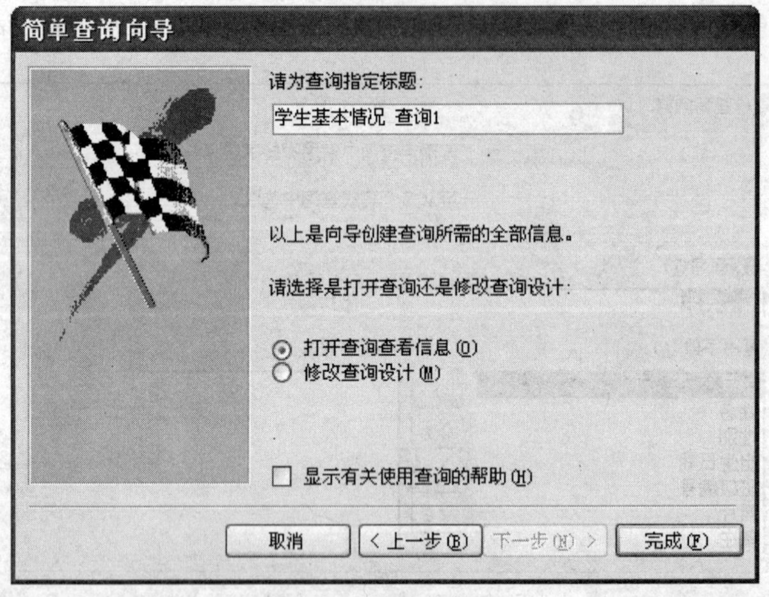

图 5-4　输入查询标题

在图 5-4 所示的对话框中，Access 询问查询使用的标题，输入查询标题，这里采用默认标题“学生基本情况表 查询 1”，标题也作为查询的名字。需要注意的是，为查询起的名字不要与表的名字相同。图 5-4 所示的对话框中询问是否打开查询或修改查询设计。单击“完成”按钮就结束了查询的创建并显示查询运行结果，新建的查询运行结果以数据表视图显示，如图 5-5 所示。该查询是可编辑查询，可以在查询的数据表视图中修改或增加记录。

学生

学号	姓名	性别	出生日期	班级编号
9601001	岳艳玲	女	77-08-21	9601
9601002	罗军	男	75-11-05	9601
9601003	张英	女	77-09-07	9601
9601004	王静波	男	76-02-03	9601
9601005	蔡尧	男	74-06-23	9601
9601006	高峰	男	73-10-26	9601
9601007	孙琴	女	76-07-30	9601
9601008	罗军	男	75-04-16	9601
9601009	李阳	男	77-05-10	9601
9601010	王海鸥	男	75-09-29	9601

记录: 第 1 项(共 40 项　无筛选器　搜索

图 5-5　以数据表视图显示查询

5.3　查询设计视图

利用向导可以快速创建查询，但对于复杂的查询，向导创建的查询仍不能满足要求，还需要在设计视图中创建查询，或对向导创建的查询进行修改。

5.3.1　设计视图

在“新建查询”对话框中，选择“设计视图”则进入查询的设计视图，如图 5-6 所示。设计视图分成上、下两部分，上半部分是数据来源（表或查询）显示窗口，是“表/查询输入区”，存放查询的数据来源表或查询及表（或查询）间的关系；下半部分是设计网格，是“查询设计区”，包括许多行：字段、字段来源表、排序准则、是否显示和条件准则。每一列的最上面是列选择器，用于选定列。行、列的交叉点是单元格，如字段单元格、来源表单元格、排序准则单元格、是否显示单元格和条件准则单元格。

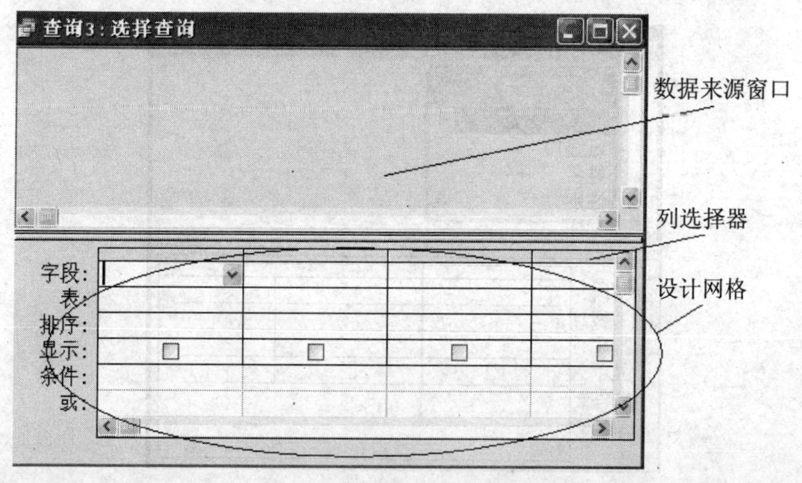

图 5-6　查询的设计视图

5.3.2 添加表/查询

建立一个新的查询，首先要指定其数据来源，选择“查询”→“显示表”命令，弹出如图 5-25 所示的对话框。数据来源可以是表，也可以是其他的查询；数据来源可以是一个表（或查询），也可以来自多个表（或查询）。事实上，在打开查询“设计视图”时，在“查询设计器”上面就有一个“显示表”窗口。

以学生基本情况表为例，先选择需要的表“学生基本情况”，然后单击“添加”按钮，则表“学生基本情况”添加进查询的设计视图窗口，如图 5-7 所示。如建立多表查询，则继续添加表。单击“关闭”按钮，结束添加表。

在设计查询过程中，可以随时加入表，另一种加入表的方法是用鼠标右键单击查询设计视图上半部的“表/查询”输入区，弹出快捷菜单，如图 5-8 所示，选择“显示表”选项，则又出现“显示表”窗口，继续添加入表。也可以单击数据库表视图，把需要的表直接拖到查询设计视图中。

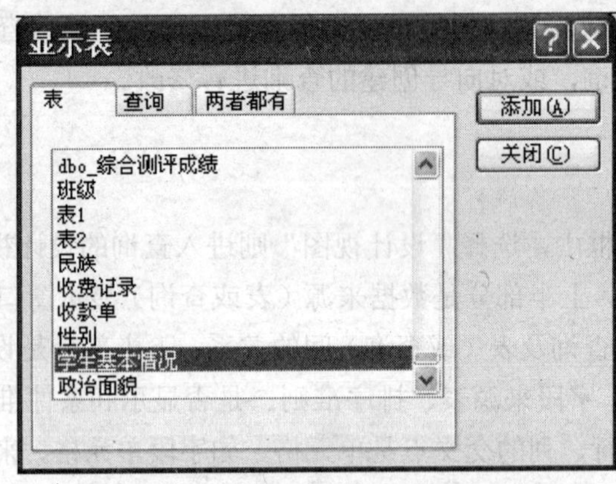

图 5-7 “显示表”对话框

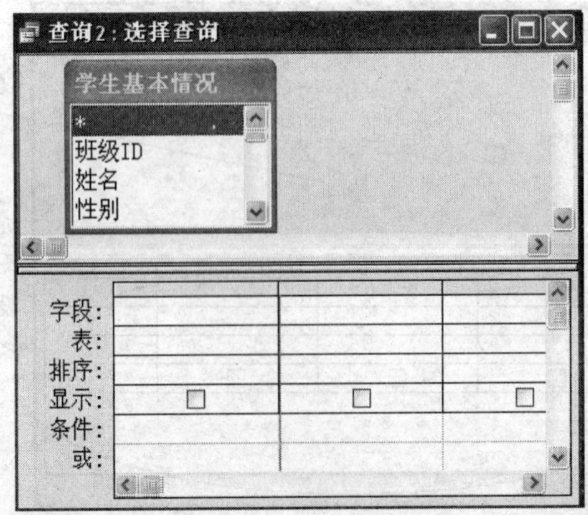

图 5-8 查询设计器

若要从查询设计视图中删除表，可以右键单击该表，从弹出的快捷菜单中选择“删除表”命令，即可删除该表。

5.3.3　选择字段

选择数据来源表以后，就要选择查询的字段，选择字段是对数据的纵向筛选。选择字段方式有单一字段加入法和所有字段加入法。

1. 单一字段加入法

单一字段加入法有两种。一是双击表或查询的某个字段，该字段会自动添加到设计网格窗口中字段一栏。二是拖动，单击表中欲加入的字段，拖动到查询设计区的设计网格中。例如，加入姓名、性别和出生日期字段，如图 5-9 所示。运行结果如图 5-10 所示。

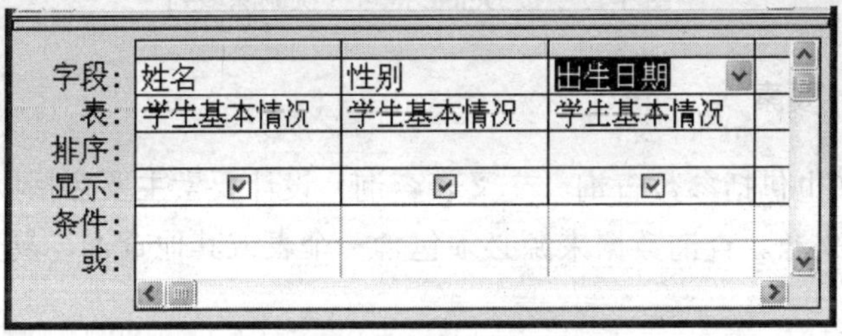

字段:	姓名	性别	出生日期
表:	学生基本情况	学生基本情况	学生基本情况
排序:			
显示:	☑	☑	☑
条件:			
或:			

图 5-9　加入姓名、性别和出生日期字段

查询2

姓名	性别	出生日期
岳艳玲	女	77-08-21
罗军	男	75-11-05
张英	女	77-09-07
王静波	男	76-02-03
蔡尧	男	74-06-23
高峰	男	73-10-26
孙琴	女	76-07-30

记录: 第 1 项(共 41 项

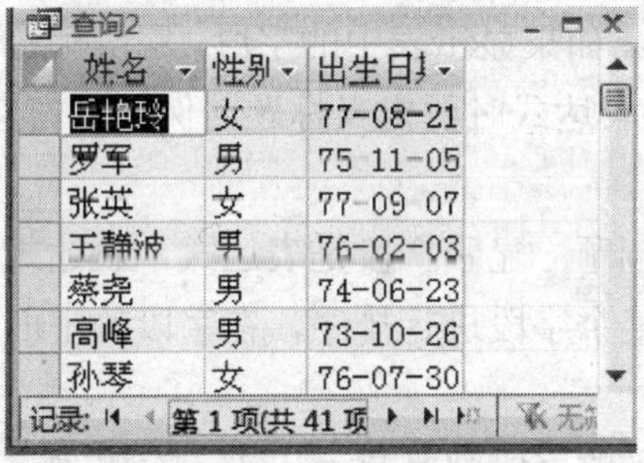

图 5-10　运行结果

2. 所有字段加入法

拖动表的所有字段标签星号“*”到查询设计区的设计网格中即可；或双击表的所有字段标签星号“*”；或先在设计网格中选择表或查询，然后选择所有字段的标记“*”，如图 5-11 所示。

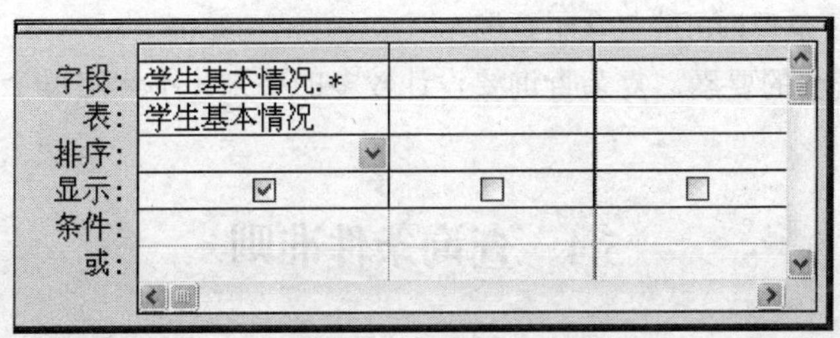

图 5-11　加入所有字段

5.3.4 删除选择的字段

若要删除已选择的列，可以单击列选定器选择该列，然后按 Delete 键即可。可以利用拖动选择多列，按 Delete 键可一次删除多列，如图 5-12 所示。

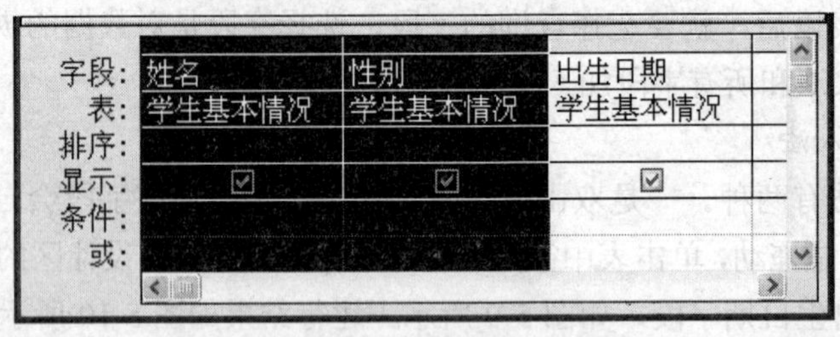

图 5-12 按 Delete 键可一次删除多列

5.3.5 查询设计要素

对于选择查询（也包括参数查询、交叉表查询）设计要素主要包括以下几种：

（1）查询数据来源。查询数据来源必须包含一个表或其他查询，复杂的查询包含多个表或查询。

（2）显示的字段。定义显示的字段实际是对表或查询进行纵向筛选，简单查询向导就是定义显示字段。显示的字段可以是表或查询中的字段，也可以是一个表达式。定义显示字段要定义字段标题和字段显示内容。如果显示表中的字段，字段标题和字段显示内容继承自表中字段，一般不用定义标题。显示表达式时要定义标题，例如，定义标题和表达式如下：

金额：数量*单价

其中，“金额”是字段的标题，显示字段是表达式，表达式内容是“数量*单价”。

（3）排序准则。需要在某个字段进行排序，在字段的下面一行，单击“排序”下拉列表框，选择“升序”或“降序”。

（4）是否显示。一般定义的字段都是显示出来，有时为了定义查询条件，需要建立查询条件字段，它就不需要显示了。字段默认都是显示的，不需要显示时单击复选框，取消显示。

（5）条件准则。横向记录筛选需要输入条件准则，简单查询向导生成的查询没有条件准则。这一部分需要设计人员手工输入，前一章的筛选实际就是条件准则自动生成器。

（6）联接关系。如果查询数据来源包含多个表或查询，要在设定各表间联接关系。

（7）分组统计函数要素。对于统计查询，还有分组要素和统计函数要素。

（8）子查询。复杂查询可能包含子查询。

简单查询包含较少的要素，复杂查询要设计较多的要素。不一定每个查询都包含这 8 个要素。

5.4 查询条件准则

前面介绍了在查询设计视图中对原始数据进行纵向的筛选，即选择需要的字段。下面介

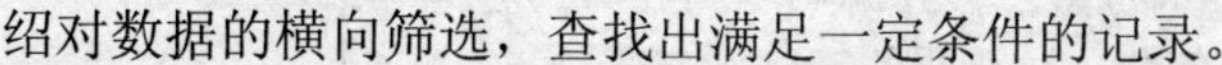

绍对数据的横向筛选，查找出满足一定条件的记录。

对原始数据进行横向筛选，必须输入查询条件，这些条件是用表达式表示的，其位置在查询设计视图的准则一行中。下面以不同类型的表达式为例说明正确设计准则的方法。

5.4.1　SQL 表达式

Access 查询运行时执行的是 SQL 查询语句，设计查询实际就是设计 SQL 查询语句字符串。SQL 查询语句包括的主要成分是 SQL 表达式。在查询设计视图中，需要在多个地方输入 SQL 表达式，在介绍 SQL 查询语句前，首先介绍 SQL 表达式的概念和如何正确书写表达式。

根据要执行的运算，可以在设计网格中的不同位置输入表达式，表达式是一个由常数、常量、运算符、文字值、函数和字段（列）名、控件和属性组成的一个字符串，表达式将计算返回一个值，表达式计算结果得到的数据也分为许多类型，依数据类型的不同，表达式分为数值表达式、字符表达式、关系表达式和逻辑表达式。

在设计网格中输入表达式时，Access 将在焦点改变时，自动插入特定字符。根据表达式输入位置的不同，Access 会自动在日期的两端插入数字符号（#），在文本的两端插入半角双引号（"）。

可以借助“表达式生成器”完成表达式的输入，在输入表达式的位置用右键菜单选择“生成器”，则弹出“表达式生成器”，它由 3 个部分组成，如图 5-13 所示，从上至下为：表达式框、运算符按钮和表达式元素。

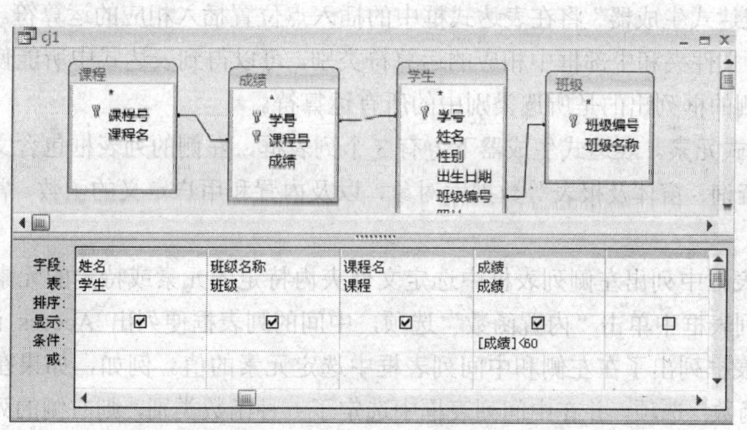

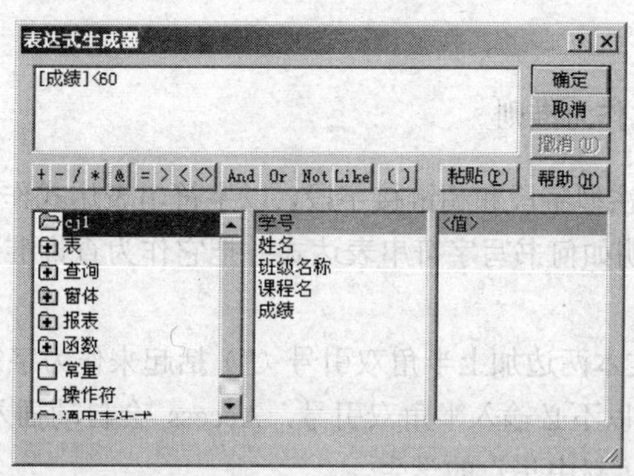

图 5-13　表达式生成器

cj1

学号	姓名	班级名称	课程名	成绩
9601002	罗军	96计算机	高数(上)	54
9601003	张英	96计算机	电路基础	54
9601004	王静波	96计算机	电子线路	55
9601005	蔡尧	96计算机	英语(上)	43
9601006	高峰	96计算机	电路基础	43
9601007	孙琴	96计算机	英语(上)	58
9601007	孙琴	96计算机	C语言	56
9602002	沈小华	96财会	财政金融	43
9602003	陈婷	96财会	成本会计	58
9602005	罗军	96财会	英语(上)	55
9602005	罗军	96财会	成本会计	43
9602005	罗军	96财会	财政金融	54
9602006	何柱	96财会	经济数学	50
9602006	何柱	96财会	财务会计	54

记录: 第 1 项(共 24 项　无筛选器　搜索

图 5-13　表达式生成器（续图）

（1）表达式框。生成器的上方是一个表达式框，可在其中创建表达式。使用生成器的下方区域可以创建表达式的元素，然后将这些元素粘贴到表达式框中以形成表达式；也可以直接在表达式框中输入表达式。

（2）运算符按钮。常用的运算符按钮位于“表达式生成器”的中部。如果单击某个运算符按钮，则“表达式生成器”将在表达式框中的插入点位置插入相应的运算符。单击左下角框中的“运算符”文件夹和中部框中相应的运算符类别，可以得到表达式中所能使用的运算符的完整列表。右侧的框列出的是所选类别中的所有运算符。

（3）表达式元素。表达式生成器下方有 3 个列表框，左侧的列表框包含文件夹，该文件夹列出了表、查询、窗体及报表等数据库对象，以及内置和用户定义的函数、常量、运算符和常用表达式。

中间的列表框中列出左侧列表框中选定文件夹内特定的元素或特定的元素类别。例如，如果在左边的列表框中单击“内置函数”选项，中间的列表框便列出 Access 函数的类别。

右侧的列表框列出了在左侧和中间列表框中选定元素的值。例如，如果在左侧的列表框中单击“内置函数”选项，并在中间列表框中选定了一种函数类别，则右侧的列表框将列出选定类别中所有的内置函数。

5.4.2　字符串表达式作为准则

对于文本型字段、备注型字段和超链接字段，以字符串表达式作为查询准则。下面以“学生基本情况表”为例，说明如何书写字符串表达式并把它作为查询准则，字符串表达式有以下类型：

（1）字符串常数。文本两边加上半角双引号（"）括起来作为字符串常数。在条件表达式中输入字符串常数时，可以不必输入半角双引号，Access 会自动插入半角双引号。

例 5-1　查询名字叫“赵中华”的学生。

由于字段“姓名”的数据类型是文本型，在姓名列的准则中输入"赵中华"字符串常数。这里表达式包含一个省略的等号“=”，也可以输入：="赵中华"，如图 5-14 所示。关闭设计视图，打开该查询，运行结果如图 5-15 所示。

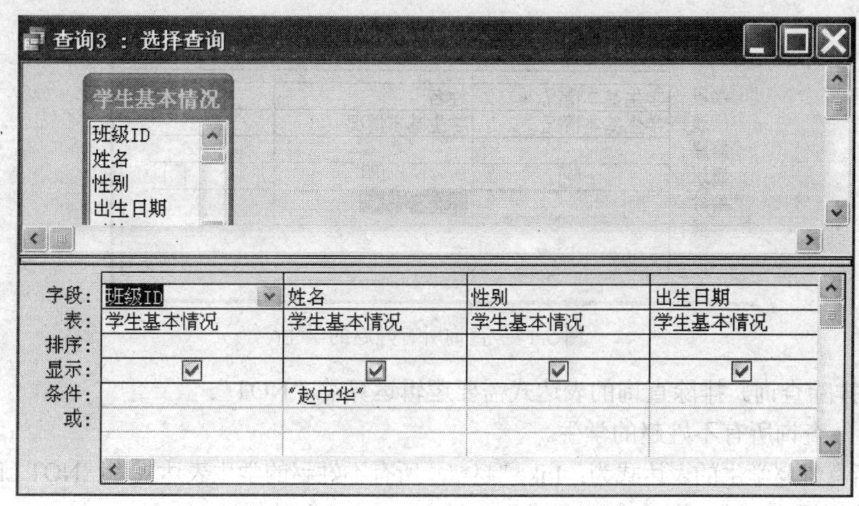

图 5-14　在姓名列的准则中输入“赵中华”

查询3 ： 选择查询

班级	姓名	性别	出生日期
电气9801	赵中华	男	年3月12日

记录：1 共有记录数

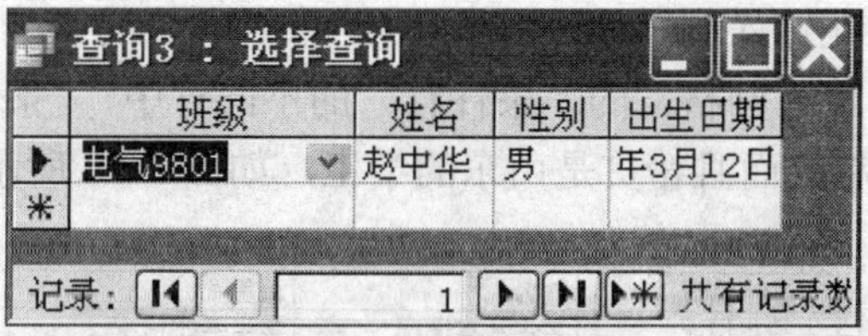

图 5-15　运行结果

例 5-2　查询个人主页字段包含 SDJTU 的学生记录，如图 5-16 所示。

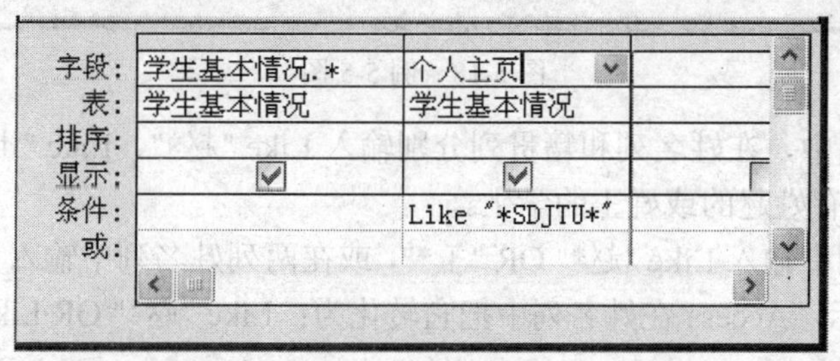

图 5-16　例 5-2 图

如果字符串常数本身带有半角双引号，可以在两端再加上用半角单引号（'）或三重引号。例如，下面两个表达式完全等同：'"北京"'和"""北京"""。都表示字符串"北京"。

（2）包含通配符的字符串表达式。最常用的两个字符串通配符：“?”和“*”。还有其他一些通配符，包含通配符的字符串表达式以“Like”作为运算符，表示匹配运算。

例 5-3　查询所有姓赵的学生。

在姓名列的准则中输入：Like "赵*"；或输入：赵*，Access 把它转化为：Like "赵*"。输入结果如图 5-17 所示。

星号通配符表示任意一个或任意多个字符。另一个通配符是问号“？”，表示任意一个字符。

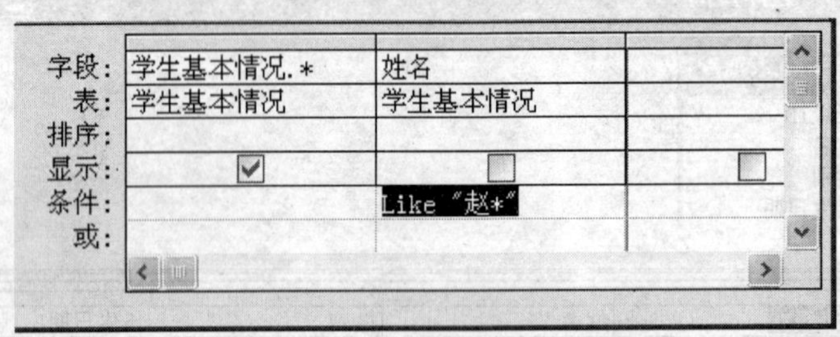

图 5-17　查询所有姓赵的学生

（3）排除查询。排除查询的表达式需要逻辑运算符“NOT”。

例 5-4　查询所有不姓赵的学生。

查找所有姓赵学生的表达式为：Like "赵*"，所有不姓赵的学生表达式为：NOT Like "赵*"。在查询设计视图中，在“姓名”字段准则中输入：Not Like "赵*"。

（4）多条件查询。多条件查询分为两类：条件之间关系是“AND”、条件之间关系是“OR”。要求同时成立的各个条件在输入到“设计网格”的“条件行”的同一行中；要求多条件之一成立的各个条件在输入到“设计网格”的“条件行”的不同行中，“条件”行数会自动增加。

例 5-5　查询所有姓赵的而且籍贯是山东的学生，如图 5-18 所示。

字段：	学生基本情况.*	姓名	籍贯
表：	学生基本情况	学生基本情况	学生基本情况
排序：			
显示：	☑	☐	☐
条件：		Like "赵*"	Like "山东*"
或：			

图 5-18　例 5-5 图

在查询设计视图中，在姓名列和籍贯列分别输入 Like "赵*"、Like "山东*"。

例 5-6　查询所有姓赵的或姓王的学生。

在姓名列的准则中输入 Like "赵*" OR "王*"，或在两列姓名列中输入 Like "赵*" 、 Like "王*"，如图 5-19 所示，Access 在姓名列中把它转化为：Like "赵*" OR Like "王*"。

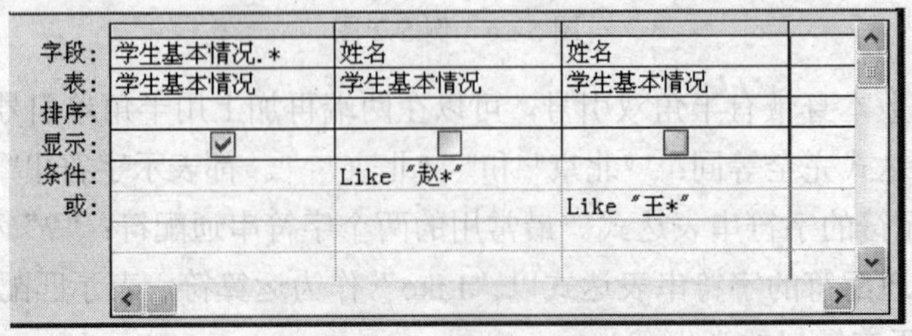

图 5-19　例 5-6 图

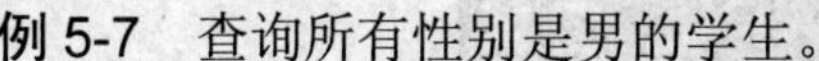

例 5-7　查询所有性别是男的学生。

在学生基本情况表中，“性别”字段数据类型是文本型的，长度是 1 个字符。在准则中应输入男性的代码“1”，不应输入字符“男”。因此，在查询设计视图中，性别字段下的准则中输入："1"。

例 5-8　查询所有籍贯是山东和江苏的学生。

打开查询设计视图，在“籍贯”字段下的准则中输入：In("山东","江苏")。

5.4.3　数值表达式作为准则

在自动编号字段、数字字段和货币字段的条件中输入数值表达式作为准则。数值常数直接输入即可，不需要有什么分隔符。

例 5-9　查询所有家庭收入大于 1000 元的学生。

在查询设计视图中，在“家庭收入”字段的准则下输入：>1000。

例 5-10　有一个订单明细表，包含产品 ID、数量和单价，没有金额字段，因为金额字段是可以计算出来的，没有必要保存该数据，系统没有冗余数据。而用查询可以随时知道金额。更新表中单价或库存量后，系统马上重新计算金额，不管是当前用户更新还是网络中的其他用户更新，系统均自动刷新。在查询中，定义一个金额字段，在字段单元格中输入：

```
金额: [数量]*[单价]
```

表示定义的字段名称是“金额”，值来源于表达式[数量]*[单价]，方括号括起来表示的是变量——字段变量。

筛选准则是金额在 100～200 元之间，包括 100 元和 200 元。设计视图如图 5-20 所示。结果如图 5-21 所示，金额字段的数据类型字段继承了单价的货币类型。

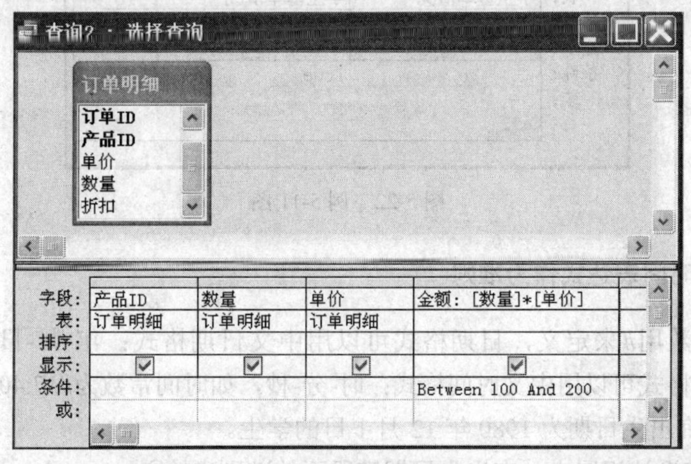

图 5-20　设计视图

5.4.4　逻辑值作为准则表达式

对于“是/否”型字段，需要输入结果为逻辑值的表达式为筛选准则，逻辑常量有两个：True、False。

查询2 ：选择查询

产品	数量	单价	金额
猪肉	12	￥14.00	￥168.00
酸奶酪	5	￥34.80	￥174.00
沙茶	9	￥18.60	￥167.40
糯米	6	￥16.80	￥100.80
温馨奶酪	20	￥10.00	￥200.00
鸡精	21	￥8.00	￥168.00
辣椒粉	12	￥10.40	￥124.80
辣椒粉	15	￥10.40	￥156.00
白奶酪	6	￥25.60	￥153.60
虾子	16	￥7.70	￥123.20

记录：1 共有记录数：35

图 5-21　运行结果

例 5-11　查询所有落户的学生。

在查询设计视图中，如图 5-22 所示，在“落户否”字段的准则下输入：

```
True
```

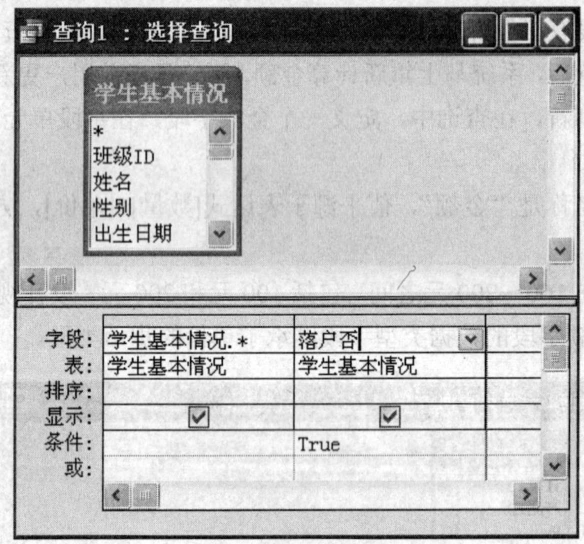

图 5-22　例 5-11 图

5.4.5　日期/时间表达式作为准则

日期/时间常数用#来定义，日期格式可以用中文日期格式：年-月-日，如日期常数为#2006-8-3#。时间格式可以用中文时间格式：时-分-秒，如时间常数为#17:40:49#。

例 5-12　查询出生日期为 1980 年 12 月 1 日的学生。

在打开的查询设计视图中，在出生日期字段下的准则中输入：

```
#1980-12-1#
```

如果直接输入 1980-12-1，则 Access 自动把它改为：

```
#1980-12-1#
```

例 5-13　查询出生日期为从 1980-12-1 到 1980-12-31 的所有学生。

打开查询设计视图，如图 5-23 所示。在出生日期字段下的准则中输入：

```
Between #1980-12-1# and #1980-12-31#
```

字段:	学生基本情况.*	出生日期
表:	学生基本情况	学生基本情况
排序:		
显示:	☑	☐
条件:		Between #1980-12-1# And #1980-12-31#
或:		

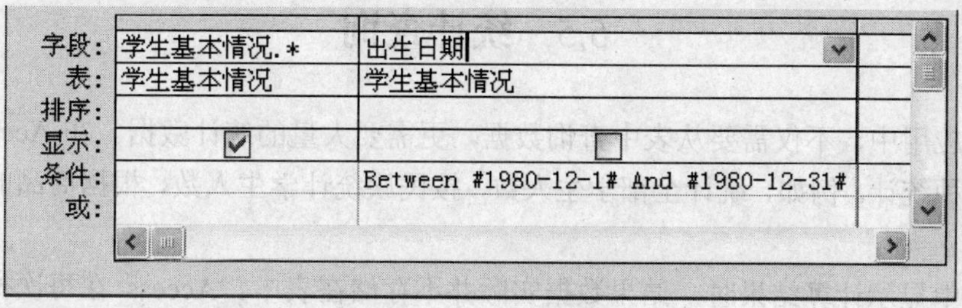

图 5-23　例 5-13 图

例 5-14　查询 1980 年出生的所有学生。

打开查询设计视图，在出生日期字段下的准则中输入：

```
Year([出生日期])=1980
```

例 5-15　查询生日为今天日的所有学生。

打开查询设计视图，在出生日期字段下的准则中输入：

```
Month([出生日期])=Month(now()) and Day([出生日期])=Day(now())
```

5.4.6　包含空值的表达式作为准则

空值指 Null，Null 指字段中没有数据或未知的值。空字符串是长度为零的字符串""，是已知的数据。

如果在定义字段的查询条件时使用表达式 Like "*"，则查询结果中的该字段会包含空字符串，而不含 Null 值。

按升序排序字段时，字段中包含 Null 值的记录将列于第一位。如果字段中同时包含 Null 值和空字符串，则在排序中 Null 值排在第一位，然后紧接着是空字符串。

例 5-16　查询出生日期未知的所有学生。

打开查询设计视图，在出生日期字段下的准则中输入：

```
Is Null
```

或直接输入 Null，Access 自动转换为 Is Null。

例 5-17　查询民族未知的所有学生。

打开查询设计视图，在民族字段下的准则中输入：

```
Is Null
```

或直接输入 Null，Access 自动转换为 Is Null。

例 5-18　查询有照片的所有学生。

照片字段是 OLE 对象字段，打开查询设计视图，在“照片”字段下的准则中输入：

```
Not Is Null
```

例 5-19　查询简历是空字符串的所有学生。

打开查询设计视图，在“简历”字段下的准则中输入：

""

5.5　统计查询

在实际应用中，不仅需要从表中查询数据，更需要大量的统计数据。在 Access 的查询中可以进行各种统计。例如，统计全部学生人数，按民族统计学生人数，根据商品的数量和单价计算金额。

在字段中显示计算结果时，结果数据实际并不存储在表中。Access 在每次执行查询时都将重新进行计算，以使计算结果永远都以数据库中最新的数据为准。

新建一个查询，进入设计视图，单击工具栏中的“总计”按钮Σ，在查询设计视图的下半部分设计网格出现“总计”行。再次单击工具栏中的“总计”按钮，可隐藏设计网格出现“总计”行。单击设计网格“总计”行的下拉列表按钮，弹出所有的 12 个选项，如图 5-24 所示。

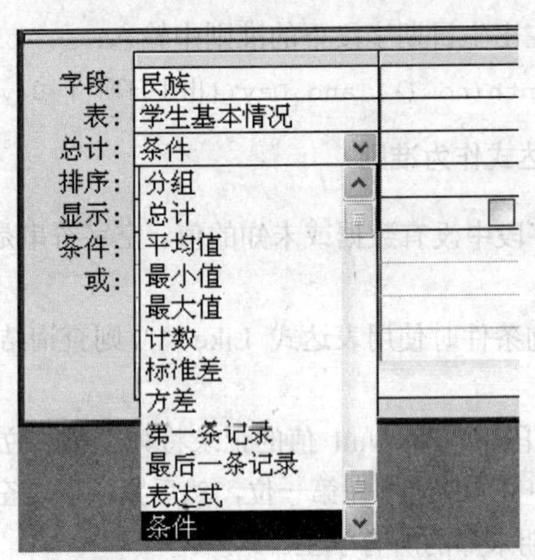

图 5-24　“总计”下拉列表框

12 个选项分成 4 类，分组（Group By）、合计函数、表达式（Expression）、条件（Where）。分组是把记录按字段的不同值分成不同的组以便统计，比如，按性别把全部学生分成两组。预定义合计函数包括总和（Sum）、平均值（Avg）、数量（Count）、最小值（Min）、最大值（Max）、标准偏差（StDev）或方差函数（Var）、First（第一条记录）、Last（最后一条记录）。表达式是把几个汇总运算分组并执行该组的汇总。限制条件是对进入汇总的记录进行筛选。

可以用“简单查询向导”来进行某些类型的总计计算，或者用查询设计网格中的“总计”行来进行全部类型的总计计算，这需要为进行计算的字段选定合计函数。下面以学生基本情况表为例，说明如何使用预定义计算进行统计。

例 5-20　统计全校总人数。

打开查询设计视图，单击工具栏中的“总计”按钮Σ，在设计网格的列中选择“学生 ID”

字段，总计行选择“计数”，把这一列的标题从系统默认的“学生 ID 之 Count”重新定义为“全校总人数”（图 5-25 左），运行结果见图 5-25 右。

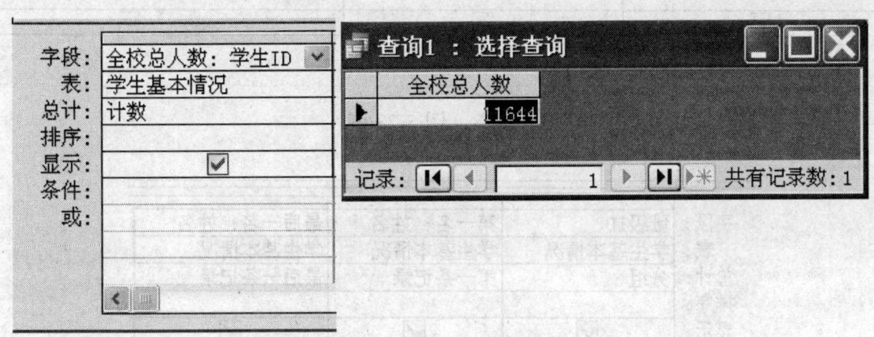

图 5-25　例 5-20 图

例 5-21　按性别统计全校人数。

这是一个分组统计，分组的关键字是“性别”，分别按性别统计全校人数。设计内容见图 5-26 左，运行结果见图 5-26 右，结果还包括 7 名未知性别的学生。

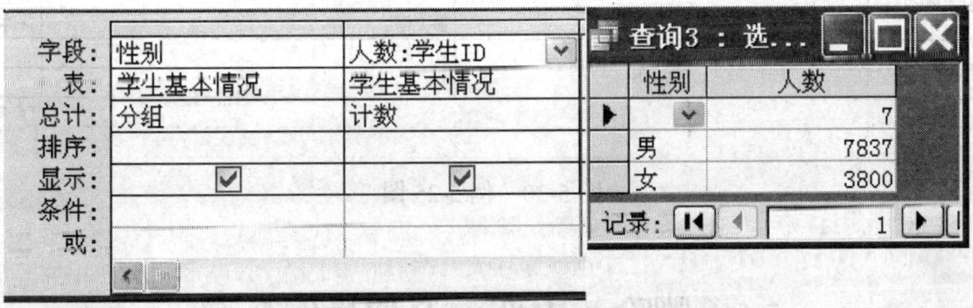

字段：	性别	人数:学生ID
表：	学生基本情况	学生基本情况
总计：	分组	计数
排序：		
显示：	☑	☑
条件：		
或：		

性别	人数
	7
男	7837
女	3800

图 5-26　例 5-21 图

例 5-22　按班级分组统计全校学生家庭收入的总计、平均值、最大值、最小值、方差、标准偏差，如图 5-27 所示。

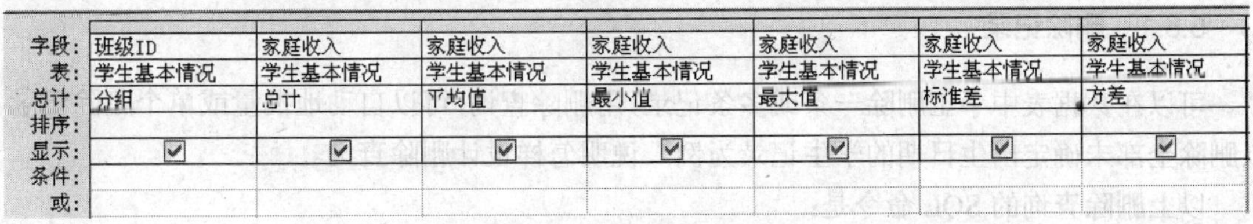

字段：	班级ID	家庭收入	家庭收入	家庭收入	家庭收入	家庭收入	家庭收入
表：	学生基本情况	学生基本情况	学生基本情况	学生基本情况	学生基本情况	学生基本情况	学生基本情况
总计：	分组	总计	平均值	最小值	最大值	标准差	方差
排序：							
显示：	☑	☑	☑	☑	☑	☑	☑
条件：							
或：							

图 5-27　例 5-22 图

例 5-23　统计全校学生家庭收入的最大值、最小值和极差，极差是一个数值表达式，如计见图 5-28 所示。

例 5-24　分组统计每班报到的第一个学生、最后一个学生姓名，设计如图 5-29 所示。

例 5-25　按班级分组统计每班最小年龄、最大年龄，这是一个带条件的统计查询，设计见图 5-30 所示。

字段：	家庭收入最小值：家庭收入	家庭收入最大值：家庭收入	极差：[家庭收入最大值]-[家庭收入最小值]
表：	学生基本情况	学生基本情况	
总计：	最小值	最大值	表达式
排序：			
显示：	☑	☑	☑
条件：			
或：			

图 5-28　例 5-23 图

字段：	班级ID	第一名：姓名	最后一名：姓名
表：	学生基本情况	学生基本情况	学生基本情况
总计：	分组	第一条记录	最后一条记录
排序：			
显示：	☑	☑	☑
条件：			
或：			

图 5-29　例 5-24 图

字段：	班级ID	最小年龄：Year(Now())-Year([出生日期])	最大年龄：Year(Now())-Year([出生日期])	姓名
表：	学生基本情况			学生基本情况
总计：	分组	最小值	最大值	条件
排序：				
显示：	☑	☑	☑	☐
条件：				Is Not Null
或：				

图 5-30　例 5-25 图

5.6　删除、更新、追加操作查询

操作查询包括删除、更新、追加与查询生成表，把这些操作归入到查询中，实现表的数据更新。

5.6.1　删除记录

可以在数据表中手工删除一条或多条记录，用删除查询，可以自动地批量或单个删除记录。以删除全部未确定出生日期的学生记录为例，说明怎样设计删除查询。

以上删除查询的 SQL 命令是：

```
DELETE 学生基本情况.出生日期 FROM 学生基本情况 WHERE (((学生基本情况.出生日期) Is Null));
```

5.6.2　更新记录

可以在数据表中手工修改一条或多条记录的字段数据，用更新查询，可以自动地批量修改记录中的一个或多个字段。以更新全部学生的个人主页网址为例，说明怎样设计更新查询。

更新查询的 SQL 命令是：

```
UPDATE 学生基本情况 SET 学生基本情况.个人主页 = "http://www.sdjtu.edu.cn/ personal
pages/" & [学生 ID] WHERE (((学生基本情况.姓名) Is Not Null));
```

5.6.3　追加记录

可以在数据表中手工追加一条或多条记录的字段数据，用追加查询可以自动地批量追加记录到一个表中。

追加查询的 SQL 命令是：

```
INSERT INTO 同乡录 SELECT FROM 学生基本情况 WHERE (((学生基本情况.籍贯)="北京"));
```

5.6.4　用查询生成新表

一般是手工设计建立一个表的结构，然后输入记录。用查询生成表，可以自动产生一个表，包括表的结构和记录。数据的来源可以是一个或多个表中的数据。以生成一个包含学生姓名和个人网页网址的表为例，说明怎样设计查询生成表。生成一个新表的完整 SQL 命令的语法格式为：

```
SELECT field1[, field2[, ...]] INTO newtable  FROM source
```

查询生成表的 SQL 命令是：

```
SELECT 学生基本情况.姓名,学生基本情况.个人主页 INTO 网址表 FROM 学生基本情况;
```

5.7　参数查询

前面讲的查询准则，在准则处输入的都是常数，如姓名等于“张三”。若准则发生变化，则必须重新设计查询，修改准则中的条件常数才能满足另外一个条件的查询，这样做对不熟悉 Access 的用户来说有非常大的难度，这样的查询是不能满足用户要求的。使用参数查询，用户每次只要输入不同的查询参数，就会得到不同的查询结果。下面以按姓名为参数查询学生基本情况为例，说明怎样设计参数查询。步骤如下：

（1）新建一个查询，进入查询的设计视图，添加“学生基本情况表”。

（2）选择“查询”→“参数”菜单命令，弹出如图 5-31 所示的对话框，输入参数名称“姓名”、选择参数类型为“文本”，单击“确定”按钮。

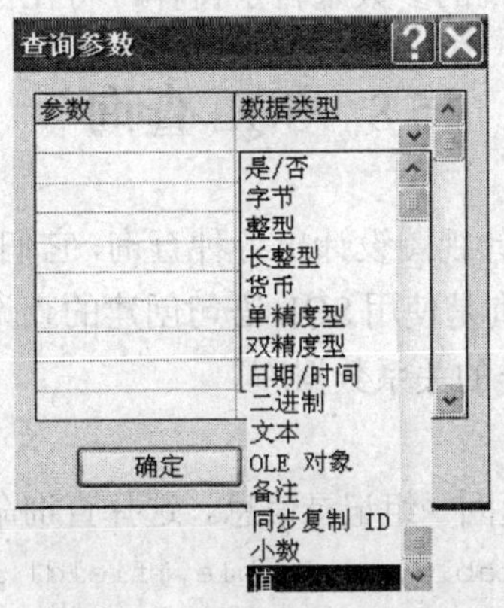

图 5-31　“查询参数”对话框

（3）选择全部字段，双击“姓名”字段，输入参数名称“[姓名]”，如图 5-32 所示。保存该查询。

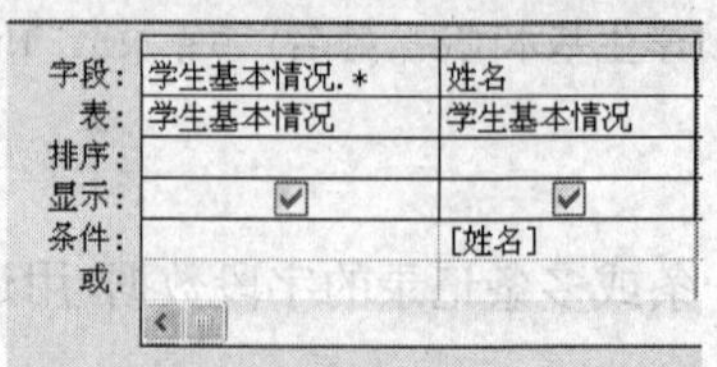

图 5-32　输入姓名

（4）运行该查询。Access 先提示输入具体的参数值，如图 5-33 所示。输入参数值后，查询的结果如图 5-34 所示。

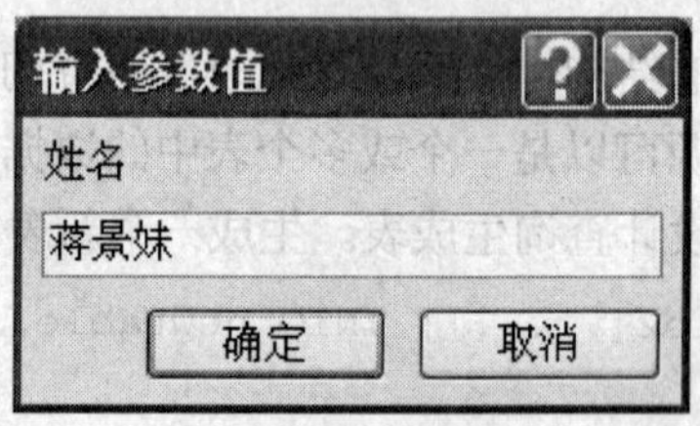

图 5-33　“输入参数值”对话框

查询8 ：选择查询

班级	学生基本	性别	出生日期	民族	落户
路桥9802	蒋景妹	女	7年9月7日	汉族	☑
					☐

记录：1　共有记录数：1

图 5-34　查询结果

再次运行该查询，Access 又先提示要求输入具体的参数值，输入另一参数值后，重新显示另一查询的结果。以上参数查询的 SQL 命令是：

```
PARAMETERS 姓名 Text ( 255 );SELECT 学生基本情况.*, 学生基本情况.姓名 FROM 学生基本情况 WHERE (((学生基本情况.姓名)=[姓名]));
```

实际上，真正有用的参数查询的参数来自于窗体，将在窗体一节介绍此内容。

5.8　SQL 查询

在前面用查询向导和查询设计视图设计出各种查询，它们都是用 SQL 命令实现的，Access 执行的是 SQL 查询命令。SQL 查询是使用 SQL 语句创建的查询，可以用结构化查询语言（SQL）来查询、更新和管理 Access 这样的关系数据库。

1. 选择查询

选择查询是指可以从数据库返回一组记录信息。选择查询命令完整的 SQL 命令语法格式为：

```
SELECT [predicate] { * | table.* | [table.]field1 [AS alias1] [,[table.]field2 [AS alias2] [,…]]}
```

```
FROM tableexpression [,…] [IN externaldatabase]
[WHERE…]
[GROUP BY…]
[HAVING…]
[ORDER BY…]
[WITH OWNERAccess OPTION]
```

（1）选择字段及重新命名字段。

SELECT 语句最简化的语法为：

```
SELECT * FROM table
```

可以通过星号（*）来选择表中所有的字段。

例 5-26 命令：SELECT * FROM 学生基本情况; 选择在学生基本情况表中的所有字段。

例 5-27 下面 SQL 语句使用标题 Birth 来命名在所得到的 BirthDate 对象：

```
SELECT 班级 ID AS 班级 FROM 学生基本情况;
```

例 5-28 聚合函数使用 AS 子句重新命名字段。

```
SELECT COUNT(学生 ID) AS 人数 FROM 学生基本情况;
```

（2）条件 WHERE 子句。

WHERE 子句的语法格式为：

```
SELECT fieldlist FROM tableexpression WHERE criteria;
```

criteria 是条件表达式，Access 会选择出符合 WHERE 子句所列条件的记录，如果没有指定 WHERE 子句，查询会返回表中的所有行。WHERE 子句能够包含最多 40 个由逻辑运算符（如 And 和 Or）联接的表达式。通过 WHERE 子句，可以先过滤掉不希望由 GROUP BY 子句分组的记录。

例 5-29 选择全部男生姓名。

```
SELECT 姓名 FROM 学生基本情况 WHERE 性别="1";
```

（3）分组 GROUP BY 子句。

将特定字段列表中相同的记录合并成单个记录。如果在 SELECT 语句中包含 SQL 聚合函数（如 Sum 或 Count），那么将为每条记录创建一个摘要值。如果在 SELECT 语句中没有 SQL 聚合函数，将省略汇总值。如果语句包含 WHERE 子句，那么将对应用 WHERE 条件后的记录进行分组。

例 5-30 按班级统计学生人数，命令如下：

```
SELECT Count(学生.学号) AS 学号之计算,学生.班级编号
FROM 学生
GROUP BY 学生.班级编号;
```

（4）HAVING 子句。

HAVING 子句对先由 GROUP BY 子句分组的记录进行过滤，用于确定显示哪些分组后的记录。HAVING 与 WHERE 相似，WHERE 确定哪些记录会被选中；通过 GROUP BY 对记录分组后，HAVING 短语筛选出只有满足指定条件的组。

例 5-31　查询选修了 3 门以上课程的学生学号。

```
SELECT 学号
    FROM  成绩
    GROUP BY 学号
    HAVING  COUNT(*) >3
```

（5）排序 ORDER BY 子句。

ORDER BY 子句指定以升序或降序排列的方式对查询返回记录进行排序。默认的排序顺序是升序。参数 ASC 是升序，可以省略；参数 DESC 是降序。

例 5-32　按班级统计全校学生人数，显示班级人数不小于 40 的记录，并按班级 ID 排序，命令如下：

```
SELECT DISTINCTROW 学生基本情况.班级 ID, Count(学生基本情况.学生 ID) AS 人数 FROM 学生基本情况 GROUP BY 学生基本情况.班级 ID HAVING (((Count(学生基本情况.学生 ID))>=40)) ORDER BY 学生基本情况.班级 ID DESC;
```

（6）ALL、DISTINCT、DISTINCTROW、TOP 谓词。

谓词用于指定使用查询返回的记录个数及特征。谓词语法格式为：

```
SELECT [ALL | DISTINCT | DISTINCTROW | [TOP n [PERCENT]]] FROM table;
```

参数说明如下：

1）ALL：返回全部记录，ALL 可以省略。

2）DISTINCT：在 SELECT 语句中所列出的每个字段的值的组合是唯一的，忽略重复数据的记录。

例 5-33　学生基本情况表中可能有重名的，比如有两个“张三”，则下面的 SQL 语句只返回一条包含“张三”的记录：

```
SELECT DISTINCT 姓名 FROM 学生基本情况;
```

如果忽略了 DISTINCT，这个查询将返回两条“张三”记录。

3）TOP n [PERCENT]：在由 ORDER BY 子句指定的查询返回的记录中，只返回部分记录。

例 5-34　希望得到按年龄大小排序的前 25 名学生的名字，SQL 语句为：

```
SELECT TOP 25 姓名 FROM 学生基本情况 ORDER BY 出生日期;
```

TOP 谓词不会在两个相等的值中进行选择。在上面的示例中，如果第 38 名和第 39 名的学生出生日期相同，那么查询将会返回 26 个记录。

例 5-35　希望得到按年龄大小排序的前 10%的学生名字，SQL 语句为：

```
SELECT TOP 10 PERCENT  姓名 FROM 学生基本情况 ORDER BY 出生日期;
```

TOP 谓词不影响查询是否可更新。

2. 交叉表查询

交叉表查询的语法格式为：

```
TRANSFORM aggfunction selectstatement PIVOT pivotfield [IN (value1[,value2[,…]])]
```

TRANSFORM 语句包含表 5-1 所示的部分。

表 5-1　TRANSFORM 语句成分

部分	说明
aggfunction	操作所选数据的 SQL 聚合函数
selectstatement	SELECT 语句
pivotfield	用于创建查询结果集中列标题的字段或表达式
value1,value2	用于创建列标题的固定值

例 5-36　交叉表查询不及格成绩，查询结果集中列标题的字段是课程名，交叉表的查询命令是：

```
TRANSFORM (成绩.成绩) AS 成绩之
SELECT 学生.学号,学生.姓名
FROM 学生 INNER JOIN (课程 INNER JOIN 成绩 ON 课程.课程号 = 成绩.课程号) ON 学生.学号 = 成绩.学号
WHERE (((成绩.成绩)<60))
GROUP BY 学生.学号,学生.姓名, 成绩.成绩
PIVOT 课程.课程名;
```

运行结果如图 5-35 所示。

不及格成绩

学号	姓名	basi	C语	财务会计	财政金融	成本会计	电路基础	电子线路	高数(上
9601005	蔡尧								
9601006	高峰						43		
9601007	孙琴		56						
9601007	孙琴								
9602002	沈小华				43				
9602003	陈婷					58			
9602005	罗军					43			
9602005	罗军				54				
9602005	罗军								
9602006	何柱								
9602006	何柱			54					
9602007	伏琳								
9602008	崔莹								
9701002	李勇路								
9701003	赵媛媛	48							

记录: 第 1 项(共 24 项　无筛选器　搜索

图 5-35　运行结果

3. 参数查询

参数查询要先声明参数，然后在查询命令中引用该参数。声明在参数查询中的每个参数的名称和数据类型。声明参数的完整 SQL 命令语法格式为：

```
SELECT 学生.学号,学生.姓名,学生.性别,学生.出生日期
FROM 学生
WHERE (((学生.学号)=[请输入学号]));
```

参数的名称，用方括号（[ ]）括起来作为参数的名字。运行结果如图 5-36 所示

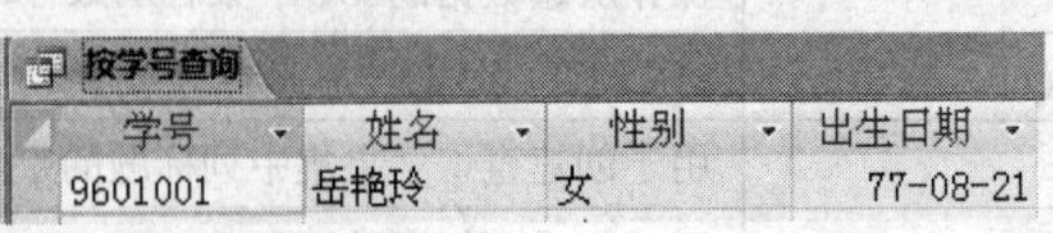

图 5-36 运行结果

习题 5

一、选择题

1．根据指定的条件查询显示找到的所有记录是（　　）。

A．输入记录　　B．选择记录

C．记录定位　　D．记录查询

2．不能单独使用而必须与其他查询联合才能使用的查询是（　　）。

A．传递查询　　B．联合查询

C．子查询　　D．数据定义查询

3．查询当前 10 年之内参加工作的记录，准则是（　　）。

A．< year(now())　　B．Between 0 And 10

C．<=year(now())　　D．now()<=10

4．计算总和的函数是（　　）。

A．Count 函数　　B．Avg 函数

C．Var 函数　　D．Sum 函数

5．删除查询是删除了（　　）。

A．整个表　　B．整个查询

C．字段　　D．记录

6．ALERT 的功能是（　　）。

A．创建表　　B．在表中增加记录

C．从数据库中删除表　　D．修改表结构

7．统计函数 Avg (表达式)，下面叙述正确的是（　　）。

A．返回表达式条件的值的总和

B．统计字段的数据类型应该是数字数据类型或货币类型

C．统计函数对记录计数

D．求平均值

8．“产品”表中有产品、数量和单价等字段，计算并显示每种产品金额的正确表达式是（　　）。

A．金额：数量和单价　　B．金额：数量乘单价

C．金额：[数量]*[单价]　　D．金额=数量*单价

9．关于删除表查询，下面叙述正确的是（　　）。

A．每次删除整个表

B．每次只能删除单个表中的记录

C．删除过的表能用“撤消”命令恢复

D．每次操作只能删除一条记录

10．表中有一个姓名字段，查找全部姓“万”的记录的准则是（　　）。

A．李　　B．Not "万"

C．Like "万*"　　D．Like "万"

11．以下关于查询的叙述，正确的是（　　）。

A．只能根据数据表创建查询

B．只能根据已建查询创建查询

C．可以根据数据表和已建查询创建查询

D．不能根据已建查询创建查询

12．Access 支持的查询类型有（　　）。

A．选择查询，交叉表查询，参数查询，SQL 查询和操作查询

B．基本查询，选择查询，参数查询，SQL 查询和操作查询

C．多表查询，单表查询，交叉表查询，参数查询和操作查询

D．选择查询，统计查询，参数查询，SQL 查询和操作查询

13．在 SQL 查询中使用 WHILE 子句指出的是（　　）。

A．查询目标　　B．查询结果

C．查询视图　　D．查询条件

14．图 5-37 是使用查询设计器完成的查询，与该查询等价的 SQL 语句是（　　）。

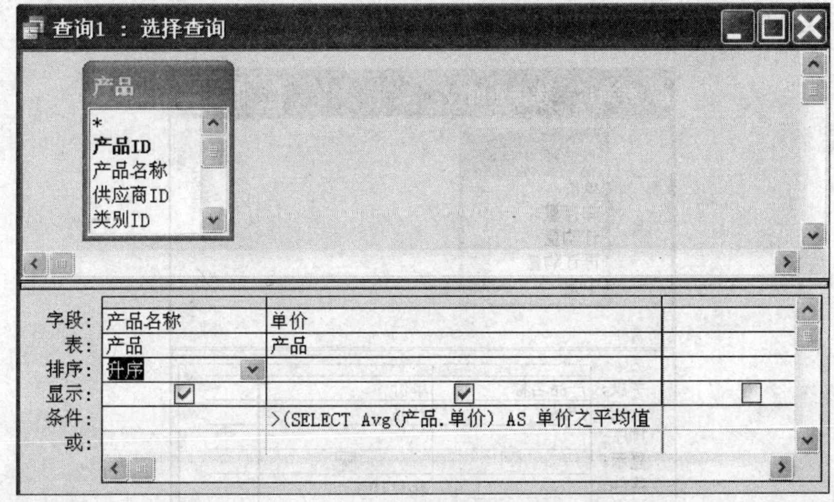

图 5-37　习题用图

A．SELECT 产品.产品名称 FROM 产品 WHERE (((产品.单价)>(SELECT Avg(产品.单价) AS 单价之平均值 FROM 产品;)))ORDER BY 产品.产品名称;

B．SELECT 产品.产品名称, 产品.单价 FROM 产品 WHERE (((产品.单价)>(SELECT Avg(产品.单价) AS 单价之平均值 FROM 产品;)))ORDER BY 产品.产品名称;

C．SELECT 产品.产品名称, 产品.单价 FROM 产品 WHERE (((产品.单价)>(SELECT Avg(产品.单价) AS 单价之平均值;)))ORDER BY 产品.产品名称;

D．SELECT 产品.产品名称, 产品.单价 FROM 产品 WHERE (((产品.单价)>(SELECT Avg(产品.单价) AS 单价之平均值 FROM 产品;)));

在图 5-38 中，与查询设计器的筛选目标文本框中所设置的筛选功能相同的表达式是（　　）。

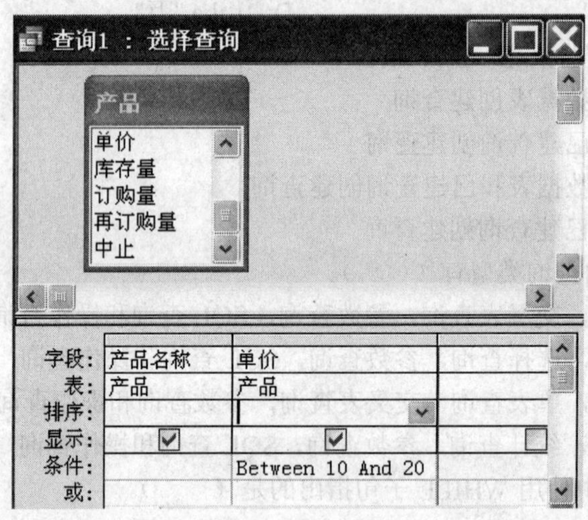

图 5-38　习题用图

A．单价>=10 AND 单价<=20　　　　B．>=10 AND <=20

C．单价>10 AND 单价<20　　　　D．>10 AND <20

15．图 5-39 中所示的查询返回的记录是（　　）。

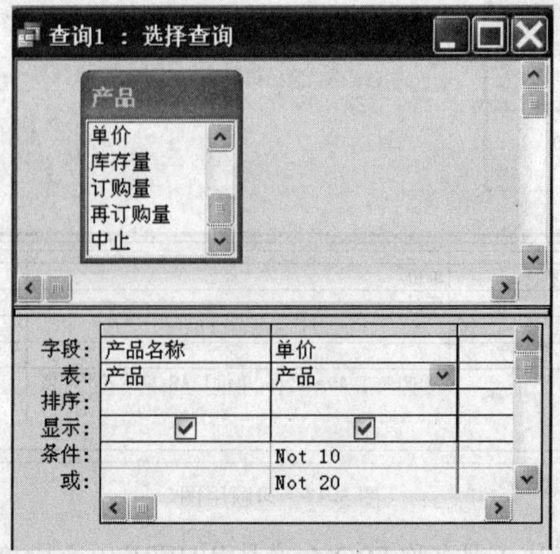

图 5-39　习题用图

A．不包含单价为 10 和 20 的产品　　B．不包含单价为 10 至 20 的产品
C．包含单价为 10 至 20 的产品　　D．所有的产品

16．对图 5-44 所示的查询的 SQL 表达式是（　）。

A．SELECT 产品.产品名称, 产品.单价 FROM 产品 WHERE ((Not (产品.单价)=10)) AND ((Not (产品.单价)=20));

B．SELECT 产品.产品名称, 产品.单价 FROM 产品 WHERE ((Not (产品.单价)=10)) OR ((Not (产品.单价)=20));

C．SELECT 产品.产品名称, 产品.单价 FROM 产品 WHERE (((产品.单价)>=10)) OR (((产品.单价)<=20));

D．SELECT 产品.产品名称, 产品.单价 FROM 产品 WHERE Not (((产品.单价)=10)) AND (((产品.单价)=20));

二、填空题

1．查询与表不同，在查询中__________数据。

2．查询经常作为__________、__________和__________数据源。

3．在 Access 中，创建查询最简单的方法是使用__________。

4．使用“交叉表查询向导”建立交叉表查询，一般最少使用__________个字段，第__________个字段用于交叉点统计。

5．查找学生重名用的查询是__________。

6．用__________查找一个表中有而另一个表中没有的记录。

7．用文本常数要用__________括起来。

8．设计查询视图中，同一行的条件之间的关系是__________，不同行条件之间的关系是__________。

9．SQL 查询主要包括联合查询、__________、数据定义查询和__________4 种。

10．参数查询的参数要用__________括起来，并且要设定__________。

11．子查询“包含于”的谓词是__________。

12．创建分组统计查询时，总计项应选择__________。

三、操作和设计题

1．用学生基本情况表设计一个选择查询，显示姓名、性别和出生日期字段，并写出 SQL 命令。

2．用学生基本情况表设计一个按姓名查询的参数查询，并写出 SQL 命令。

3．用学生基本情况表设计一个按性别、民族统计学生人数的交叉表查询，并写出 SQL 命令。

4．用学生基本情况表设计删除查询，删除全部籍贯为空白的学生记录，并写出 SQL 命令。

5．用学生基本情况表设计更新查询，把家庭收入普遍增加 280 元，并写出 SQL 命令（提示：用归一化函数 NZ()处理家庭收入为 Null 的记录，家庭收入更新到：NZ（家庭收入）+280。如果家庭收入为 Null，则 NZ（家庭收入）=0；否则，NZ（家庭收入）=家庭收入）。

6．用学生基本情况表设计追加查询，把籍贯为山东的记录追加到同乡表中，并写出 SQL 命令。

7．用学生基本情况表设计查询生成表，用题目 1 的选择查询结果生成一个表，并写出 SQL 命令。

8．用学生基本情况表设计一个联合查询，统计各个民族的学生人数及总人数，并写出 SQL 命令。

第 6 章　窗体设计

- 窗体概念及窗体类型
- 用向导创建常规窗体的方法
- 在窗体的设计视图中设计窗体
- 子窗体
- 数据透视表窗体
- 数据透视图窗体

6.1　窗体概念

对数据的操作，前面章节介绍的是使用数据表方式。数据表方式是以行、列形式显示数据，它可以满足用户的部分业务需要。

用户处理自己的业务有自己的习惯方式、格式，如财务业务用记账凭证，销售业务用发票、收款单、订货单等。因此，开发的应用系统尽量与用户的要求接近，在数据的操作格式上与用户的习惯类似，只用数据表方式难以满足用户的全部要求。

窗体（Form）是最终用户用 Access 处理自己业务数据的界面，用户通过窗体按自己习惯方式、格式操作业务数据。从数据库角度来说，用户通过窗体可以显示、增加、编辑、删除、查询、打印表的数据记录、控制系统的运行。使用窗体，用户可对数据做更多的操作控制，比如对数据可以做更加复杂的有效性检验。通过窗体，用户与系统进行交互操作。

窗体是 Access 中最复杂的一种对象，窗体的类型、属性、设计要素——控件也非常多，只有这样才能尽可能满足用户个性化的要求，高级的窗体设计要用 VBA 进行编程，用窗体 VBA 编程的方法对窗体进行精细化设计。一个数据库应用系统包含许多窗体，窗体设计是开发工作中最耗时、最费力的工作，是整个开发工作的核心，希望读者多加用心练习。

窗体除了作为以上所述的显示编辑数据的格式化工具外，也可以用作切换面板，切换面板是 Access 提供的一种菜单工具，来打开数据库中的其他窗体和报表。窗体也可以用作自定义对话框，来接受用户的输入。本章的窗体设计，主要介绍用作数据输入编辑的窗体。

前面已讲过，查询是表的视图，窗体也是以自定义格式处理数据的方法，也是表的一种视图。窗体中没有记录数据，数据只保存在表中，窗体操作的数据来自表或查询，最终来自表。窗体的作用是以自定义格式操作数据。

对窗体的命名与表、查询的命名一样，用户尽量采用系统直观的名字，也可以使用汉字命名。

窗体设计原则是：设计的窗体应该是友好的，具体来说有以下几点：

（1）窗体应完成用户业务处理的要求。

（2）窗体操作方便、简单，用户不易疲劳。

（3）窗体具有较强的容错性。

（4）窗体具有较详细的操作说明。

（5）设计最重要的原则就是简洁、明了。

（6）整个系统所有窗体风格一致。

6.2 窗体的类型

Access 提供 6 种基本类型的窗体：纵栏式、表格式、数据表式、子窗体、数据透视表式和图表式。先介绍纵栏式、表格式窗体和数据表窗体。

6.2.1 纵栏式窗体

从用户的角度看，其业务的处理单位是按“笔”划分的，比如，一个用户电话安装申请单是一笔业务；一个学生的就业简历是一笔业务；销售一批商品是一笔业务。如果一笔业务数据可以存放在数据库一个表中，而且一笔业务表中的记录一一对应。即一笔业务对应一条记录，一条记录对应一笔业务，比如人事管理，一张卡片是一笔业务，对应一个人员，在数据库中一个人员数据用一条记录存放。设备卡片、图书卡片等也是每次只处理一笔业务。这样的业务类型在数据库角度看是简单业务。

图 6-1 是一个纵栏式窗体。其特点是，当前一屏只显示一条记录，记录可以来自表或查询。窗体的大小可以多于一屏。纵栏式窗体格式对于数据输入来说，是很好的选择。简单业务类型，用纵栏式窗体比较合适。

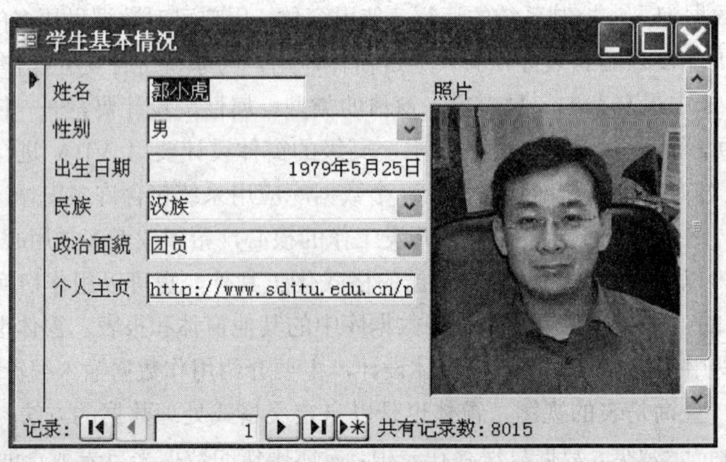

图 6-1 纵栏式窗体

6.2.2　表格式窗体

图 6-2 是表格式窗体，其特点是可以一屏查看多条记录。虽然数据表方式也可以查看多条记录，但数据表的格式只能是定制的行、列方式，而表格式窗体可以按照自定义方式排列字段，对字段重新布局。它同时具有纵栏式窗体和数据表式窗体的优点，可按定制格式显示多条记录。图 6-2（a）与图 6-2（b）是两种表格式窗体，图 6-2（a）与数据表近似，图 6-2（b）与纵栏式窗体近似。

学生基本情况

班级	姓名	性别	出生日期	民族
电气9801	郭小	男	1979年5月25日	汉族
秘书9801	刘成	男	1979年1月1日	汉族
运管9801	刘小	男	1979年1月1日	汉族
电气9801	项永	男	1977年9月1日	汉族
电气9801	吴蒲	男	1977年5月26日	汉族

记录: 1 共有记录数: 8015

（a）

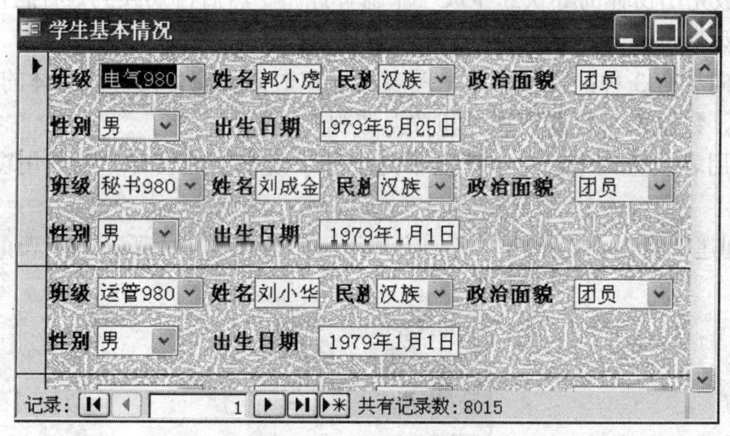

（b）

图 6-2　表格式窗体

6.2.3　数据表式窗体

数据表式窗体的运行外观与表或查询打开时的视图是一样的，如图 6-3 所示。数据表式窗体的特点是可以显示大量的数据记录，而且打开是可以动态调整的显示格式，其运行特点与数据表一样。第 4 章介绍的对数据表的操作除了“重命名列”功能外，几乎都适用于数据表式窗体。数据表式窗体适用于用浏览方式编辑修改打印大量数据的场合。

数据表式窗体比表或查询的数据表视图功能要强得多，可以对数据表式窗体进行编程和设置一些属性。

学生基本情况

班级ID	姓名	性别	出生日期	民族	政治面貌
电气9801	赵中华	男	1980年3月12日	汉族	团员
电气9801	李相敏	男	1980年7月15日	汉族	团员
电气9801	张桂峰	男	1977年5月20日	汉族	团员
电气9801	陈　彬	男	1981年11月10日	汉族	团员
电气9801	高胜清	男	1979年5月3日	汉族	团员
电气9801	刘洪光	男	1979年9月27日	汉族	团员
路桥9801	郑春平	男	1979年11月12日	汉族	团员
路桥9801	陈宝军	男	1980年6月28日	汉族	团员
路桥9801	马永胜	男	1977年4月4日	汉族	团员

记录：1　共有记录数：8015

图 6-3　数据表式窗体

6.3　用向导创建窗体

Access 包含大量的向导和生成器，以提高开发系统的效率。向导是通过详细步骤指导用户操作建立对象的工具，生成器事实上也是向导，不过它采用向导中的默认选择经少量步骤建立对象的工具。

由于设计窗体是数据库系统开发中最费时的工作，使用窗体向导可以大大提高工作效率。设计窗体时，一般先用窗体向导快速生成一个窗体原型，然后再切换到设计视图，在设计视图中对这个窗体原型做进一步加工。

创建窗体的向导有 3 种：窗体向导、图表向导和数据表窗体向导。窗体的生成器有 5 种：纵栏式、表格式、数据表、数据透视表和数据透视图。

如果用户要用表或查询中部分字段而不是全部字段来创建窗体，应使用窗体向导，具体操作步骤如下：

（1）在“创建”窗口中，单击“其他窗体”，出现如图 6-4 所示的列表。

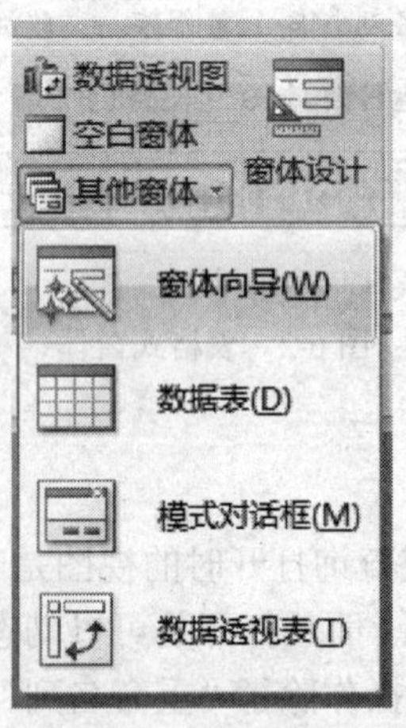

图 6-4　“其他窗体”列表

（2）选择“窗体向导”选项，在对话框下面的组合框中选择学生基本情况表，作为窗体的数据来源，出现如图 6-5 所示的对话框。

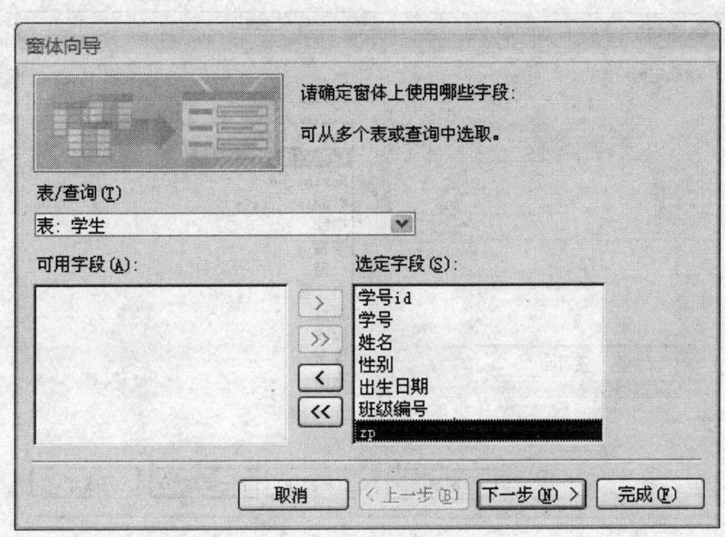

图 6-5　“窗体向导”对话框

（3）单击“下一步”按钮，列出 4 种窗体布局，即纵栏表、表格、数据表、两端对齐，如图 6-6 所示。“两端对齐”与纵栏表类似，不同点是显示字段的标题出现在字段的上方，纵栏表是左方选择窗体中所采用的一种布局。

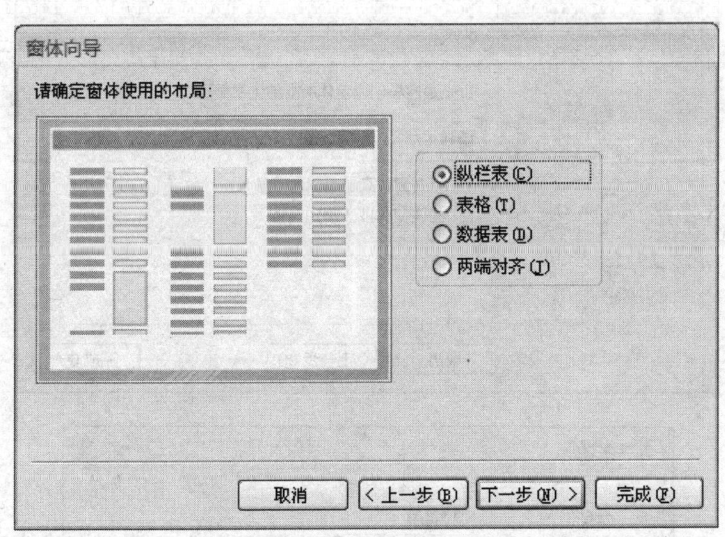

图 6-6　确定窗体的布局

这里选择“纵栏表”单选按钮，然后，单击“下一步”按钮，出现如图 6-7 所示的对话框。

（4）每一种布局的窗体都有许多样式，每种样式有不同的风格，有的样式有底图，使窗体更加美观，这里选用一种“Access 2007”样式，出现如图 6-8 所示的对话框。

（5）把窗体标题默认为“学生基本情况”，然后单击“完成”按钮。这样，就建立好了一个窗体。窗体上各个字段的显示控件格式直接采用表设计时指定的控件格式。也可以直接选择“修改窗体设计”单选按钮，调整窗体的布局。

打开窗体时，默认显示的是第一条记录。在该窗体中用户可以输入、修改、查询、打印记录数据。

窗体向导
请确定所用样式:
标签
数据
Access 2003
Access 2007
Northwind
Windows Vista
中部
丰富
凸窗
办公室
原点
地铁
城市
市镇
取消
< 上一步(B)
下一步(N) >
完成(F)

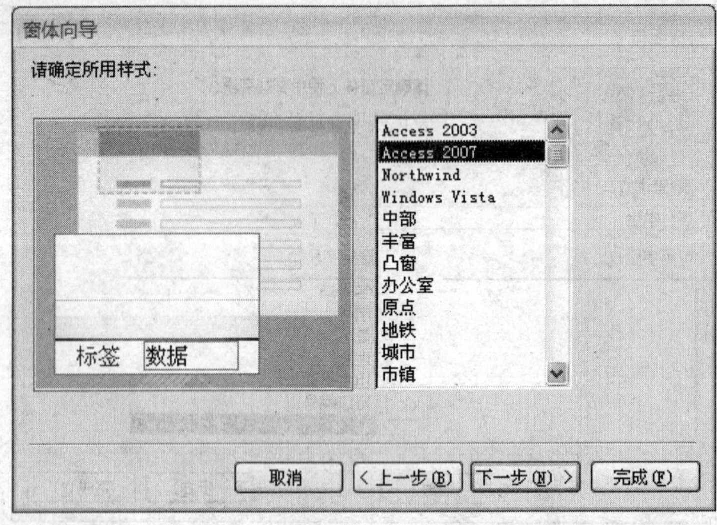

图 6-7　选择“Access 2007”样式

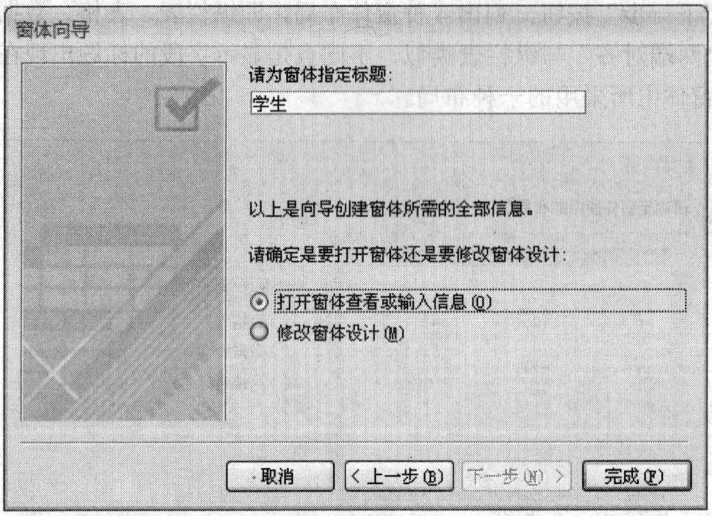

窗体向导
请为窗体指定标题:
学生
以上是向导创建窗体所需的全部信息。
请确定是要打开窗体还是要修改窗体设计:
打开窗体查看或输入信息(O)
修改窗体设计(M)
取消
< 上一步(B)
下一步(N) >
完成(F)

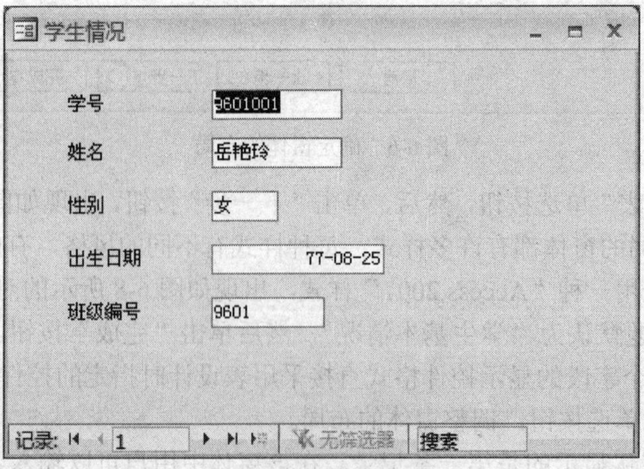

学生情况
学号
9601001
姓名
岳艳玲
性别
女
出生日期
77-08-25
班级编号
9601
记录:
1
无筛选器
搜索

图 6-8　设计好的窗体

6.4　使用窗体

6.4.1　运行窗体

1. 运行窗体

运行一个已存在窗体的方法是，先选择一个窗体，单击“打开”按钮，则 Access 运行显示这个窗体，显示第一条记录，并显示全部记录数，如图 6-9 所示。要注意的是，窗体当前的状态是编辑状态，可以对记录进行编辑修改。另一个打开窗体的方法是直接双击窗体。

关闭打开窗体的方法是：单击窗体的右上角的关闭按钮。

2. 窗体运行结构

窗体运行窗口结构与数据表窗口类似，窗体运行结构如图 6-9 所示，窗体就是一个窗口，具有普通窗口的标题栏、滚动条和控制按钮等基本要素，窗体与普通窗口的不同点是具有记录导航按钮和记录选定器。

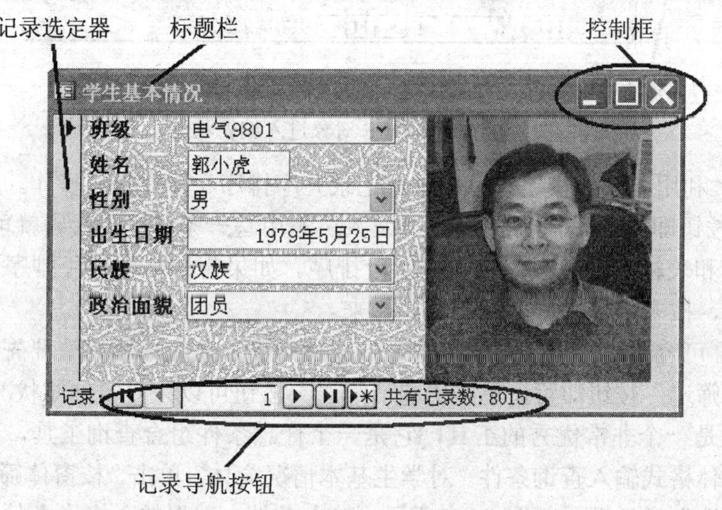

图 6-9　窗体运行结构

6.4.2　窗体基本操作

1. 窗体运行时相关的工具

窗体运行时 Access 提供了一些相关工具，如工具栏和菜单。打开窗体后，在工具栏位置显示与窗体运行操作有关的工具按钮。

2. 窗体基本操作

（1）记录导航与定位。在窗体中可以对记录进行各种操作，利用导航按钮可以添加新记录、移到第一条记录、移到前一条、移到后一条记录、移到最后一条记录和移到指定记录号的记录。窗体打开定位到第一条记录上。

单击“记录查找定位”按钮，在弹出的“查找和替换”对话框中输入条件，单击“确定”按钮完成定位操作。

（2）记录数据编辑。窗体打开的状态就是编辑状态，移动光标到需要修改的数据项上可以编辑数据。对数据项的编辑与在数据表视图中一样，可以进行复制、剪切、粘贴、删除、删除记录等操作。窗体与数据表视图的不同点是在窗体中 OLE 对象如照片字段，可以直接显示出来，双击 OLE 对象，进入编辑状态，如图 6-10 所示。

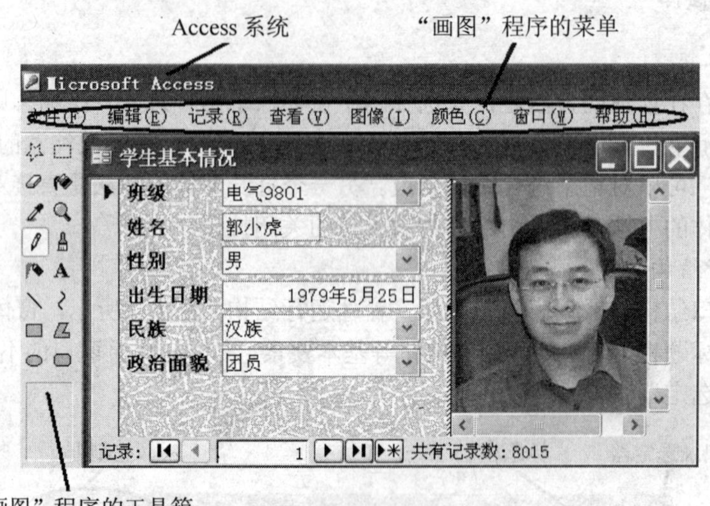

图 6-10　双击 OLE 对象进入编辑状态

（3）排序。利用工具栏按钮，可以进行记录升序排序、降序排序操作。选中要排序的数据项，单击排序按钮即可。操作非常方便，开发人员不用写一条计算机代码就可达到排序目的。

纵栏式窗体和表格式窗体只能按一个字段排序。如果想按多个字段排序，可以先切换窗体视图到数据表，按多个字段排序后再切换回来。

（4）筛选。可容易地按选定内容筛选、按窗体筛选。选定内容筛选要先选择好数据项，单击“选定内容筛选”按钮即可，单击“取消筛选”按钮可以恢复数据原状况。

按窗体筛选是一个非常优秀的工具，它是一个任意条件组合查询工具，而且按照用户习惯的数据操作窗体格式输入查询条件。对学生基本情况窗体，单击“按窗体筛选”按钮出现窗体的“按窗体筛选”对话框，如图 6-11 所示。输入条件，可以输入多个条件，条件之间关系是“AND”的在同一页中输入，条件之间关系是“OR”的在不同页中输入。输入完条件后单击“应用筛选”按钮，在原窗体中显示筛选后的记录。

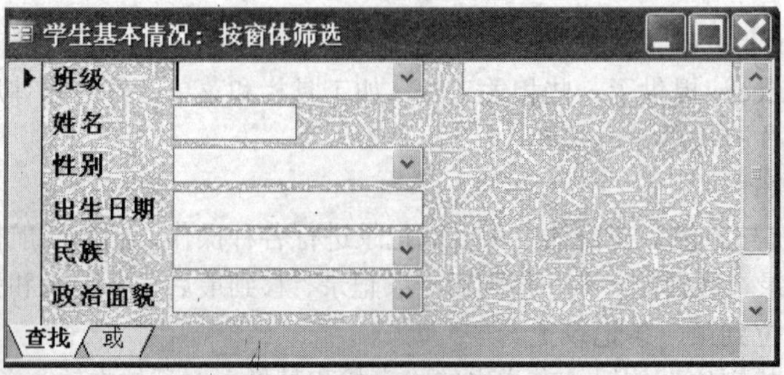

图 6-11　“按窗体筛选”对话框

（5）打印、打印预览。可以按窗体的原样打印数据，如果窗体较小，上下连续排列打印窗体，如图 6-12 所示。也可以不打印背景，只打印数据，在打印设置中选择“仅打印数据”复选框即可，如图 6-12 所示。

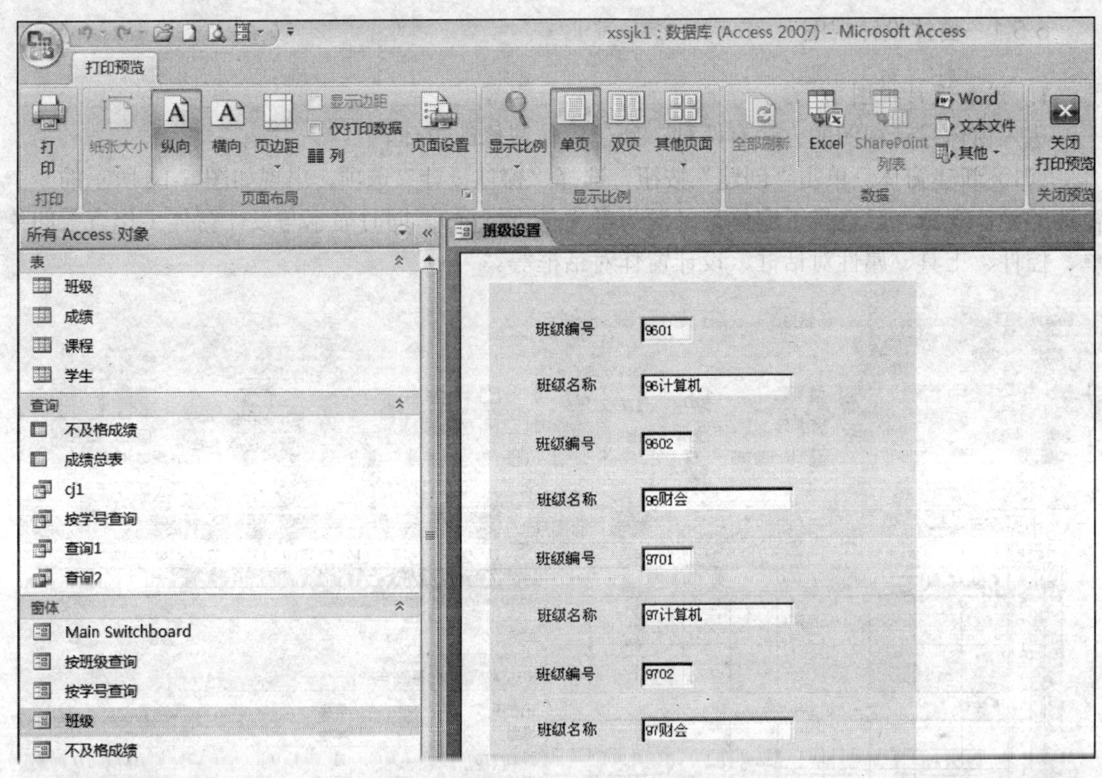

图 6-12　以下连续排列打印窗体

3. 窗体视图切换

窗体有 6 种视图，即设计视图、窗体视图、数据表视图、数据透视表视图、数据透视图视图和布局视图。打印预览也可以认为是一种视图，如图 6-13 所示。

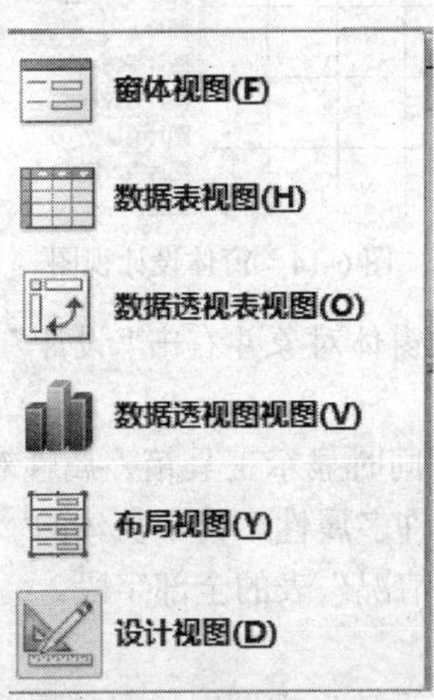

图 6-13　窗体的 6 种视图

6.5 用“设计视图”设计窗体

6.5.1 窗体设计视图

1. 进入设计视图

进入窗体设计视图的方法有两种：新建窗体或修改窗体。

（1）新建窗体。单击“创建”按钮，选择“窗体设计”选项，出现如图 6-14 所示的一个窗体的设计视图（已选择了窗体记录源为学生基本情况）。同时显示与设计窗体工作有关的菜单、控件、工具、属性对话框、设计窗体对话框等。

图 6-14 窗体设计视图

（2）修改窗体。选择要修改的窗体对象并右击“设计”按钮，可进入设计视图，如图 6-14 所示。

窗体中已有向导生成的控件，同时显示工具箱、属性对话框、设计窗体和字段列表对话框，在属性对话框中，显示窗体的许多属性，其中窗体的“记录源”是“学生基本情况”表。字段列表对话框列出了“学生基本情况”表的全部字段。

2. 窗体设计结构

新建一个窗体，进入窗体的“设计”视图时，只能看到窗体的主体部分，选择“视图”

→“窗体页眉/页脚”命令，则显示出窗体页眉、窗体页脚部分，如图 6-15 所示。

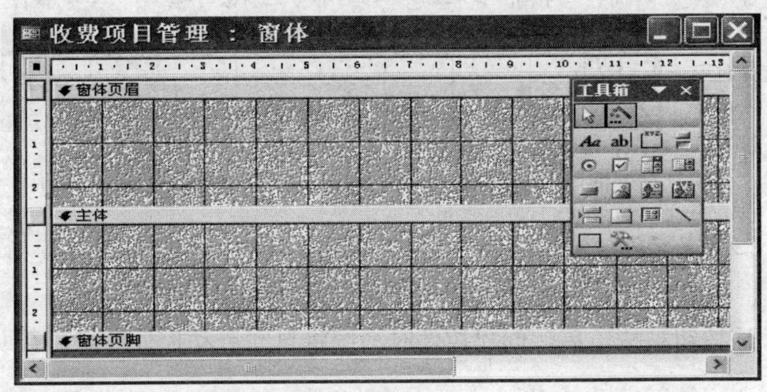

图 6-15　显示窗体页眉、页脚

在窗体的设计视图中可以看到，窗体从上到下是由窗体页眉、主体、窗体页脚等部分组成，每一部分又称为一个“节”。每个节都有特定的用途，并且按窗体中预见的顺序打印。

窗体页眉显示对每条记录都一样的信息，如窗体的标题。窗体页眉出现在“窗体”视图中屏幕的顶部及打印时首页的顶部。

页面页眉在每个打印页的顶部显示诸如标题或列标题等信息。页面页眉只出现在打印窗体中。

主体（也称为明细节）节显示记录，可以在屏幕或页上显示一条记录，也可以显示尽可能多的记录。最简单的窗体设计是只有主体节。

页面页脚在每个打印页的底部显示诸如日期或页码等信息。页面页脚只出现在打印窗体中。如果窗体也用于打印输出，则需设计页面页脚显示内容。

窗体页脚显示对每条记录都一样的信息，如命令按钮或有关使用窗体的指导。打印时，窗体页脚出现在“窗体”视图中屏幕的底部，或者在最后一个打印页的最后一个明细节之后。

因此，在窗体运行时，最多只能看到窗体的 3 个部分：窗体页眉、主体和窗体页脚，不能看到页面页眉和页面页脚，它们只在打印时显示。要显示的表或查询中的记录信息放在窗体中间的主体中。

6.5.2　设计工具

Access 窗体设计工具比较丰富，有的窗体类似一块画布，可以在上面画出各种图画。Access 还有其他设计工具，如控件、属性对话框、字段列表、标尺、网格、Tab 键次序对话框，还有格式菜单中的对齐菜单、叠放次序菜单。利用这些工具，可以设计出满足要求的窗体。

1．控件

设计一个窗体，实际就是把不同的“零件”——Access 称之为控件，放到窗体合适的部位，并定义它们的各个属性，常用的“零件”集中放在工具箱中，则弹出“工具箱”面板（如图 6-16 所示）。

工具箱是窗体设计的核心。在工具箱中包含以下几种工具。

对象选择器：（选择对象）用它来选择工具箱中的控件。单击选择对象，再单击工具箱中的控件，然后移动光标到设计窗体上并单击，则在窗体上放置了一个选中的控件。

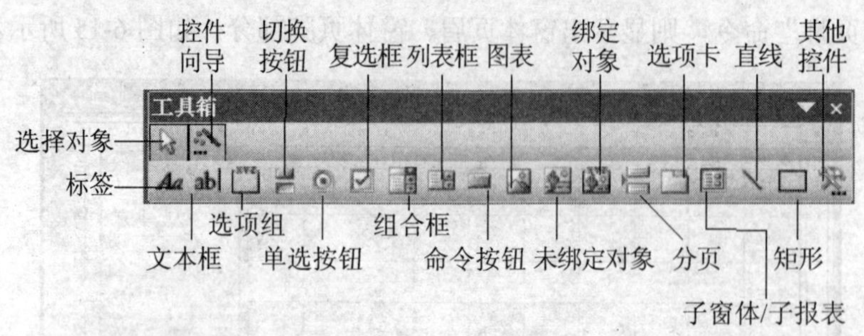

图 6-16 “工具箱”面板

控件向导：该按钮被按下后，创建控件时系统将自动启动控件向导，帮助用户快速地设计控件。

标签：用于显示固定的文本提示信息。

文本框：用来输入或显示文本、数字、货币、时间/日期、备注、超链接等数据的控件。

选项组：用来建立含有一组开关按钮或单选按钮的控件。

切换按钮、单选按钮、复选框：用于作为处理“是/否”类型数据的控件。

列表框：用来从一个列出的表中选择一个或多个数据项。

组合框：包括一个文本框和一个列表框的复杂控件，可以直接在文本框中输入数据或从一个下拉列表框中选择一项数据。

图表按钮：使用该工具可以向窗体中添加图表对象。

选项卡：用于创建一个多页的对话框。可以在选项卡控件添加其他控件。

子窗体/子报表：使用该工具可以在当前的窗体中嵌入另外一个窗体。

未绑定对象：使用该工具可以在窗体中添加一个来自支持 OLE（对象链接与嵌入）的应用程序对象，该对象不是来自基表中的数据。

直线：使用该工具画直线。

矩形：使用该工具可以画矩形，矩形可以为实心或空心。

分页：使用该工具可以在窗体中加入一个分页符，以表示窗体下一页的开始。

命令按钮：使用该工具可以在窗体中添加各种命令按钮，执行各种命令，激活宏和基本函数。

其他控件：用于在窗体中添加已经注册的 ActiveX 控件，可以在 Access 中采用其他供应商提供的 ActiveX 控件。

锁定或解锁工具箱工具：当工具箱工具处于锁定状态时，不必每次执行重复操作都单击该按钮。例如，如果要在窗体中添加多个标签，则可以锁定工具箱中的“标签”工具。若要锁定一个工具，可双击该工具。若要解除对工具的锁定，可按 Esc 键。

2. 属性对话框

整个窗体都有自己的属性，窗体中的每一部分如“主体节”都有一组属性，窗体中的每个控件都有一组属性。这些属性的定义是在各自的属性对话框中完成。不同类型的控件其属性对话框的属性项不同。当鼠标单击不同的控件（包括窗体）时，属性对话框的标题显示控件的名称，属性对话框的内容随着发生变化。

如图 6-17 所示，当前选择的是窗体上的控件“班级 ID”，属性对话框的标题显示的是“组合框：班级 ID”。表示该控件类型为组合框，控件名称为班级 ID，控件的数据来源是学生基本情况表的班级 ID 字段。

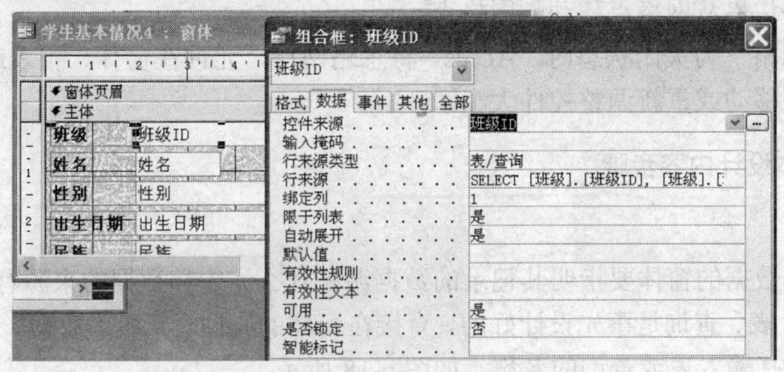

图 6-17　属性对话框显示标题为“班级 ID”

如果属性对话框没有显示出来，可从菜单中选择“视图”→“属性”命令显示属性对话框。

从图 6-17 中可以看出，属性对话框均有 5 个选项卡，即“格式”、“数据”、“事件”、“其他”和“全部”，其中“全部”选项卡列出了控件所有可用的属性。

“格式”选项卡：指定控件的外观，当进行移动控件、调整大小等操作时，格式中属性项的值自动改变，也可手工设置格式中属性项的值。

“数据”选项卡：指定窗体、控件数据的来源和数据显示格式。窗体的“记录源”是“学生基本情况”表。控件“姓名”的“控件来源”是姓名字段。

“事件”选项卡：当某个事情发生时的处理过程，需要“宏”的知识或 VBA 编程。将在后面章节介绍。

“其他”选项卡：包括控件名称等属性项。

“全部”选项卡：前面所有可用的属性。

3. 字段列表对话框

字段列表对话框列出了窗体记录源中的表或查询包含的全部字段，字段列表列出了窗体记录源中的表“学生基本情况”的全部字段。当窗体没有指定记录源时，字段列表是空白。

字段列表可以用于快速生成绑定控件，要在窗体中增加一个字段，只需简单地把字段列表中的字段拖到设计窗体上，Access 按字段在表中设计好的属性生成对应的控件，控件的一些属性继承了表中字段的属性。

4. 格式菜单

进入窗体设计视图，系统打开对应的菜单，用到了“视图”和“格式”菜单。“视图”菜单可以切换视图、确定是否显示字段列表框、Tab 键次序、代码、标尺、网格、工具箱、页面页眉/页脚、窗体页眉/页脚等。“格式”菜单用于对齐窗体上的控件和叠放次序。

5. 标尺

标尺用于辅助确定控件的位置和尺寸，移动或调整对象的尺寸时，标尺非常有用，拖动对象时，纵向和横向标尺的阴影会显示对象的尺寸和位置。要隐藏或显示标尺，选择“视图”→“标尺”命令。

6. 网格

标尺用于辅助确定控件的位置，如果“对齐网格”为打开状态，在通过单击窗体、报表或数据访问页来创建控件时，Access 将把控件的左上角对齐到网格。如果通过拖动来创建控件，Access 将把控件的 4 个角都对齐到网格。如果移动或重新调整已有的控件，Access 只允许将控件或控件边界从网格点移动到网格点。

当“对齐网格”为关闭状态时，Access 将忽略网格，允许在窗体、报表或数据访问页的任何位置放置、移动或重新调整控件大小。

6.5.3 窗体设计内容步骤

1. 数据源

对显示编辑数据的窗体要指明其记录的数据源是什么。窗体数据的来源有 3 类：表、查询和 SQL 命令。表、查询是事先设计好的，直接在窗体的属性对话框“数据”选项卡中的“记录源”数据项选择输入表或查询的名称，如图 6-18 所示。

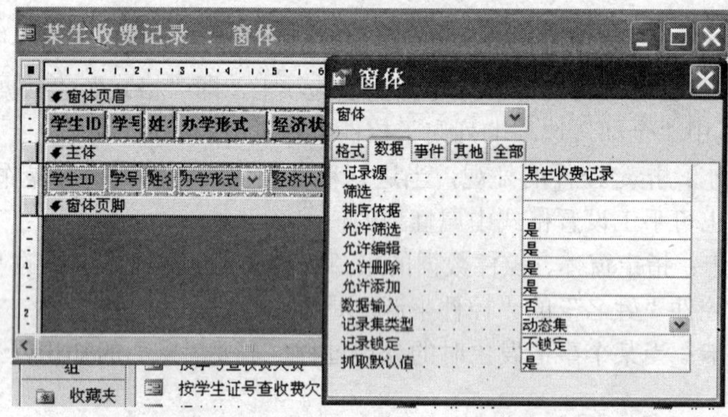

图 6-18 在“数据”选项卡的“记录源”中输入名称

与数据源有关的属性有“允许筛选”、“允许编辑”、“允许删除”、“允许添加”、“数据输入”、“记录集类型”、“记录锁定”和“抓取默认值”。

2. 窗体格式

影响窗体运行的外观有许多属性，图 6-19 所示为窗体格式属性页。

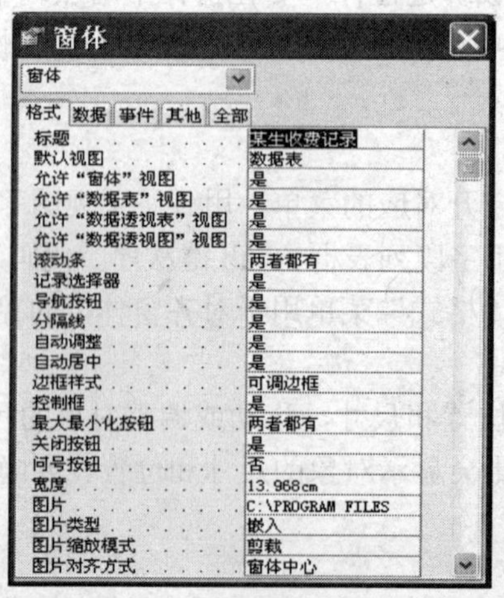

图 6-19 “窗体”格式属性对话框

6.5.4　其他属性

窗体“其他”属性如图 6-20 所示的“窗体”属性对话框的“其他”选项卡。

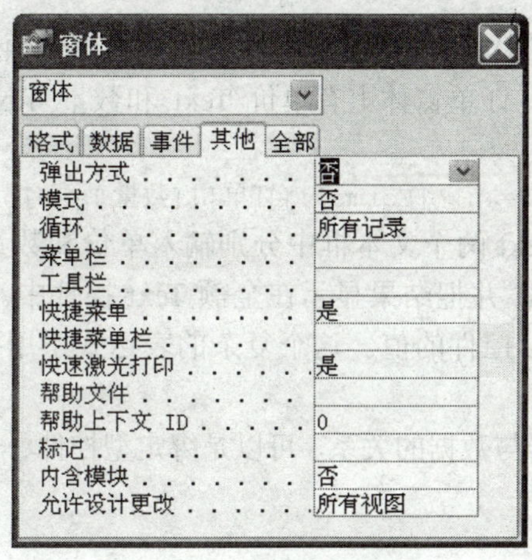

图 6-20　窗体的其他属性

6.6　窗体控件

6.6.1　控件类别

窗体设计的元素是控件，控件是指窗体中的一个对象，如文本框“学生 ID”和标签“学生 ID_标签”。在运行窗体时，在控件中输入数据和显示数据。控件有许多种，工具箱中列出了全部种类的控件。从控件与数据源的关系看，控件可以分成以下三大类：

（1）绑定型控件。

为控件指定了一个数据源且该数据源是表或查询中的一个字段，这类控件称为绑定型控件。窗体运行时，在向绑定型控件中输入数据后，该控件中的数据便会自动保存到数据源表的字段中。而当数据源表中的字段值发生变化后，窗体上控件的值也会发生变化。例如，姓名文本框控件是绑定型控件，绑定的字段是学生基本情况表的“姓名”字段。

（2）非绑定型控件。

没有指定数据源的控件为非绑定型控件。非绑定型控件分为两类：一类是没有控件来源属性而无法指定数据源，窗体运行时，从而不能向其输入数据，如标签控件、线条控件、矩形控件和图片控件；另一类是有控件来源属性但没有指定数据源的控件，如文本框，窗体运行时，可以向该类控件中输入数据，输入的数据保留到缓冲区中。

可以使用非绑定型控件显示文本，或者在窗体上使用它们来增强特殊效果，如窗体标题、字段标签等。例如，姓名文本框前的标签控件是非绑定型控件。

（3）计算型控件。

这种控件有控件来源属性，但这种控件的来源是表达式而不是表或查询的一个字段。表达式可以包含字段，也可以包含窗体运行上的其他控件时，计算型控件的值不能编辑，只用于显示表达式的值。当试图向计算型控件输入数据时，在 Access 状态栏显示“控件无法被编辑”。

例如，计算产品的金额，价格和数量变量是窗体数据来源的两个字段，在金额 Text 控件来源属性中输入表达式：

```
=[价格]*[数量]
```

金额 Text 控件根据记录的价格和数量字段，自动计算出金额数据并显示出来。

例如，计算产品的金额，订单窗体上有单价 Text 和数量 Text 两个文本框，在金额 Text 控件来源属性中输入表达式：

```
=[Forms]![订单]![单价 Text]*[Forms]![订单]![数量 Text]
```

当在单价 Text 和数量 Text 两个文本框中分别输入单价和数量数据后，在金额 Text 中自动计算单价 Text×数量 Text，并把结果显示在金额 Text 控件中。[Forms]![订单]![单价 Text] 表示订单窗体上的单价 Text 控件的值。这个复杂的表达式不用手写，用表达式生成器自动生成即可。

因此，同一个控件，根据与数据的关系，可以是绑定型控件、非绑定型控件或计算型控件。

6.6.2 控件向导

Access 提供许多类型的控件，每种类型的控件又有非常多的属性，初学者不便于掌握。利用 Access 提供的控件向导，按向导提示完成控件属性的设定是常用方法。步骤如下：

（1）单击工具箱的“向导”按钮。

（2）单击工具箱上要创建某一类型的控件，如文本框 ab|。

（3）在设计视图的窗体上，单击窗体，则向导指引读者完成创建某一控件工作。

不同类型的控件其向导都不同，用向导生成的控件有的是非绑定型控件有的是绑定型控件。对非绑定型控件，需要时，要指定控件的数据源，使其成为绑定型控件。简单的控件不需要用向导，复杂的控件采用向导可以大大加快工作效率。

6.6.3 标签控件

标签控件在窗体上用于显示描述文字，如标题。标签不接受任何输入，是非绑定型控件，当窗体从一个记录移到另一个记录时，它的值都不会发生改变。可以用任何字体和字体大小对其进行格式处理，标签的内容可以显示在单行或者多行上。系统没有提供生成标签的向导。

下面使用标签控件来创建窗体的标题，步骤如下：

（1）单击工具箱中的“标签”工具按钮 Aa。

（2）窗体上的“窗体页眉”中，单击要放置标签的位置。然后在标签上输入相应的文本，如“学生信息”，如果在标签上显示的文本超过一行，可以在输入完所有文本后重新调整标签的大小。

（3）修改标签的属性。单击工具栏中的按钮设置标签的字体、大小、颜色等属性。

（4）保存窗体。运行结果如图 6-21 所示。

6.6.4 文本框

文本框控件主要用于输入数据，当然也可以显示数据，但主要用于输入数据。用户可以在文本框控件中输入数据、编辑数据、删除数据。表中的许多数据类型字段使用文本框输入数

据，如数字、文本、日期、货币、备注、超链接字段数据类型都使用文本框输入数据。

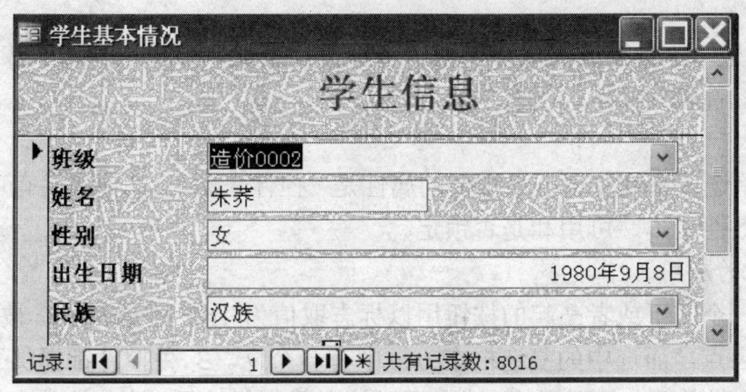

图 6-21　标签控件运行结果

1. 文本框的主要属性

文本框最重要的属性是“控件来源”，新建文本框后，对绑定型、计算型控件首先要在其属性对话框中指定其控件来源。其他的属性有可见性、输入掩码、默认值、有效性规则、有效性文本、可用、是否锁定和筛选查找。

2. 文本框的应用

文本框控件可以是绑定型、非绑定型或者是计算型控件。比起其他的控件，读者会较多地使用文本框控件。它们是窗体中功能最强大和最灵活的控件。

每一个文本框一般都应该有一个标签对其进行说明，提示用户输入的是什么数据，如标签“学生 ID_ Label”说明文本框“学生 ID”。

以图 6-22 为例，说明如何用向导添加文本框控件，步骤如下：

（1）进入窗体的设计视图。

（2）单击工具箱上文本框控件 abl，在设计视图的窗体上单山窗体，则出现文本框向导指引读者完成创建工作，在窗体上放置了一个文本框。

（3）绑定文本框到某一字段上，如简历，必须手工设置其控件来源属性。完成用向导添加文本框控件。

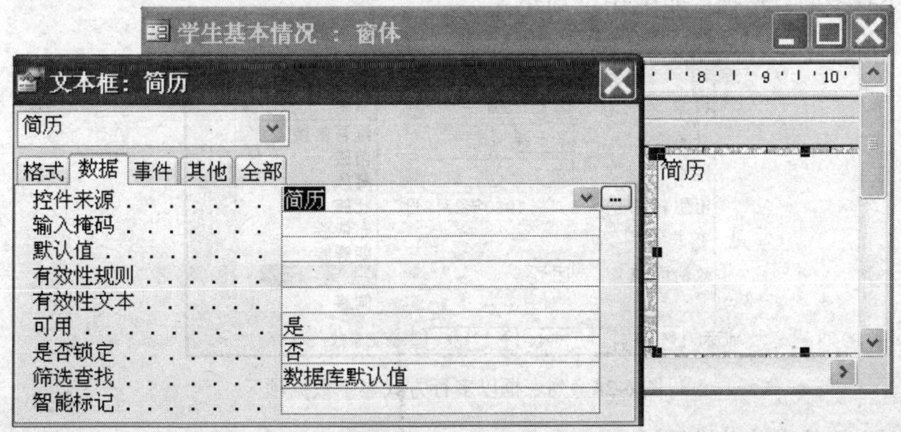

图 6-22　用向导添加文本框控件

6.6.5 复选框、单选按钮、切换按钮

对“是/否”型二值数据的字段可以使用多种控件来输入数据，有切换按钮、单选按钮及复选框，这 3 种控件较为简单，没有生成向导。

1. 主要属性

切换按钮、单选按钮及复选框最重要的属性是“控件来源”，其他属性有可见性、默认值、有效性规则、有效性文本、可用和是否锁定。

2. 切换按钮的应用

切换按钮有一个凹下或者凸起的按钮用以标志取值为 True 还是 False。被选中的单选按钮在圆圈中有一个圆点，而选中的复选框在方框中有一个 √。3 种控件都提供了选择“是/否”选项的方式，但是在视觉上是不同的，读者可以按自己喜好选择。这些控件当按钮取值为“是”时返回-1 值，当按钮取值为“否”时返回 0 值。

用 3 种控件设计的窗体示例如图 6-23 所示。

图 6-23 用 3 种控件设计的窗体示例

6.6.6 列表框

在输入数据的场合，如果数据项是从几个有限的数据中选择一个或多个，可以采用列表框，如输入班级数据，是从全部班级名单中选择一个班级名称；输入销售发票时，从商品列表中选择一些商品。列表框以多行方式显示出数据项，显示多列或一列数据。列表框的特点是一次可以显示较多的数据项，如图 6-24 所示。

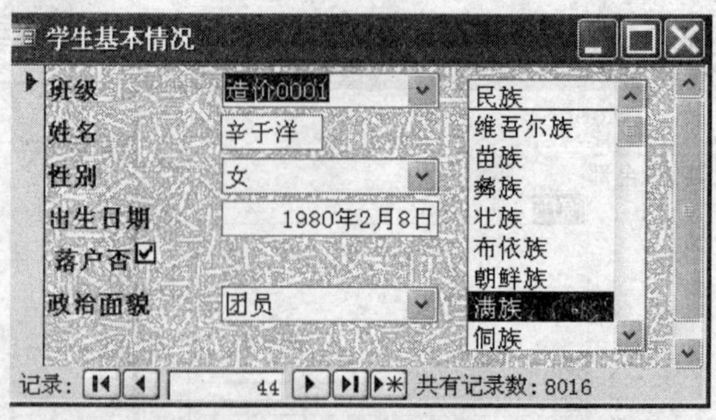

图 6-24 列表框以多行方式显示数据项

以上列表框的一些关键属性值如下：

- 行来源类型：表/查询。
- 行来源：是一个查询，查询的 SQL 命令是：

```
SELECT [民族].[民族 ID], [民族].[民族] FROM [民族];
```

- 列数：2，查询返回的列数。
- 绑定列：1，第一列是“民族 ID”字段。
- 控件来源：民族，列表框控件绑定到窗体记录源字段“民族”上。
- 列宽：0 厘米；2.54 厘米，列表框每列的宽度，第一列不显示，其列宽为零。

如果不用向导，手工建立一个列表框，必须手工输入以上属性数据项。

6.6.7　组合框

组合框结构由两部分构成，一是文本框，二是列表框。组合框正常显示时是带有一个箭头的文本框，当单击箭头时，它弹出一个列表框，显示所有可用的选项，用户从中选择一项数据，组合框收缩后在文本框中显示出选择的数据。也可在组合框的文本框中直接输入文本。当数据来自于一个有限的数据集合时，用组合框来输入数据。

与列表框不同的是，可以经常采用组合框显示数据。组合框显示时只有一行数据，输入时弹出一个列表框，不占用窗体的正常空间，占用的空间比列表框少。缺点是输入数据比列表框多了一步单击操作。还有一项不同是组合框不可以多项选择。

1. 组合框的主要属性

（1）行来源类型。使用该属性指定列表中数据来源的类型，行来源类型有“表/查询”、“值列表”和“字段列表”。最经常使用的行来源类型是“表/查询”，即列表中的数据来自一个表或查询；“值列表”需要列出有限的数值；“字段列表”是列表中的数据来自一个表或查询的全部字段名称。该属性与“行来源”属性一同使用。

（2）行来源。如果“行来源类型”设为“表/查询”，则在“行来源”指定一个表、查询或 SQL 语句的名称。如果“行来源类型”设为“值列表”，则在“行来源”输入多个数据项，数据项之间以分号隔开。如果“行来源类型”设为“字段列表”，则指定表或查询的名称。

（3）列数。列表框处理的列数，列表中处理的列和显示的列数可能不一样，关键列可能隐藏起来。可以通过将“列宽”属性设为 0，使某一列包含在列表中但并不显示出来。

（4）绑定列。在“行来源”中指定了列表框，如果只有一列数据，则在列表框选择一项数据时返回选中的数据项。经常遇到的情况是多列列表框，返回的是关键列的值，关键列经常是隐藏的。在行来数据包含多列数据项时，指定哪一列作为返回的是关键列的值，与“控件来源”属性中指定的基础字段绑定。当在列表中选择一项时，该列中的数据将存储在字段中。利用列表框这个控件，用户也不必记住代码，直接选择输入。

2. 组合框的应用

利用组合框实现记录定位。以学生基本情况表为例，步骤如下：

（1）新建窗体，进入窗体的设计视图，设置窗体属性记录源为学生基本情况表。

（2）单击工具箱上组合框控件，在设计视图的窗体上单击窗体，则出现组合框控件向导（如图 6-25 所示），选择“在基于组合框中选定的值而创建的窗体上查找记录”单选按钮，单击“下一步”按钮。

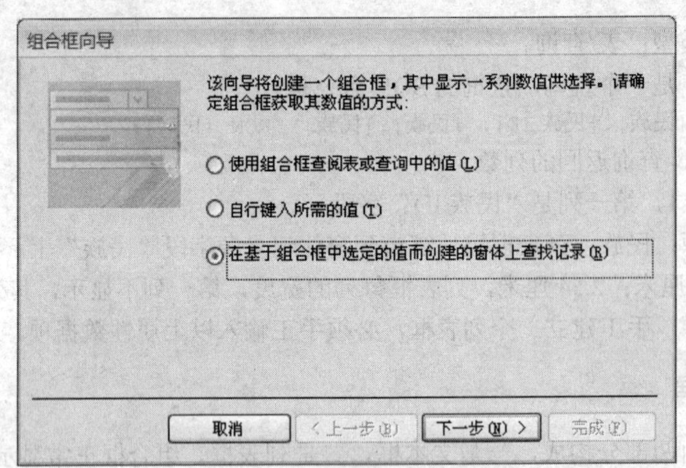

图 6-25 “组合框向导”对话框

（3）如图 6-26 所示，在窗体的数据源选择为组合框控件提供查找的字段名，选择“姓名”字段，单击“下一步”按钮。

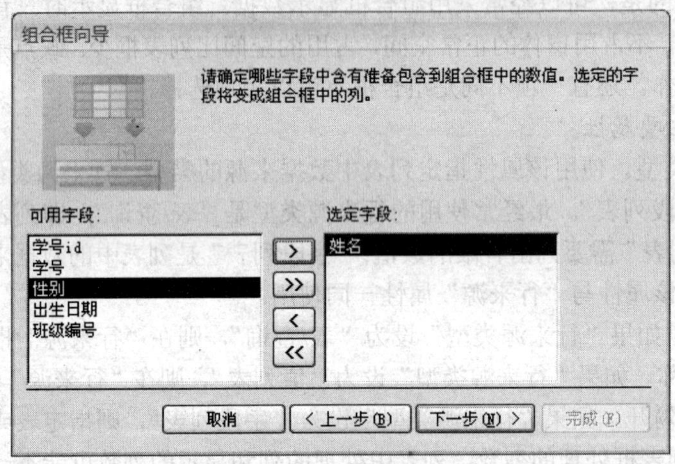

图 6-26 选定“姓名”字段

（4）以下的步骤与列表框向导一样。最后，完成组合框的设置。运行结果如图 6-27 所示，当在姓名组合框选择一位学生后，自动把记录定位到该学生处，窗体上显示的数据重新刷新。

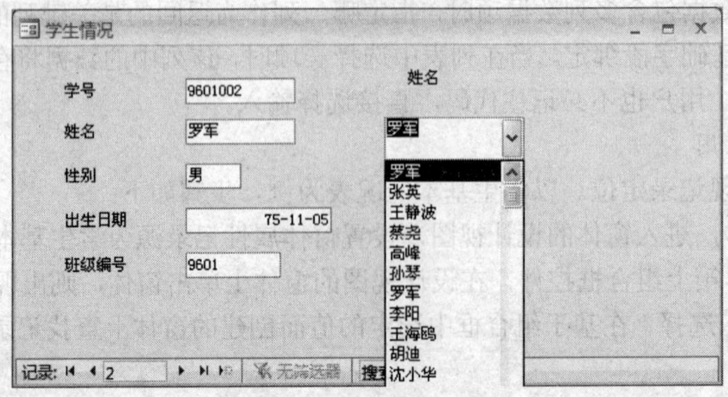

图 6-27 运行组合框结果

6.6.8　命令按钮

一般情况下，对窗体的操作用导航按钮即可以满足简单要求。如果想自己定制操作，使用命令按钮来完成定制操作，比如在当前窗体中打开另一个窗体、打开相关的报表、自动拨号、启动其他应用程序（如计算器）等；或者用户想改变控制的风格，可以自己定义与导航按钮同样功能的命令按钮。

1．命令按钮的主要属性

（1）标题：命令按钮上的提示信息，提示用户的操作内容。

（2）图片：命令按钮也可以不用标题，用直观的图片作为提示信息。

（3）单击事件：单击该命令按钮时执行的命令序列。

2．常规命令按钮的应用

可以用向导设计命令按钮，部分命令按钮的操作需开发人员编写命令（宏命令、VBA 命令）。先学习如何用向导添加命令按钮，后面章节讲述怎样编写宏命令和 VBA 命令。建立一个查询信息的窗体，不输入行记录和编辑数据，有记录导航和查询功能。步骤如下：

（1）新建一个窗体，进入窗体的设计视图，记录来源是“学生基本情况”，增加一些显示数据的控件。

（2）单击工具箱上命令按钮控件，在设计视图的窗体上单击窗体，则出现命令按钮向导（如图 6-28 所示），左边列表显示了按钮产生动作的类别，右边按钮表示该类别所有的操作。选择“记录导航”类别，并选择“转至下一项记录”操作，单击“下一步”按钮。

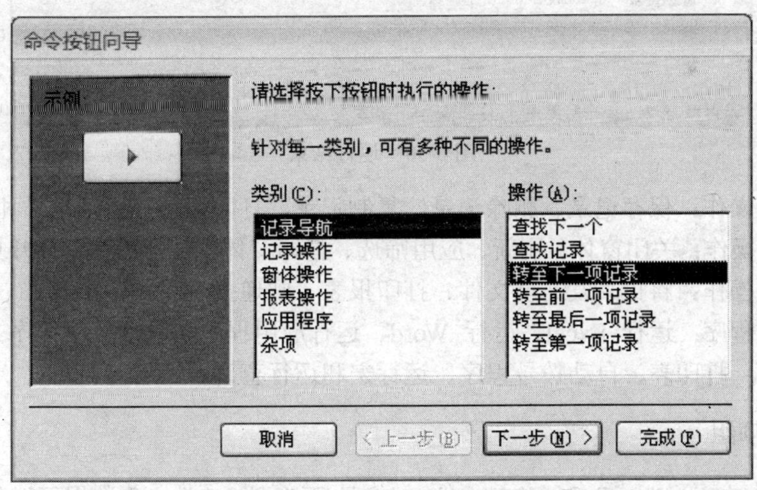

图 6-28　“命令按钮向导”对话框

（3）在图 6-29 中，确定在命令按钮上显示文本还是图片。图片是系统图片，也可以自己制作图片。单击“下一步”按钮，直至完成。重复（2）～（3）步骤，设置其他的命令按钮。运行结果如图 6-30 所示。

命令按钮向导可以生成常用的操作，分为六大类，分别是：

（1）记录导航：查找下一项、查找记录、转至下一项记录、转至前一项记录、转至最后一项记录和转至第一项记录。

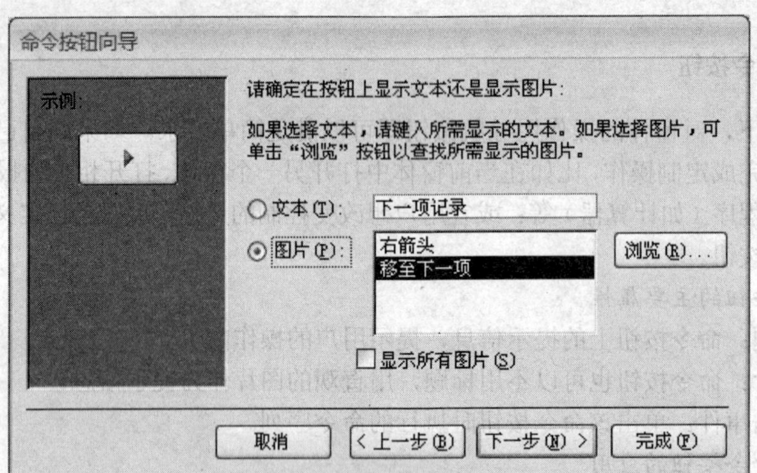

图 6-29　确定命令按钮上显示文本还是图片

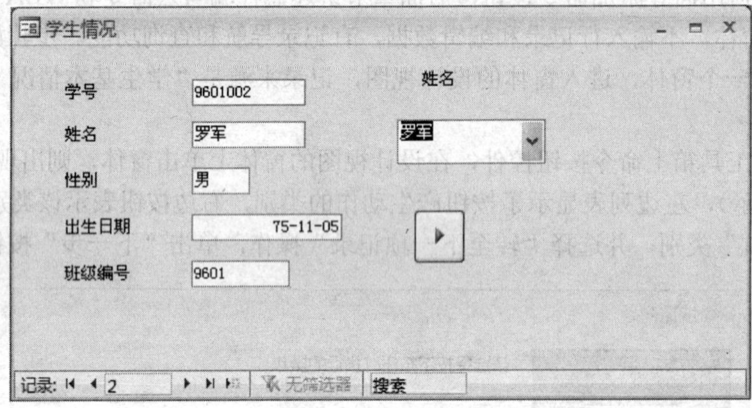

图 6-30　运行结果

（2）记录操作：保存记录、删除记录、复制记录、打印记录、撤消记录和添加记录。

（3）窗体操作：关闭窗体、刷新、应用筛选、打印窗体、打开窗体、打开页和编辑筛选。

（4）报表操作：将报表发送至文件、打印报表、邮递报表和预览报表。

（5）应用程序：运行 Excel、运行 Word、运行应用程序和退出应用程序。

（6）杂项：打印表、自动拨号程序、运行宏和运行查询。

6.6.9　选项组

选择性输入有“二选一”和“多选一”，对“是/否”型“二选一”数据可以使用切换按钮、单选按钮及复选框；对于“多选一”，可以采用列表框和组合框。对于选择性输入也可以采用选项组控件，该控件不仅可以用于“二选一”，也可以用于“多选一”。

1．主要属性

选项组是个复合控件，选项组里的选项可以由切换按钮组成，或者是由单选按钮组成，或者是由复选框组成。选项组的属性包括两层：第一层是整个组的属性；第二层是其各个组成成分的属性。如果选项组由复选框组成，第二层就是复选框的属性。

选项组的主要属性是“控件来源”。属性“控件来源”指明整个选项组绑定的控件，虽然选项组里可以有许多选项，但整体上只有一个选项返回选中结果，因此整个选项组只需指定一个“控件来源”。

选项组的第二层主要属性是“选项值”，是选中该项时返回的数值或代码。

选项组的其他属性有可见性、默认值、有效性规则、有效性文本、可用和是否锁定。

2. 选项组的应用

用向导生成一个选项组，用于输入学生基本情况的性别，如图 6-31 所示。

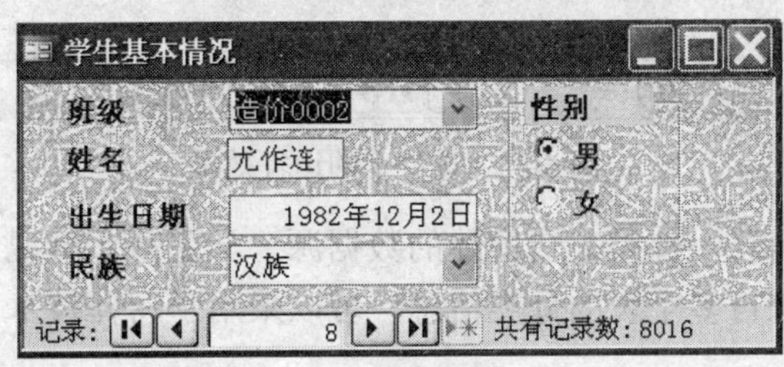

图 6-31　选项组的应用

6.6.10　选项卡

为了在窗体上显示更多的分类信息，可以采用选项卡控件。选项卡包含多页，每页显示一种类别的数据，所有页占据窗体上同一块区域，在每一页的标题上显示信息类别，在同一时刻只有一个活动页。单击页标题可激活相应页。每一页是个容器，可以像窗体一样容纳其他的控件。

1. 主要属性

选项卡初始建立时只有两页，右键单击选项卡，弹出快捷菜单，快捷菜单包含以下选项：插入页、删除页、页次序。利用快捷菜单，可以插入页、删除页和调整页间的次序。

选项卡是个复合控件，有整个选项卡的属性，对每一页也有其各自属性。选项卡的整体属性主要有以下几种：

样式：有 3 种样式，“选项卡”、“按钮”、“无”。“选项卡”是默认设置，选项卡显示为选项卡；“按钮”设置选项卡显示为按钮；“无”设置不显示选项卡。

对每一页，其属性有：

标题：选项卡初始建立时只有两页，标题分别是“第一页”、“第二页”。用户需要按信息类别设置标题。

图片：在页标题位置显示的位图图片，是可选项。

页索引：页的顺序号，从零开始。

2. 选项卡的应用

以学生基本情况表为例，说明生成一个选项卡，步骤如下：

（1）新建一个窗体，进入窗体的设计视图，记录来源是“学生基本情况”。

（2）单击工具箱上选项卡控件，在设计视图的窗体上单击窗体，则出现选项卡。

（3）右击选项卡，在弹出的快捷菜单中选择“插入页，插入一页选项卡”命令。

（4）修改每一页的标题，分别为“个人基本信息”、“个人党团关系”、“社会关系”，并加上图片。

（5）在每一页，拖动字段到每一页上。运行效果如图 6-32 所示。

图 6-32　选项卡的运行效果

每一页显示的分类信息，都是来自窗体的数据源“学生基本情况”，不能来自不同的表。要想在一个窗体中显示来自多个表的分类信息，可以采用子窗体技术。

6.6.11　绑定对象框和未绑定对象框

在 Access 中借助 OLE 技术可以直接处理其他程序的处理文档，如可以处理 Word 文档、Excel 电子表格和照片等。OLE 最初的含义是指在程序之间链接和嵌入对象数据（Object Link Embeded），它提供了建立混合文档的手段，使得用户能够很容易地协调多个应用程序完成混合文档的建立。利用 OLE 自动化技术，可以实现软件的一次开发和多次利用，这也是集成组件的关键技术。与 OLE 有关的基本概念有容器。容器是一个客户程序，它具有申请并使用其他 COM 组件通过接口为其他程序实现的功能。例如，在 Access 中处理 Word 文档，Access 就是容器。

6.6.12　其他控件

Access 本身提供的控件不多，但可以使用其他软件提供商提供的 ActiveX，以增强窗体设计功能和数据库应用系统的能力。使用 ActiveX，可以大大扩充 Access 的应用范围。

ActiveX 控件是由软件提供商开发的可重用的软件组件。使用 ActiveX 控件，可以很快地在台式应用程序、网址及开发工具中加入特殊的功能，如动画控件可用来加入动画特性。

ActiveX 控件被开发出来后，设计和开发人员就可以把它当作装配的半成品——比如发动机总成，用于开发客户程序——各种汽车。以此种方式使用 ActiveX 控件，使用者无需知道这些组件是如何开发的，在很多情况下，甚至不需要自己编程，就可以完成应用程序的设计。

1. 注册 ActiveX 控件

使用 Access 不包括的 ActiveX 控件，如果该控件还没有注册过，可以在 Access 中注册，过程如下：

（1）在 Access 的“工具”菜单中选择“ActiveX 控件”命令。

（2）在弹出的“ActiveX 控件”对话框中单击“注册”按钮，如图 6-33 所示。

（3）在弹出的“添加 ActiveX 控件”对话框中，指定到控件的路径，单击“确定”按钮。

（4）单击“关闭”按钮。

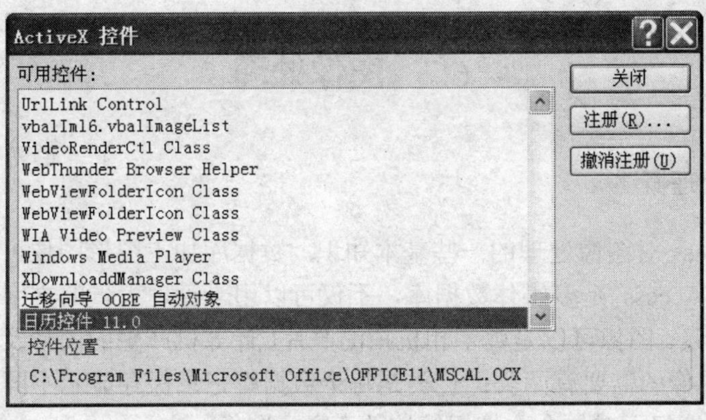

图 6-33　“ActiveX 控件”对话框

2. 添加 ActiveX 控件

以采用日历控件输入学生出生日期为例，说明如何使用 ActiveX 控件。步骤如下：

（1）在“设计”视图中打开窗体。

（2）单击工具箱中的“其他控件”工具按钮，Access 弹出一个列表，显示出全部的可用 ActiveX 控件，在列表中单击“日历”控件。

（3）在窗体中，单击“日历”控件要放置的位置。

（4）确认已经选中了控件，然后单击工具栏中的“属性”按钮，对所需属性进行设置，把“控件来源”属性设置为“出生日期”字段。

（5）窗体运行效果如图 6-34 所示。日历控件不仅可以直观显示日期，还可以输入日期。

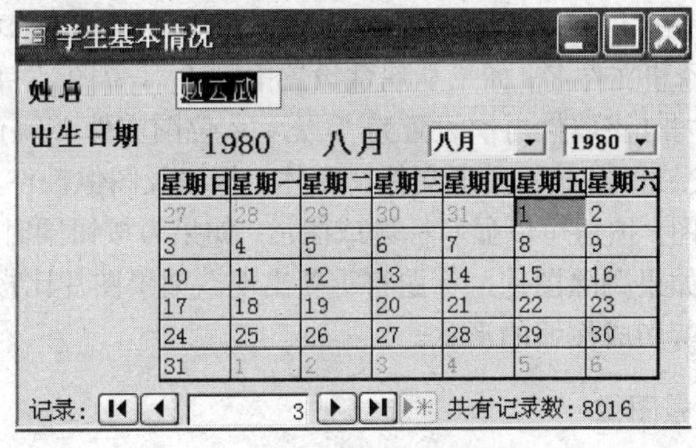

图 6-34　窗体运行效果

6.6.13　直线矩形

为了在窗体上更清楚地显示信息，采用直线和矩形控件，以分割和突出控件，对于直线属性主要有以下几种：

（1）特殊效果。直线的特殊效果有以下选项：平面、凸起、凹陷、蚀刻、阴影、凿痕。

（2）边框式样。直线的边框式样有透明、实线、虚线、短虚线、点线、稀疏点线、点画线、点点画线、双实线。

（3）边框宽度。直线的边框宽度有细线，1～6 磅。

（4）颜色。用颜色对话框设置。

6.7 图像处理

6.7.1 图像处理概述

首先介绍 Access 对图像处理的一些基本知识。数据库加上图形图像可以使应用系统非常生动、活灵活现，Access 是多媒体数据库，不仅可以用于管理大量的文字数字数据，也可以用于管理多媒体信息。图像可以是数字相机拍的照片、计算机产生的图形及用扫描仪扫描的图片，Access 中对图像的需要有两类：一类是每个数据库记录保存显示不同的图像；另一类是窗体、报表、数据访问页或如命令按钮等控件上显示图像。

对图像的处理设计有 3 个方面的问题：一是图像采集，目前大部分用数码相机采集，如新生入学对每位学生进行拍照；二是存储方式，如对每位学生的照片采用文件存储的，一个学生一个照片文件；三是显示方式。Access 只研究后两个问题。

图像显示可以分为 3 种类型，一是采用“绑定对象框”控件显示数据库记录中保存的图像；二是用“图像”控件在窗体或报表上显示非数据库记录中保存的图像；三是采用“图片”属性对窗体、报表、命令按钮、图像控件、切换按钮和选项卡控件显示背景图片，不用采用图形显示控件，在“图片”属性中指明图像存放的路径。

6.7.2 图像主要属性

使用“图片”属性指定显示在命令按钮、图像控件、切换按钮、选项卡控件的页上，或当作窗体或报表的背景图片的位图或其他类型的图形。在图形被载入对象之后，属性设置是“(位图)”或图形的路径和文件名。如果从属性设置中删除“(位图)”或图形的路径和文件名，图片将从对象中删除，同时该属性再次设置为“(无)”。位图文件必须有.bmp、.ico 或.gif 扩展名，也可以使用.wmf 或.emf 格式的图形文件。窗体、报表及图像控件支持所有图形。命令按钮和切换按钮仅支持位图。按钮可以显示标题或图片。如果为按钮同时指定标题和图片，则图片可见而标题不可见。如果删除图片，标题将重新出现。如果图片比按钮大，则 Access 会将图片放在按钮的中央并剪切成按钮的形状。

6.7.3 设置窗体背景图像

给窗体设置一幅背景图像可以使窗体更加美观吸引人，添加背景图像时，窗体中的其他控件都位于图像上面。设置窗体背景图像不需要控件，直接在窗体的属性中设置一些参数即可。

6.7.4 设置命令按钮、切换按钮和选项卡背景图像

给报表、命令按钮、图像控件、切换按钮和选项卡控件设置背景图片与以上步骤类似，只是命令按钮、切换按钮和选项卡控件背景图片类型只能是位图。

6.7.5 图像控件

对窗体、报表、命令按钮、切换按钮和选项卡控件显示背景图片，不必采用图形显示控件。在窗体中显示图像，还可以采用控件技术。用于图像处理显示的控件可以是绑定对象框、

非绑定对象框和图像控件。

对记录中保存的图像，用绑定对象框显示，当记录指针移动时，显示不同的图像。对于窗体显示的与记录无关的图像，如果作背景，采用窗体属性设置，如果在窗体某部位显示图像，采用图像控件。虽然也可以用非绑定对象框，而采用图像控件显示效率更高，图像控件可以快速加载，且可以处理更多的图形文件格式。

用图像控件显示图像的设计步骤如下：

（1）新建一个窗体。

（2）在工具箱中，单击“图像”工具按钮。

（3）指向窗体中要显示图像的位置，然后单击在窗体上放置控件，显示“插入图片”对话框，属性页将显示图像控件的属性。

（4）在“插入图片”对话框中浏览到要显示的图像。选中该图像，单击“确定”按钮，如图 6-35 所示。

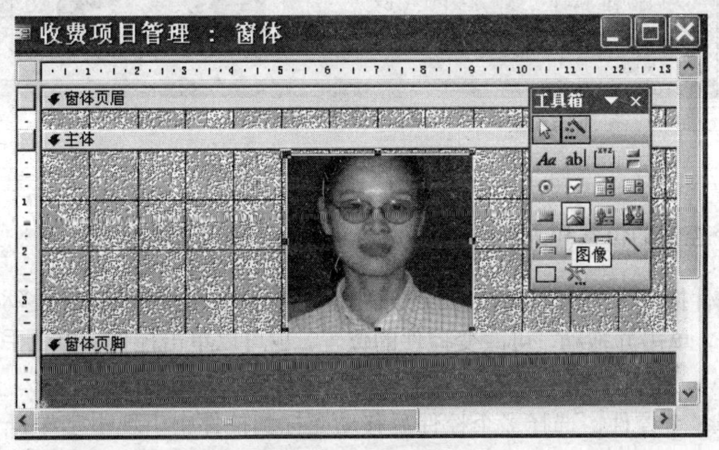

图 6-35　插入图片

（5）在图像的属性页上，单击“格式”选项卡，并设置图像的属性。

（6）设置其他属性，然后单击“保存”按钮以保存更改。

用绑定对象框显示记录中保存的图像，采用窗体向导生成的窗体，如果数据来源包含 OLE 类型字段，则自动生成绑定对象框，用于显示 OLE 类型字段中的图像，需要对该绑定对象框进一步调整大小和设置一些属性。

6.8　编辑窗体

设计窗体时，一般先用向导快速生成一个窗体，然后对其进行修改编辑，改变控件的布局、大小、颜色、字体、对齐方式、Tab 键顺序、添加控件、删除控件并改变控件的其他属性等。

6.8.1　选择控件

对控件进行操作前要先选择控件，单击一个控件可以选择该控件，在一个控件框的周围出现 8 个控制点时，左上角是移动控制点，其他 7 个是大小控制点，出现控制点后该控件便被选取了。如果控件有附属标签，选择该控件的同时也选择了附属标签，附属标签左上角只出现一个移动控制点，如图 6-36 所示。如果要选择多个控件，应按下 Shift 键并单击想要选择的所有控件。也可以用鼠标拖动，方框内包含的控件便被选择。被选择的多个控件出现多于 8 个的控制点。

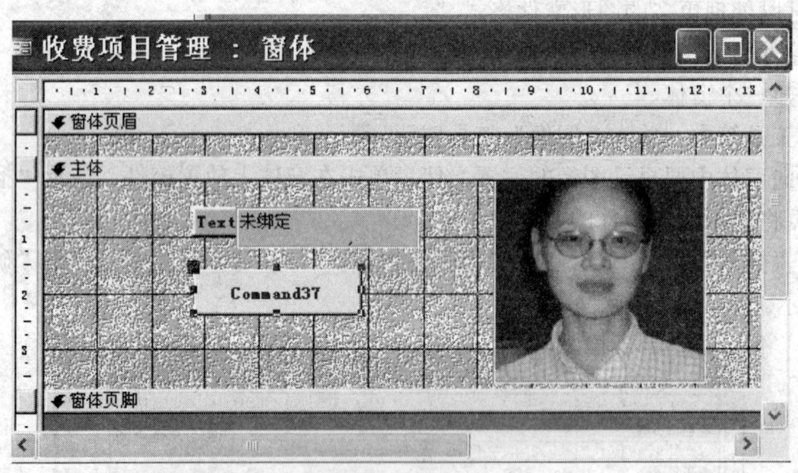

图 6-36　选择控件

6.8.2　单个控件的位置和大小

可以单个控件拖动。单击控件，在该控件框周围会出现 8 个控制点，移动光标到控制点，出现手指形符号，单击并拖动，可改变控件的位置。也可以单击控件，出现手掌形符号，直接拖动控件。

也可以选择多个控件，选择多个控件后移动光标到控件中出现手掌形符号后即可拖动，拖动到适当位置直到满意为止。

使用大小控制点调整控件范围的大小，移动光标到某一大小控制点，出现双箭头符号后，单击拖动鼠标可以改变控件的大小。

6.8.3　多个控件相对位置和大小调整

对于选择的多个控件，可以调整它们整体的相对位置和大小，从“格式”菜单中，可以看到多个控件相互关系有对齐、大小、水平间距和垂直间距。选择对齐方式，有 5 种对齐方式，即靠左、靠右、靠上、靠下和对齐网格。

多个控件大小关系有正好容纳、对齐网格、至最高、至最短、至最宽、至最窄。水平间距和垂直间距都有以下关系：相同、增加和减少。

对多个控件调整好以后，不想误改其相对关系，可以把它们作为一个整体。选择好控件后，单击“格式”菜单的组合菜单项可达到此目的。选择取消组合可以打开组合关系。

6.8.4　删除控件

要删除控件，选择欲删除的控件，按 Delete 键即删除，若想马上恢复删除的控件，从“编辑”菜单中选择“撤消删除”命令即可。可以连续删除、连续恢复。

6.8.5　添加控件

添加控件的步骤如下：

（1）新建一个窗体，进入窗体的设计视图。设置窗体属性记录源为“学生基本情况”。

（2）在字段列表中选择一个或多个字段，按住鼠标左键，将相应的字段拖到窗体上。如拖动姓名、性别两个字段，如图 6-37 所示。在窗体上生成 4 个新控件：两个标签、一个文本框、一个复选框。Access 根据表中字段数据类型的不同，自动生成不同类型的控件。同时，把需要有数据源的控件绑定到对应的字段上，不用读者手工设定控件的数据源——控件来源属性。如文本框控件“姓名”的控件来源属性当前值是姓名字段。

对直接从工具箱生成的控件，如果要绑定到某一字段上，必须手工设置其控件来源属性。

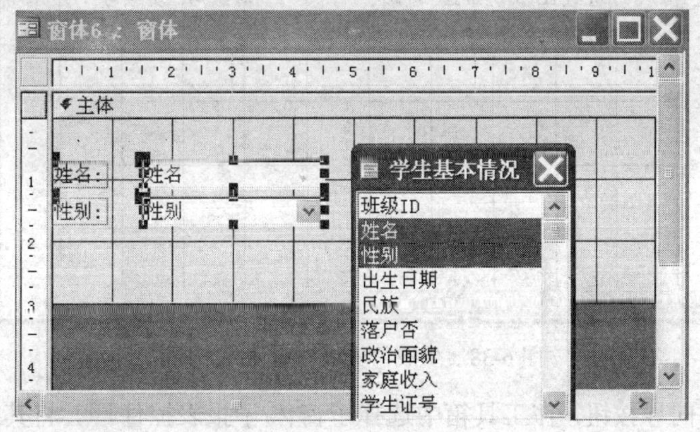

图 6-37　添加控件

（3）调整这些控件的位置、形状和属性。

进一步，可以对窗体、控件进行美化，如控件显示的特殊效果、控件的字体类型、字体大小、字体颜色、字体下划线和控件边框等。

6.9　子窗体

前面几节介绍的窗体设计，其特点是一个窗体只能有一个记录来源，窗体的数据只能来自一个表或一个查询，有时需要在同一个窗体中显示多个表的内容，如在显示某学生信息的同时显示该学生的交费、学习情况，学生信息、学生的交费和学习情况是来自不同的表，用户可以使用子窗体技术来到达此目的。主/子窗体技术用于在窗体中显示来自多个表中的数据，主/子窗体技术是在一个窗体中嵌入其他的窗体。主/子窗体不仅用于显示数据，而且可以用于更复杂的情况，如可用于输入、编辑数据、查询数据。

比如，有时一笔完整业务对应一个表的一条记录，如学生基本情况表，一个学生档案对应表中一条记录，这种数据的输入、编辑、显示用简单的一个窗体处理即能满足要求。而复杂情况下，一笔业务必须存放到两个或两个以上的表中，即表间关系是一对多关系，如发票、记账凭证、出库凭单、学生交款单。输入一笔业务必须同时向两个表中输入数据，在一个表中输入一条记录，在另一个表中至少输入一条记录，输入的记录数不确定。主/子窗体可以用于处理这种问题。

子窗体是窗体中的窗体。基本窗体称为主窗体，主窗体是子窗体的容器。窗体中的窗体称为子窗体。一般设计过程是先设计子窗体，再设计主窗体，最后定义主/子窗体的链接关系。用窗体向导可以同时设计出主窗体和子窗体。

下面以显示班级中全部学生名单为例说明如何设计主/子窗体。

（1）用窗体向导生成班级窗体作为主窗体，并调整其布局，结果如图 6-38 所示。

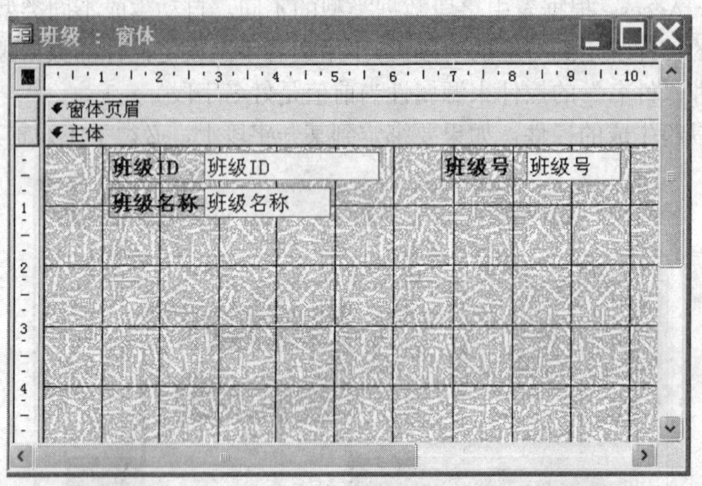

图 6-38 生成“班级”窗体并布局

（2）选定控件向导按钮，在工具箱中选择子窗体/子报表控件，将其放置在最下部。显示如图 6-39 所示的“子窗体向导”对话框。该对话框列表框中显示的是数据库中的现有窗体。

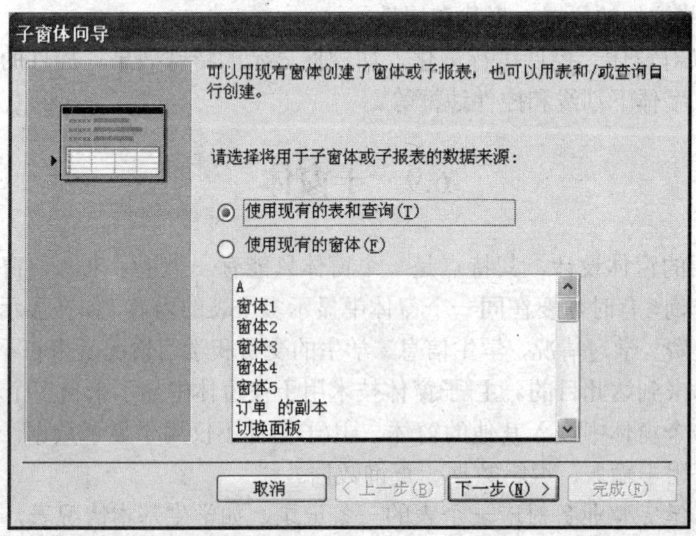

图 6-39 “子窗体向导”对话框

选中“使用现有的表和查询”单选按钮可以创建新的子窗体，并且将其添加到已有的窗体中；或者选中“使用现有的窗体”单选按钮，将已有的窗体添加到现有的窗体中。选中“使用现有的表和查询”单选按钮，单击“下一步”按钮，如图 6-40 所示。

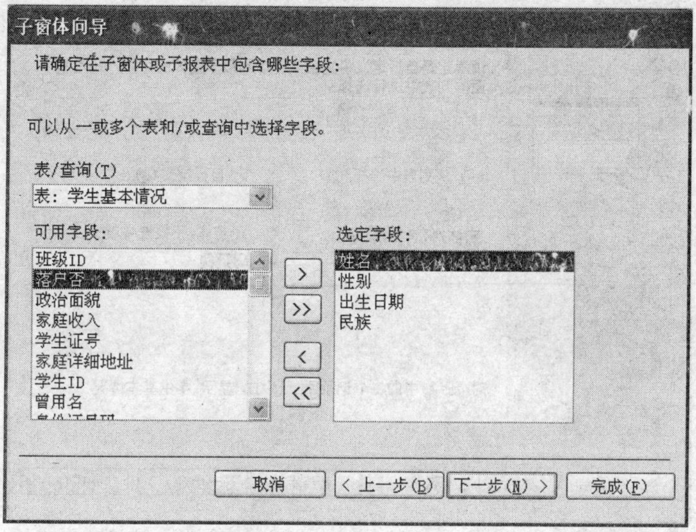

图 6-40　确定窗体或报表中包含的字段

（3）　在图 6-41 中，选择表“学生基本情况”，并选择相应字段。

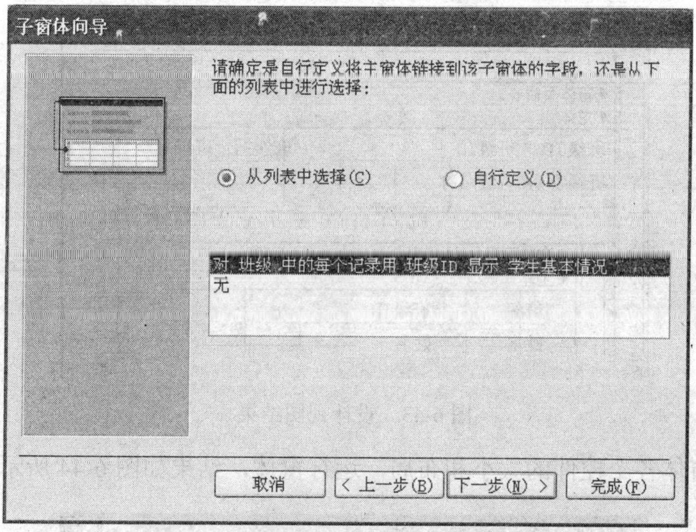

图 6-41　选择字段

（4）选择主窗体与子窗体的连接字段。主窗体与子窗体显示的数据记录是相关的，子窗体显示的数据记录取决于主窗体的当前记录，连接字段用于保持主窗体与子窗体的相关性。链接字段不一定是相同的名字。

由于在设计学生基本情况表时是用查阅向导生成的班级字段，Access 会自动识别出主窗体与子窗体的链接字段是班级 ID，不用再重新设置。

如果要自行定义主/子窗体关系，一定要包括班级 ID 字段。选中“自行定义”单选按钮，在“窗体/报表字段”的第一个下拉列表框中选择“班级 ID”选项，在“子窗体/子报表字段”下拉列表框中选择“班级 ID”选项。结果如图 6-42 所示。主/子窗体的连接字段可以有多个。

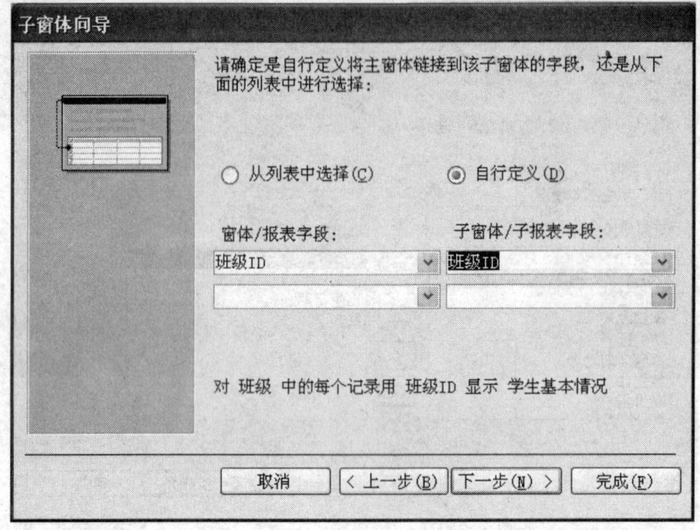

图 6-42　选择主/子窗体的连接字段

（5）单击“完成”按钮，设计视图结果如图 6-43 所示。

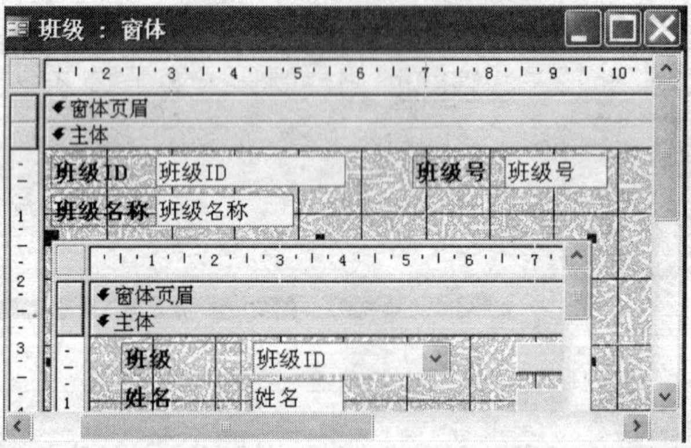

图 6-43　设计视图结果

（6） 调整窗体各个控件的大小和布局，运行窗体，结果如图 6-44 所示。

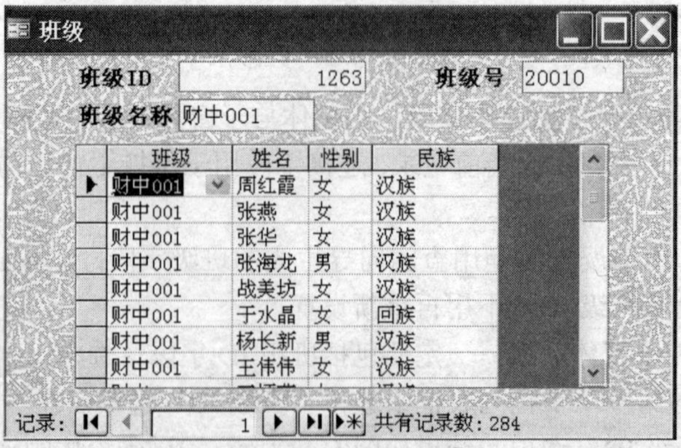

图 6-44　运行窗体结果

当移动主窗体的记录指针时，子窗体的记录数据随主窗体的记录移动而刷新变化。主窗体和子窗体的班级数据是相同的。可以在子窗体增加新记录，子窗体新记录的班级默认值等于主窗体的班级。更奇妙的是，在主窗体增加新记录的同时，可以在子窗体增加新记录，而且子窗体新记录的班级默认值等于主窗体的新增记录班级字段的值。而完成这一切无需编一行代码，有 FoxPro、VB 编程经历的读者一定会赞叹！

如果把子窗体的“班级 ID”控件删除，则窗体运行仍然正常。刚才保留“班级 ID”控件是为了说明问题。

主、子窗体格式可以是所有的窗体格式，如数据表、列表、表格、图表等。可分别对主/子窗体设置各自的属性。子窗体也单独存在于窗体对象列别表中。

习题 7

一、选择题

1．下面关于列表框和组合框的叙述，错误的是（　　）。

A．列表框和组合框可以包含一列或几列数据

B．可以在列表框中输入新值，而组合框不能

C．可以在组合框中输入新值，而列表框不能

D．在列表框和组合框中均可以输入新值

2．为窗体上的控件设置 Tab 键的顺序，应选择属性对话框中的（　　）。

A．“格式”选项卡　　B．“数据”选项卡

C．“事件”选项卡　　D．“其他”选项卡

3．现有一个已经建好的“按出生日期查询”窗体，如图 6-45 所示。

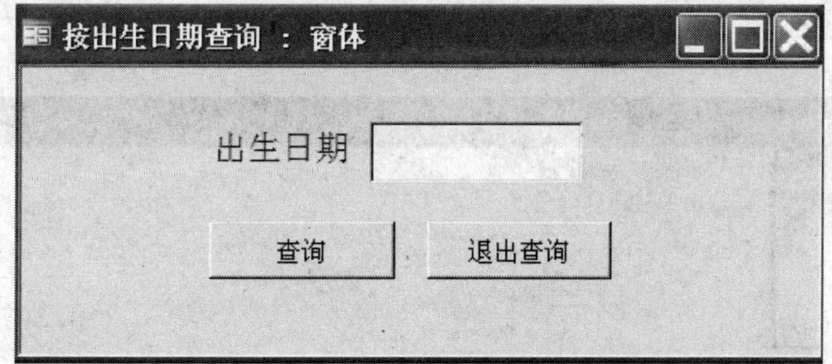

图 6-45　习题图

运行该窗体后，在文本框中输入要查询学生的出生日期，当单击“查询”按钮时，运行一个是“按出生日期查询”的查询，该查询显示出所查询学生的学号、姓名和班级三段。若窗体中的文本框名称为 CSRQ，设计“按出生日期查询”，正确的设计视图是（　　）。

A.

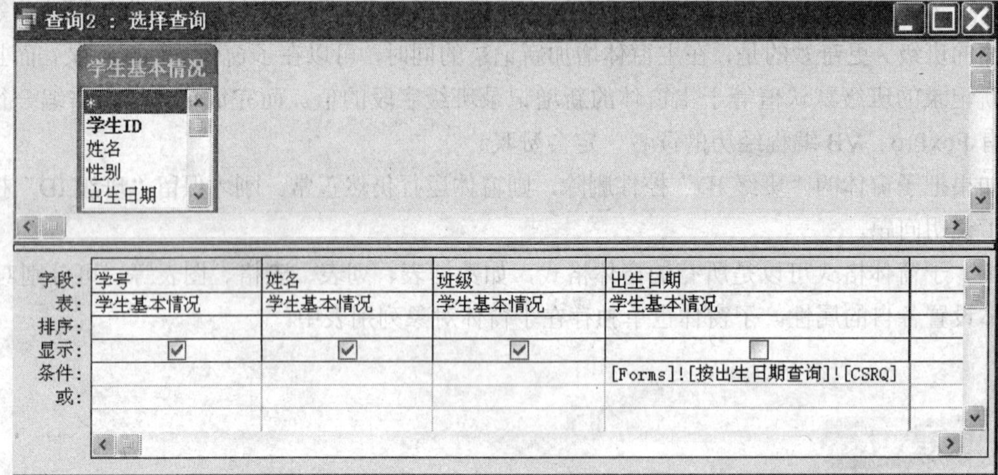

查询2 : 选择查询
学生基本情况
*
学生ID
姓名
性别
出生日期
字段: 学号 姓名 班级 出生日期
表: 学生基本情况 学生基本情况 学生基本情况 学生基本情况
排序:
显示:
条件: [Forms]![按出生日期查询]![CSRQ]
或:

查询2 : 选择查询
学生基本情况
*
学生ID
姓名
性别
出生日期
字段: 学号 姓名 班级 出生日期
表: 学生基本情况 学生基本情况 学生基本情况 学生基本情况
排序:
显示:
条件: [Forms]!"按出生日期查询]"!"CSRQ"
或:

查询2 : 选择查询
学生基本情况
*
学生ID
姓名
性别
出生日期
字段: 学号 姓名 班级 出生日期
表: 学生基本情况 学生基本情况 学生基本情况 学生基本情况
排序:
显示:
条件: [按出生日期查询]![CSRQ]
或:

B.

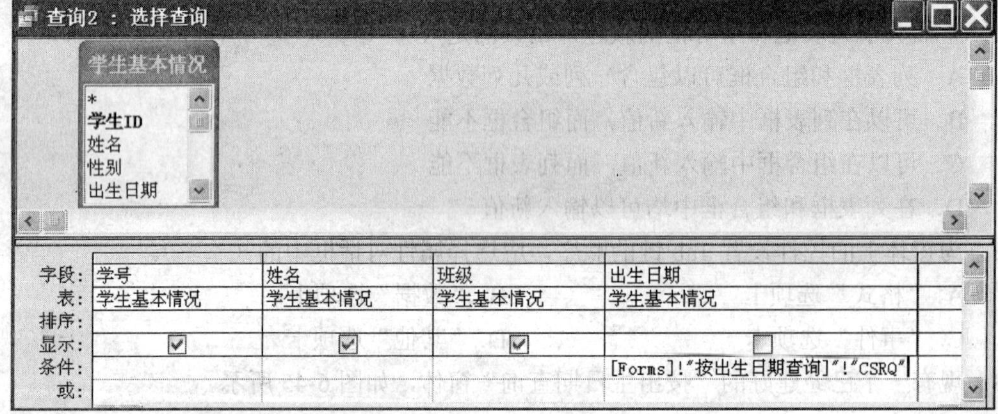

C.

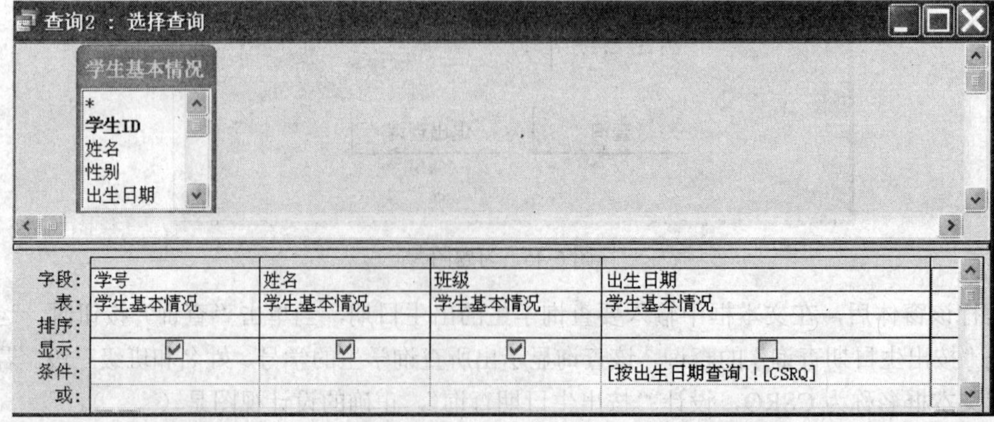

D.

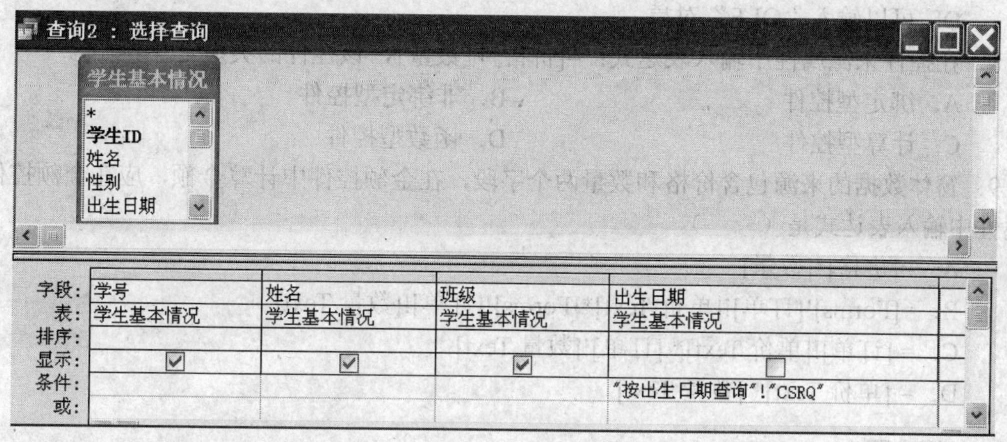

4．上题中，用命令按钮向导生成执行查询"按出生日期查询"，在图 6-46 中，应该首先选择的选择项是（　　）。

A．记录导航　　B．窗体操作　　C．应用程序　　D．杂项

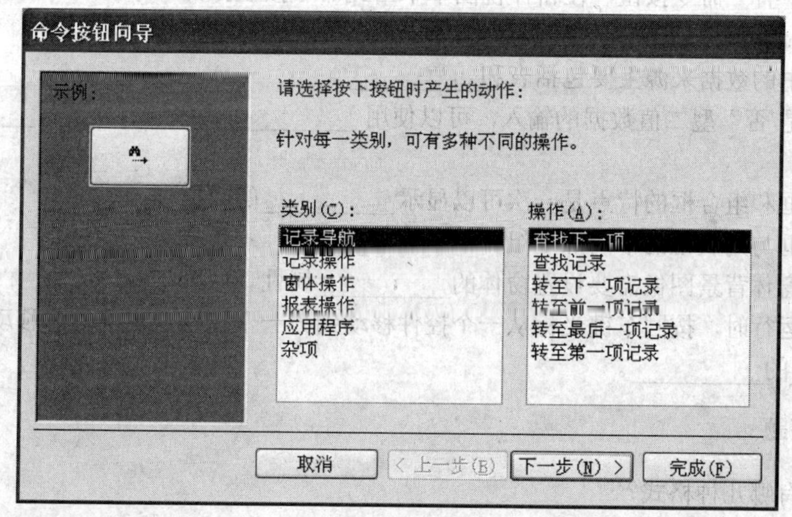

图 6 46　习题图

5．为命令按钮设置单击鼠标时发生的动作，应先选择设置其属性对话框的（　　）。

A．格式选项卡　　B．事件选项卡

C．方法选项卡　　D．数据选项卡

6．要改变窗体的数据源，应设置的属性是（　　）。

A．记录源　　B．控件来源

C．筛选查询　　D．默认值

7．使用文本框可以输入数据类型是（　　）。

A．只有文本型数据

B．不能输入数字

C．可以输入数字、文本、日期、货币、备注、超级链接字段数据类型

D．可以输入“OLE”对象

8．在控件来源属性中输入表达式：=[价格]*[数量]，该控件的类型是（　　）。

A．绑定型控件　　B．非绑定型控件

C．计算型控件　　D．函数型控件

9．窗体数据的来源包含价格和数量两个字段，在金额控件中计算金额，应在金额控件来源属性中输入表达式是（　　）。

A．=[价格]*[数量]

B．=[Forms]![订单]![单价 Text]*[Forms]![订单]![数量 Text]

C．= [订单]![单价 Text]* [订单]![数量 Text]

D．= [单价 Text]* [数量 Text]

二、填空题

1．绑定型文本框可以从表、查询或__________中获得所需的内容。

2．在创建主/子窗体之前，必须设置__________之间的关系。

3．窗体中有一命令按钮，在窗体视图中单击此命令按钮打开一个查询，需要执行的操作是__________。

4．窗体中的数据来源主要包括表和__________。

5．对“是/否”型二值数据的输入，可以使用__________、__________、__________3 种控件。

6．列表框和组合框的特点是一次可以显示__________的数据项。

7．组合框与列表框的不同点是组合框不可以__________选择。

8．设置窗体背景图像需要设置窗体的__________属性。

9．窗体运行时，按回车键光标从一个控件移动到另一个控件，定义这个移动顺序需要设置__________的__________。

三、简答题

1．窗体有哪几种格式？

2．图像显示可以分为几种类型？

3．为什么主/子窗体仅用于显示数据而不能用于输入数据、编辑数据、查询数据？

4．数据透视表窗体是什么技术？可否在数据透视表窗体中编辑数据？

四、操作题

1．对学生基本情况表，用向导生成纵栏式窗体。

2．对学生基本情况表，用向导生成表格式窗体。

3．对学生基本情况表，用向导生成数据表式窗体。

4．对学生基本情况表，用向导生成数据透视表式窗体。

5．对学生基本情况表，用向导生成图表式窗体。

6．用窗体设计工具，从头用手工生成学生基本情况窗体。

7．设计性别、班级、政治面貌、民族字段的数据表式窗体。

8．设计主/子窗体，主窗体是政治面貌，子窗体是学生基本情况，连接字段是什么？

9．对图 6-47 所示的窗体分析其窗体设计技术，自己设计数据存储结构和窗体。

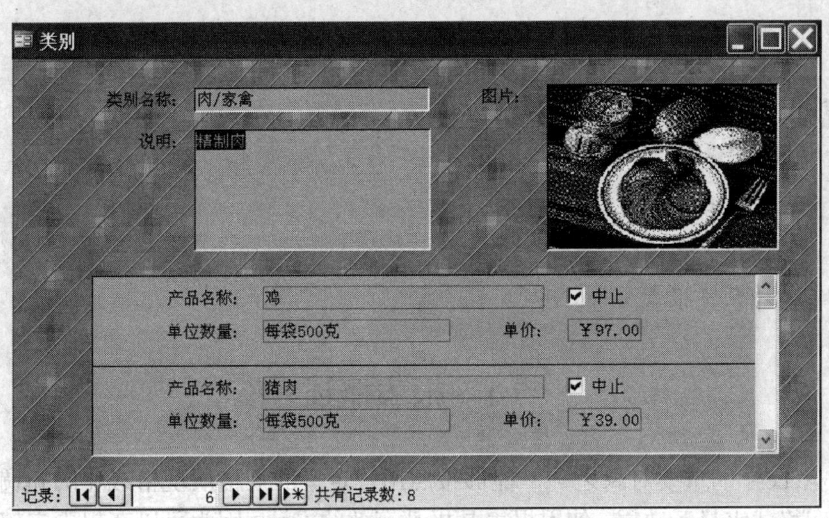

图 6-47　习题图

五、思考题

1．表的数据表视图与数据表有何区别？

2．比较 Access 对图像存储的嵌入与链接方式的区别。

第 7 章　报表设计

- 报表的创建
- 报表中控件的使用
- 打印报表
- 打印预览报表

7.1　报表概述

报表是 Access 的重要对象之一，能够按照用户定义的规格展现格式化的和调整的信息。如果要以打印格式来显示数据，使用报表是极其有效的方法。因为可以在报表中控制每个对象的大小和显示方式，并可以按照所需的方式来显示相应的内容。

在前几章中，用户已经学习了使用数据库中的表、查询和窗体，而最后当用户将数据库中存储的信息展现出来时，就需要使用报表来完成。用户将数据存储在 Access 的数据库中，其根本目的就是想利用 Access 强大的数据管理功能，对数据进行整理、计算和统计工作，最后得到符合要求的数据信息报表。因此，掌握好报表的使用方法显得尤为重要。首先简要地查看了报表的一个实例，解了它的基本功能和基本使用方法。

例如，xssjk 数据库中一个学生报表为范例，如图 7-1 所示。

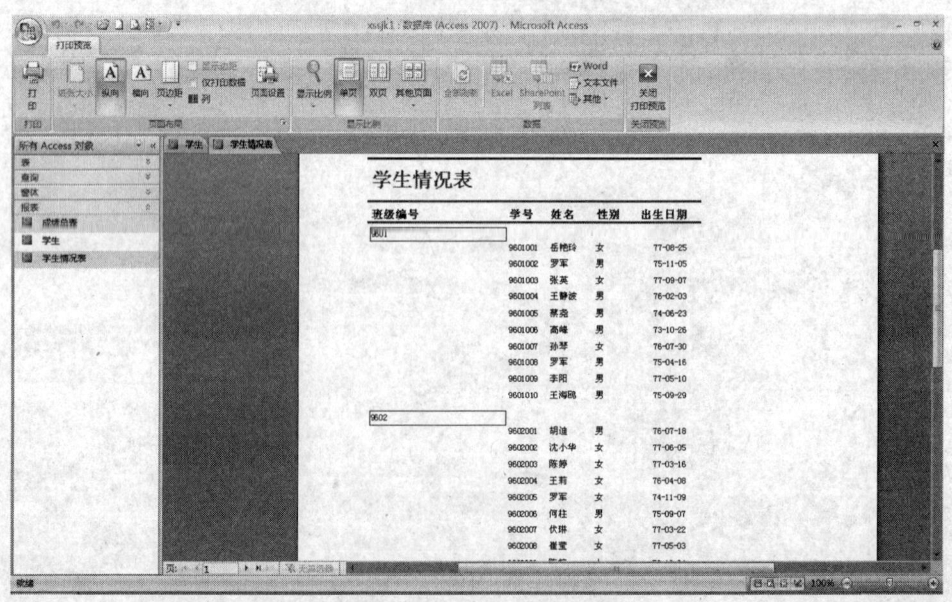

图 7-1　xssjk 数据库中一个学生报表范例

报表中的大部分内容是从基表、查询或 SQL 语句中获得的，它们都是报表的数据来源。报表中的其他内容将存储在报表设计中。用户还能够将报表制成具有鲜明特色的成品，更好地将存储在数据库中的数据信息展现出来。窗体和报表在许多方面是很类似的，但是，它们用于两个不同的目的。其主要区别是输出的原因不同。窗体通常用于数据的输入或者进行其他数据的操作，而报表用于在屏幕上查看数据或者提供打印。使用报表可以在屏幕上显示在窗体中显示的任何数据。窗体和报表都基于来自基本表或者查询的数据，但是，只有窗体可以在原始数据上进行添加或更改。而报表只能用于在屏幕上查看数据或提供打印。

7.2 使用报表向导创建报表

下面介绍怎样创建报表。在本节中，先介绍使用报表向导来创建简单的报表对象。以在 xssjk 数据库中创建一个报表为例，向用户介绍使用“报表向导”创建报表的方法。具体操作步骤如下：

（1）打开 xssjk 数据库。选择“报表向导”和包含报表所需数据的表或查询。例如，选择“学生”表，如图 7-2 所示。

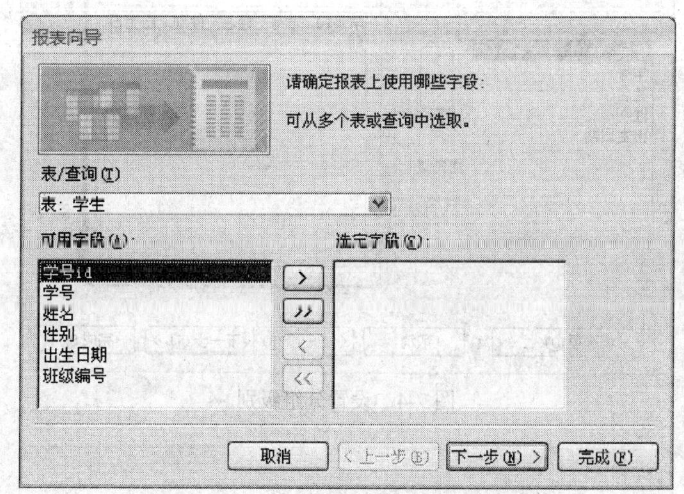

图 7-2 选择“学生”表

（2）打开“报表向导”对话框。此对话框要求用户添加报表中的字段。在本例中，将所有的字段添加到报表中，如图 7-3 所示。

（3）单击“下一步”按钮，打开下一个“报表向导”对话框。在此对话框中，Access 向用户询问是否添加一些分组级别。如果用户添加了分组级别，Access 则按照分组级别显示报表内容。例如，在本例中用户添加“班级编号”字段，将其设置为分组级别，如图 7-4 所示，Access 中文版就会按照学生号分组显示报表。用户还可以双击字段名设置下一优先级的字段。然后，用户可以单击“优先级”的上下箭头按钮来调整优先级。

（4）单击“下一步”按钮，打开下一个“报表向导”对话框。在此对话框中，Access 向用户询问是否对字段进行排序，并且可以通过单击右侧的按钮选择是采用升序还是降序来进行排列。这里按照“学号”字段来排序，如图 7-5 所示。

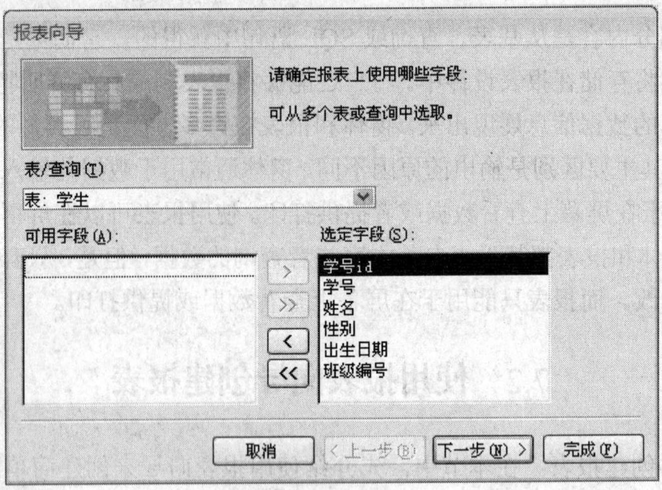

图 7-3　添加全部字段

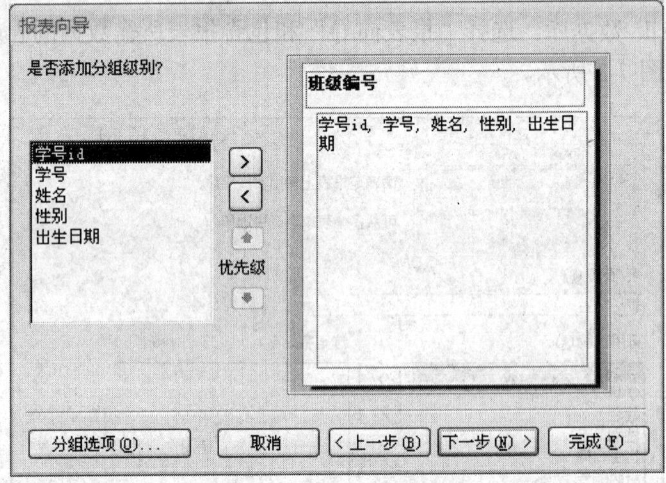

图 7-4　设置分组级别

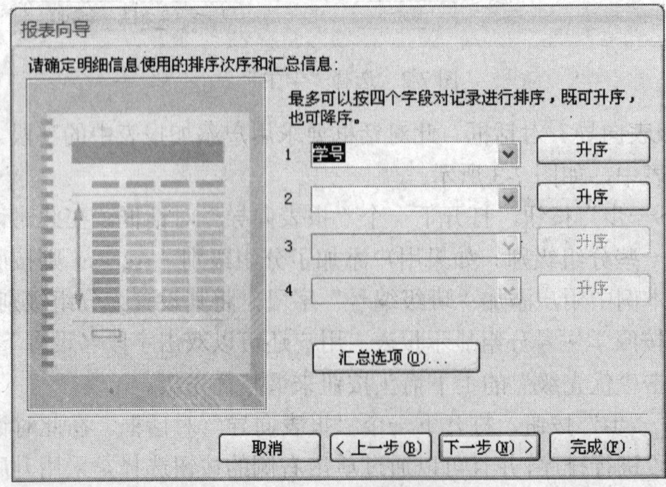

图 7-5　按照“学号”字段排序

（5）单击“下一步”按钮，打开下一个“报表向导”对话框，如图 7-6 所示。按照操作步骤接受默认选择即可。如果用户改变选择，则在左边会出现相应的布局形式。

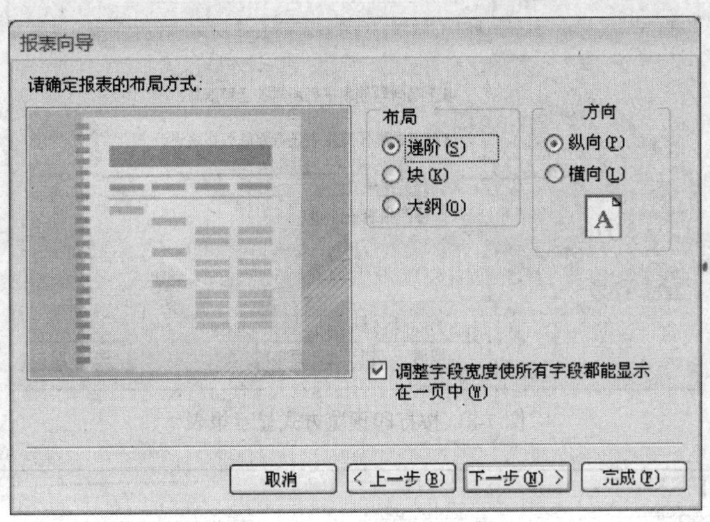

图 7-6　报表向导与布局形式

（6）单击“下一步”按钮，打开下一个“报表向导”对话框。在此对话框中，Access 向用户询问采用何种样式显示报表。在本例中，同样使用默认的样式显示报表，如图 7-7 所示。

（7）单击“下一步”按钮，打开下一个“报表向导”对话框。在此对话框中，Access 向用户询问对于这个报表使用什么标题。输入“学生 1”作为标题。单击“完成”按钮。执行完上述操作之后，Access 就开始创建报表，并按照打印预览的方式显示报表，如图 7-8 所示。

如果在第（3）步没有设置分组显示，预览报表就很不同了，如图 7-9 所示。用户可以自行比较一下，当然这些差别还随选择的布局方法上的不同而有所不同。

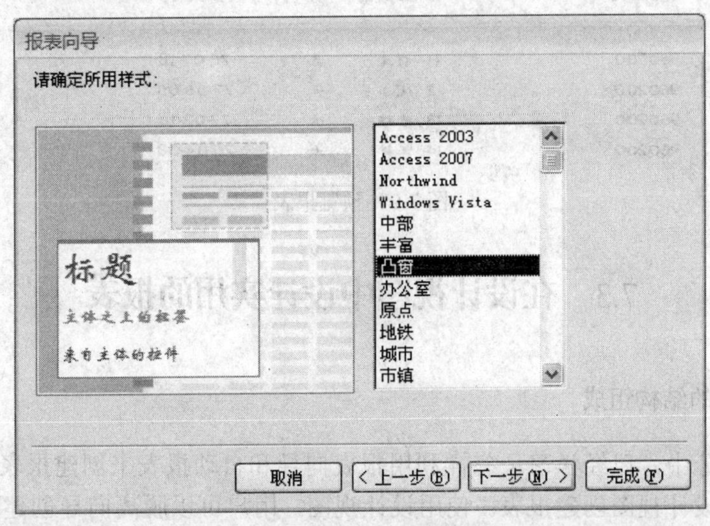

图 7-7　选择使用的标题

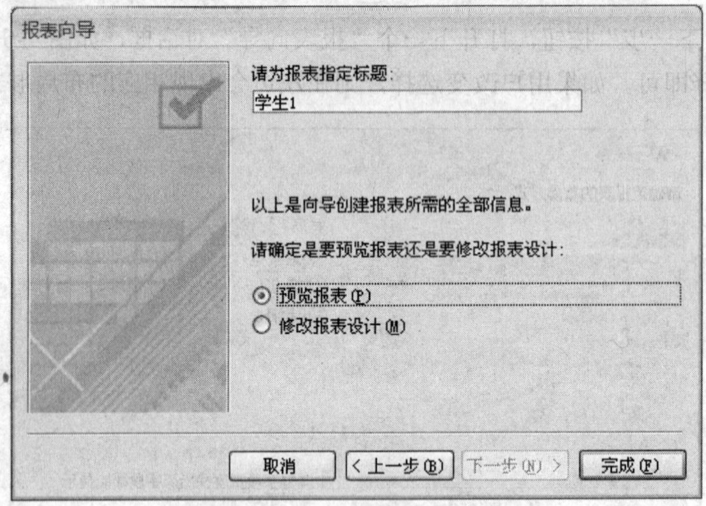

报表向导

请为报表指定标题:

学生1

以上是向导创建报表所需的全部信息。

请确定是要预览报表还是要修改报表设计:

◉ 预览报表(P)

○ 修改报表设计(M)

取消　< 上一步(B)　下一步(N) >　完成(F)

图 7-8　按打印预览方式显示报表

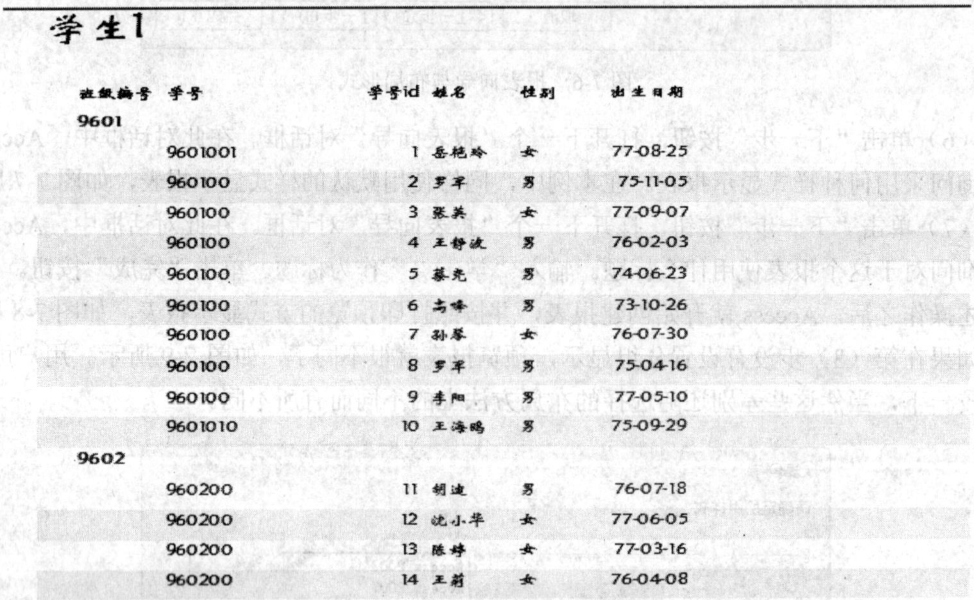

学生1

班级编号	学号	学号id	姓名	性别	出生日期
9601					
	9601001	1	岳艳玲	女	77-08-25
	960100	2	罗军	男	75-11-05
	960100	3	张英	女	77-09-07
	960100	4	王舒波	男	76-02-03
	960100	5	蔡亮	男	74-06-23
	960100	6	高峰	男	73-10-26
	960100	7	孙琴	女	76-07-30
	960100	8	罗军	男	75-04-16
	960100	9	李阳	男	77-05-10
	9601010	10	王海鸥	男	75-09-29
9602					
	960200	11	胡迪	男	76-07-18
	960200	12	沈小华	女	77-06-05
	960200	13	陈婷	女	77-03-16
	960200	14	王莉	女	76-04-08

图 7-9　预览报表

7.3　在设计视图中设计实用的报表

7.3.1　报表的结构组成

在前面的部分中，已经学习了怎样利用报表向导和自动报表来创建报表。在这一节中，将主要介绍使用设计视图创建报表。使用设计视图，用户可以脱离向导创建和修改报表。然而，在具体介绍使用报表之前，必须介绍报表的设计内容，以便用户可以更好地设计自己的报表。

报表中的内容是以节划分的。每一个节都有其特定的目的，而且按照一定的顺序打印在页面及报表上。在“设计”视图中，节代表着各个不同的带区，而且报表所包含的每一节只能被指定一次。在打印报表中，某些节可以指定很多次。可以通过放置控件来确定在每一节中显示内容的位置，如标签和文本框。下面打开的 xssjk 数据库中“学生”报表，从报表的设计视图来看看报表的结构组成。图 7-10 是在“设计”视图中显示的学生报表。

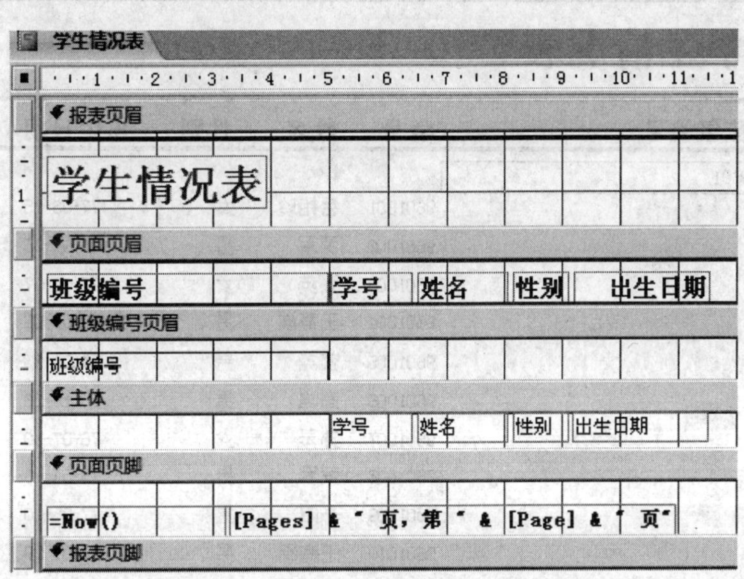

图 7-10　在“设计”视图中显示的学生报表

从图 7-10 中可以看出，报表基本由五大块组成：报表页眉、页面页眉、主体、页面页脚、报表页脚。图 7-11 给出了表格报表的打印预览视图。

7.3.2　设计报表

1. *创建报表数据源*

报表在屏幕上和纸张上显示数据。因此，在设计一个报表之前，用户应清楚报表要显示哪些信息以及用于得到这些信息的数据源。例如，如果需要显示的所有信息都在数据库的一个表上，那么，报表可以基于该数据表。如果信息位于多个数据表上，就必须将报表基于查询。恰当地设计该表或查询与设计报表一样重要。如果报表不能很方便地检索到有效数据，那么，该报表是没有什么用处的。如果在多个表中有用户想要的信息，那么，选择一个包含所有所需信息的查询。如果包含所需信息的查询不存在，那么用户必须为该表创建一个特别的查询。报表仅有一个数据源，换句话说，报表只可以基于一个表或查询。创建一个把来自多个表的所有数据组合在一起的查询，是在报表中使用多个表信息的一种方法。

2. *报表设计视图*

在上面的报表创建过程中，已经知道报表有两种主要的视图：“设计”视图和“打印预览”。在本节中，将进一步讨论这两种视图的不同。“设计”视图有一些区域。两个主要的元件是“字段”列表和“属性”窗口。这两个元件在报表中的作用类似于“字段”列表和“属性”在窗体中的作用。“字段”列表包含了报表基于的表或查询中的数据。“属性”表可以用来设置和修改各种报表属性。“工具箱”是另一个重要的元件，使用它可以方便地向报表中添加各种控件和设计元素。报表“工具箱”与窗体“工具箱”相同。图 7-12 给出了 xssjk 数据库中一个学生报表设计视图，同时也显示了字段列表、属性表和工具箱。

学生情况表

班级编号	学号	姓名	性别	出生日期
9601				
	9601001	岳艳玲	女	77-08-25
	9601002	罗军	男	75-11-05
	9601003	张英	女	77-09-07
	9601004	王静波	男	76-02-03
	9601005	蔡尧	男	74-06-23
	9601006	高峰	男	73-10-26
	9601007	孙琴	女	76-07-30
	9601008	罗军	男	75-04-16
	9601009	李阳	男	77-05-10
	9601010	王海鸥	男	75-09-29
9602				
	9602001	胡迪	男	76-07-18
	9602002	沈小华	女	77-06-05

图 7-11　表格报表的预览视图

3. 报表的结构组成

（1）报表页眉可以用来在报表的开头放置信息，如报表标题：学生。

（2）页面页眉可以用来在报表页面的上方放置信息，如列标题：学生、学生 ID 等。

（3）主体可以用来包含报表的数据记录，可以在主体节中放置控件和显示数据记录。

（4）页面页脚可以用来在报表页面的底部放置信息，如页面摘要、日期或页码。

（5）报表页脚可以用来在报表的底部放置信息，如报表总结、总计数或日期。

如果报表页眉是封面，则不要在第一页上打印页码。一般情况下，Microsoft Access 在每一页都打印报表的页面页眉或页面页脚，包括第一页和最后一页。

4. 报表属性窗体

报表类似于窗体，有自己的属性设置以决定报表的元素。报表的每一个部分及报表整体都有属性。图 7-13 给出了学生报表的属性表。如果要显示属性表，选择“视图”→“属性”命令或者在屏幕上右击鼠标并在弹出的快捷菜单中选择“属性”命令。如果要显示某个部分的属性表，应单击该部分，该部分的属性表会自动出现。如果属性表已经自动打开，它显示当前活动部分的属性。如果要显示整个报表的属性表，应单击报表部分外边的灰色区域，改变属性十分简单，只要单击想要修改的属性并输入新的取值即可。当单击想要修改的属性时，会出现一个下箭头，它列出了属性设置可以选择的选项；否则，就必须输入取值。属性被分为 5 种类别。

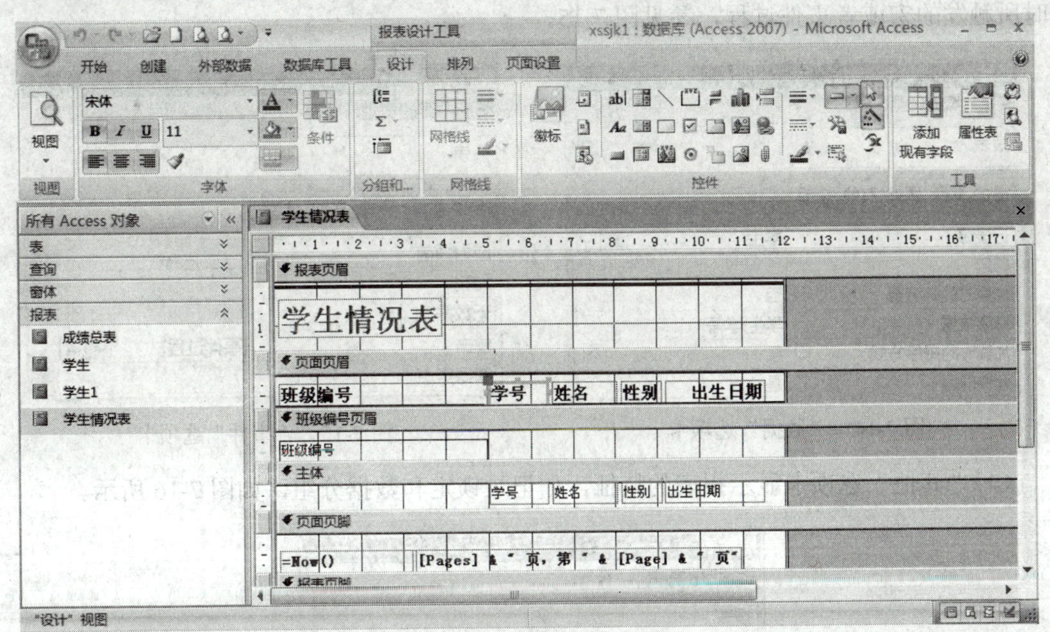

图 7-12　学生情况表的设计视图

（1）“格式”选项卡决定了报表的外观特性，如高度、宽度、颜色及是否包括图片或者图像，如图 7-13 所示。

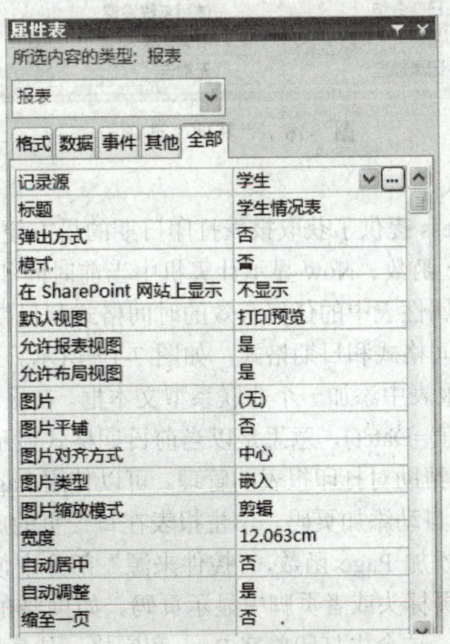

图 7-13　学生报表的属性

（2）“数据”选项卡决定了数据在报表中显示的特性，如控件源、输入掩码及其他数据，如图 7-14 所示。

（3）“事件”选项卡决定了当某个事件发生时触发的那一个宏或者事件过程。例如，打印时所触发的宏或者事件过程，参见图 7-15。

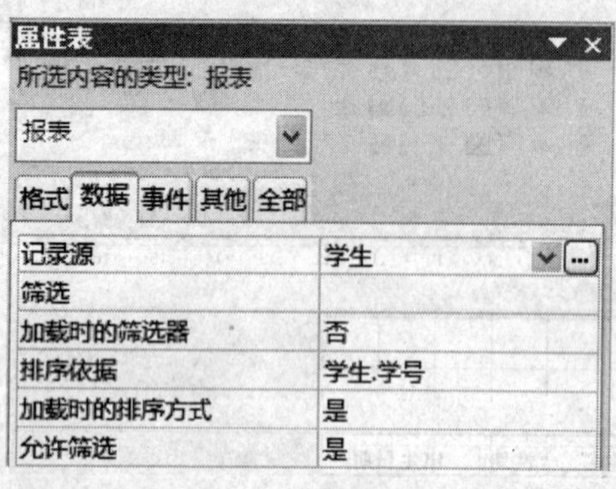

图 7-14 “数据”选项卡

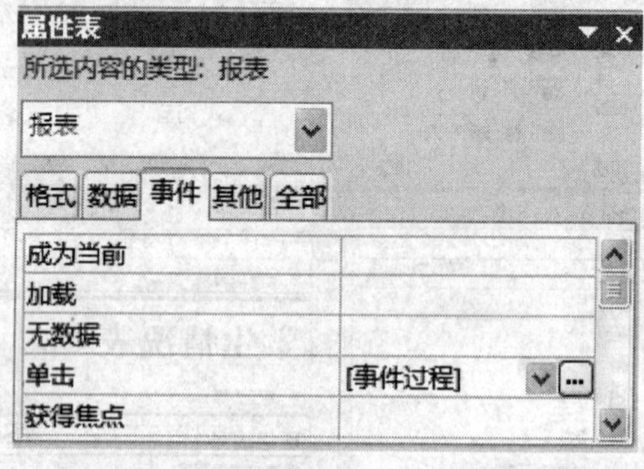

图 7-15 “事件”选项卡

（4）“其他”选项卡显示报表的特征，如记录锁定和数据分组，如图 7-16 所示。

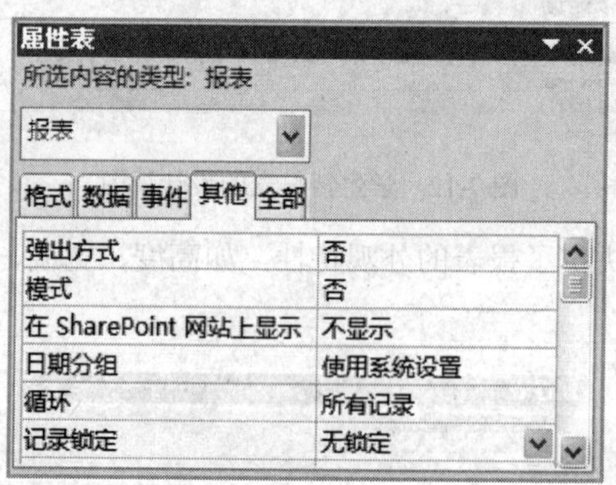

图 7-16 “其他”选项卡

5. 在报表中使用表达式

（1）日期表达式。Access 提供了获取报表打印日期的最方便的手段。Access 有两种方式显示日期：Now 函数和 Date 函数。Now 显示计算机中当前时间和日期。Date 显示当前日期。这些取值的格式可以设置为属性表中的任何有效的时间格式和日期格式。学生报表在报表的页面页脚显示了当前有效的时间格式和日期格式，如图 7-17 所示。如果要将当前日期添加到报表中的某个控件上，就要在报表中添加一个非联系型文本框。在报表的属性表或者该文本框的“控件来源”部分中，输入值=Date()，意思是以当前日期格式显示日期。

（2）页码表达式。页码帮助对打印报表的管理。可以使用 Page 函数添加页码。在预览或者打印报表时，Page 函数会自动添加页码。学生报表在每一页的底端显示了页码，如图 7-18 所示。在非联系型文本框中添加 Page 函数，“控件来源”部分中使用表达式生成器添加 Page 函数表达式。通常在报表的页标头或者页脚中显示页码。如果要在页码之前添加一个字符串，必须添加函数=Page＆[Page]，这会先打印单字 Page 和空格，然后是页码。

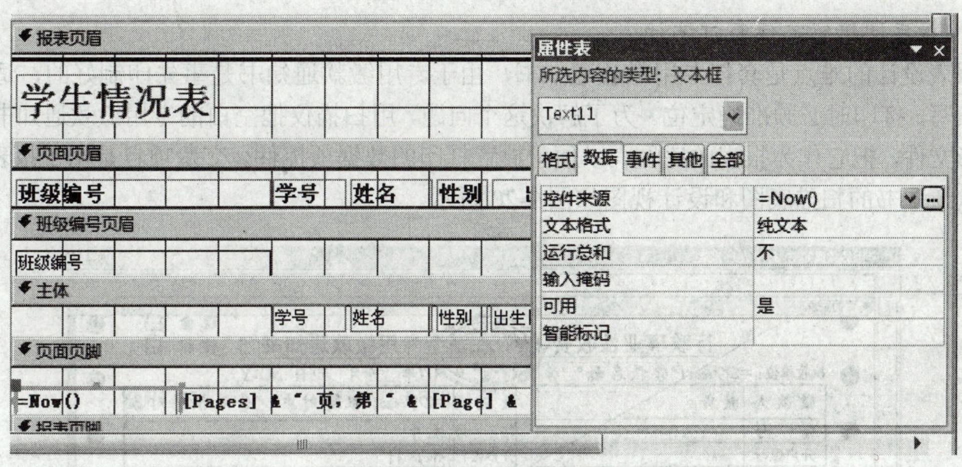

图 7-17 用于显示页码的属性表

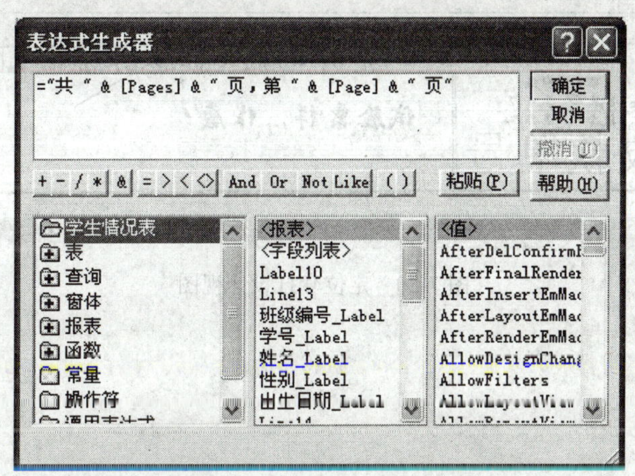

图 7-18 “表达式生成器”对话框

（3）打印预览报表，显示日期、页码，如图 7-19 所示。

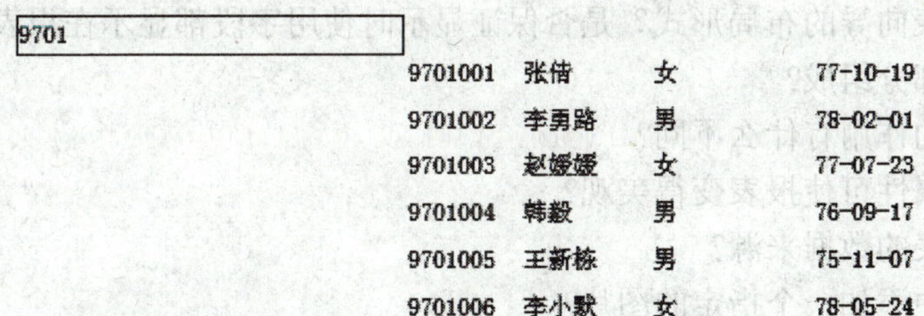

图 7-19 在底端显示页码

6. 添加特殊效果

读者还可以在报表中添加特殊效果，可以向报表添加图片。可以通过在报表中添加一个“图像”控件来实现这个功能，然后在“格式”属性设置中为这个控件指定图片来源，

7. 按底图进行定位套打设计

报表设计的难点是套打专用缴款通知书，由于专用缴款通知书是事先印制好的，适用于手工填写，打印时必须准确定位。为了解决这个问题，用扫描仪把空白的专用缴款通知书扫描成图形文件，把它作为报表的底图，以便于放置打印的数据项控件。交费项目是用子报表。专用缴款通知书的扫描底图和设计视图如图 7-20 所示。

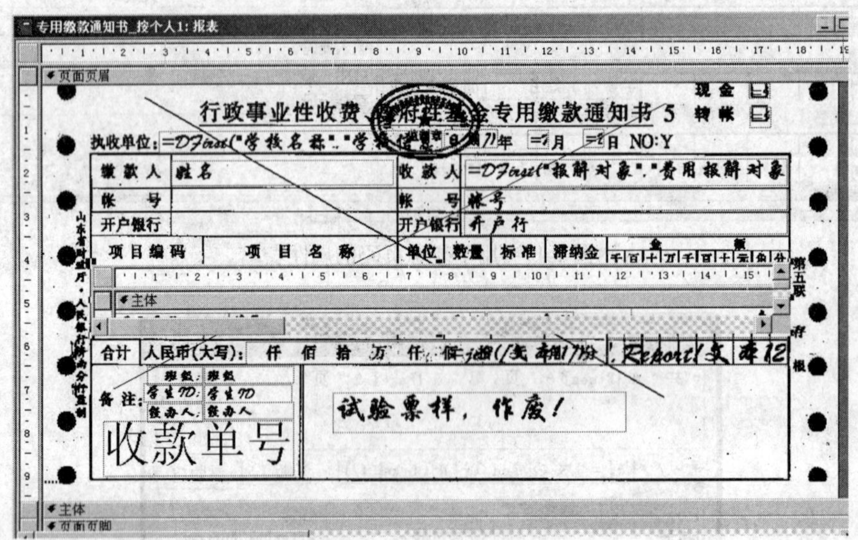

图 7-20　定位套打设计视图

一、简答题

1. 使用报表向导时设置分组级别与字段排序是否一样?有何差别?
2. 有多少种报表向导的布局形式？是否保证显示时使用字段都显示在报表中?
3. 报表由哪些部分组成?
4. 页眉和页脚的作用有什么不同?
5. 报表中哪些属性可使报表变得美观?
6. 如何指定报表的数据来源?
7. 如何在报表中添加一个指定的图片?
8. 如何在报表中对显示日期进行格式设置?
9. 有几种保持主报表与子报表同步的方法?
10. 怎样创建以列为限制的报表?

二、上机操作

1. 打开进销存数据库（Northwind Access 自带演示数据库，如图 7-21 所示）。

2．使用报表向导生成产品报表。

产品

产品

产品ID	产品名称	供应商	类别	单位数	单价	孑量	勾量	购量
1	苹果汁	佳佳乐	饮料	每箱24瓶	￥18.00	39	0	10
2	牛奶	佳佳乐	饮料	每箱24瓶	￥19.00	17	40	25
3	蕃茄酱	佳佳乐	调味品	每箱12瓶	￥10.00	13	70	25
4	盐	康富食品	调味品	每箱12瓶	￥22.00	53	0	0
5	麻油	康富食品	调味品	每箱12瓶	￥21.35	0	0	0
6	酱油	妙生	调味品	每箱12瓶	￥25.00	120	0	25
7	海鲜粉	妙生	特制品	每箱30盒	￥30.00	15	0	10
8	胡椒粉	妙生	调味品	每箱30盒	￥40.00	6	0	0
9	鸡	为全	肉/家禽	每袋500克	￥97.00	29	0	0
10	蟹	为全	海鲜	每袋500克	￥31.00	31	0	0

页：1

图 7-21　习题图

3．在设计视图中设计发货单 2 报表，添加一个指定的图片；在页面页脚显示日期和页码。

第 8 章　宏设计

- 宏的概念
- 宏的创建
- Access 中常用的宏动作
- 宏的应用

8.1　宏的概念

宏是 Access 数据库对象之一，它和表、窗体、查询、报表等其他数据库对象一样，拥有单独的名称。宏分为宏、宏组和条件操作宏，其中宏是操作序列的集合，而宏组是宏的集合，条件操作宏是带有条件的操作序列，这些宏中所包含的操作序列只有在条件成熟时才可执行。

从另一角度来看，宏是一种特殊的代码，它不具有编译特性，没有控制转换，也不能对变量直接操作。宏是以动作为单位的，它由一连串的动作组成，每个动作在运行宏时被由前到后地依次执行。每个动作由其动作名及其参数构成，这跟带参数的函数很相似，但不同的是宏动作执行之后是没有返回值的。

Access 中定义了很多的宏动作，这些宏动作可以完成以下功能：

- 打开、关闭表单、报表，打印报表，执行查询。
- 筛选、查找记录（将一个过滤器加入列记录集中）。
- 模拟键盘动作，为对话框或别的等待输入的任务提供字符串的输入。
- 显示信息框，响铃警告。
- 移动窗口，改变窗口大小。
- 实现数据的导入、导出。
- 定制菜单（在报表、表单中使用）。
- 执行任意的应用程序模块。
- 为控件的属性赋值。

从以上列举的内容来看，宏动作几乎涉及数据库管理中的全部细节。一般情况下，用宏能够实现一个 Access 数据库界面管理。之所以说 Access 是一种不编程的数据库，其原因便是它拥有一套功能完善的宏动作。

宏是指一个或多个操作的集合。其中每个操作实现特定的功能，如打开某个窗体或报表等。宏可以自动完成一些简单的重复操作，如数据库对象和控件的调用等，如图 8-1 所示。

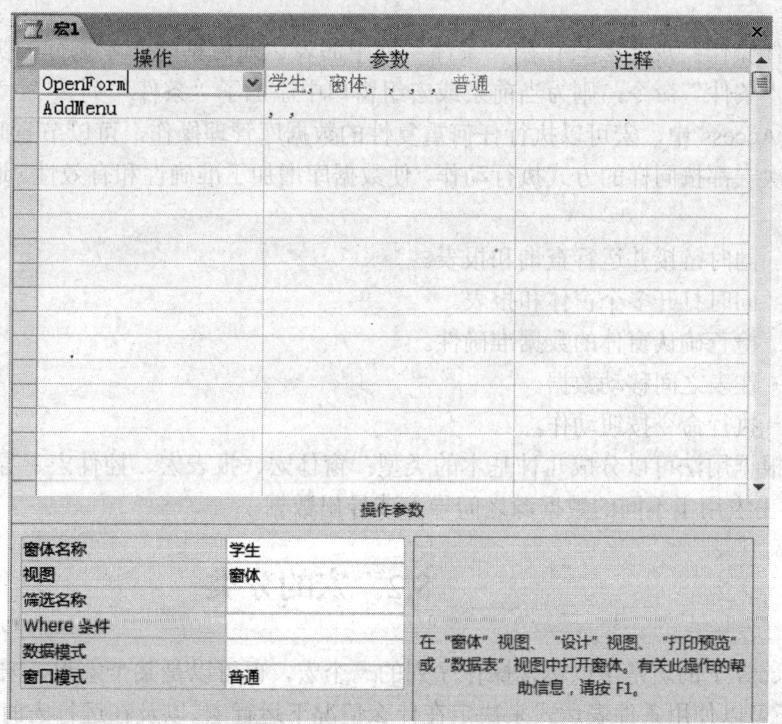

图 8-1　宏的定义

宏可以是包含操作序列的一个宏，也可以是某个宏组，使用条件表达式可以决定在有些情况下运行宏时某个操作是否进行。

如果有许多的宏，那么把相关宏进行分组，有助于方便地对数据库进行管理与维护，这样的组就是一个宏组。默认的创建宏窗口是创建一个宏，若想创建一个宏组，则选择“视图”→“宏名”命令，则窗口中就会显示出宏名，如图 8-2 所示。

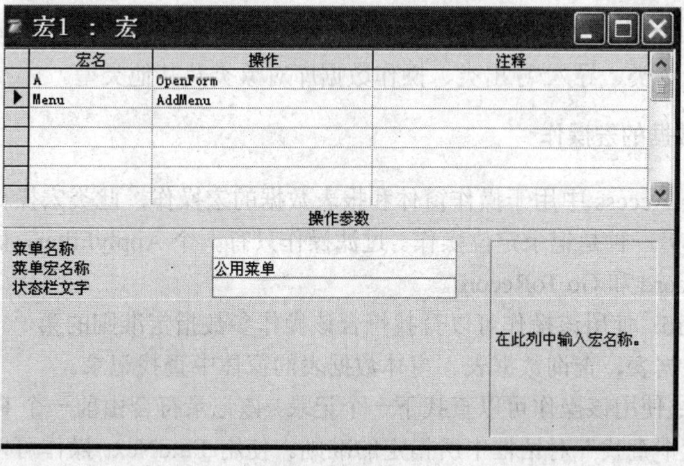

图 8-2　宏名

宏名：唯一标识宏的名称。在宏组中执行宏时，如果“宏名”一列为空，则把当前的操作作为当前宏的一个操作。为了在宏组中执行某个宏，可以使用“宏组名.宏名”的格式进行调用。

条件操作：规定宏只有在“条件”列中的表达式为真时，才执行的操作或宏。选择“视图”→“条件”命令，则为当前宏或宏组窗口中添加了“条件”列。

在 Access 中，宏可以执行任何重复性的数据库管理操作，可以节省时间和精力。另外，因为每次宏都按同样的方式执行动作，使数据库增加了准确性和有效性。通常在下列情况下使用宏：

- 同时链接并运行查询和报表。
- 同时打开多个窗体和报表。
- 检查确认窗体的数据准确性。
- 在表之间移动数据。
- 执行命令按钮动作。

宏根据用法可以分成几种基本的类型：窗体宏、报表宏、控件宏、导入/导出宏等。其中导入/导出宏用于不同的数据源之间导入或导出数据。

8.2 宏的分类

Access 下的宏是可以包含操作序列的一个宏，也可以是某个宏组，宏组由若干个宏组成。另外，还可以使用条件表达式来决定在什么情况下运行宏，以及在运行宏时某项操作是否进行。根据以上 3 种情况，可以将宏分为操作序列、宏组和包含条件操作的宏。

在“宏”窗口中，选择“视图”→“条件”命令，或者单击工具栏中的“条件”按钮，都可以显示“条件”列。如果指定的条件成立，Access 将继续执行一个或多个操作；如果指定的条件不成立，Access 将跳过该条件所指定的操作。

8.3 宏操作

无论创建何种类型的宏，都离不开宏操作。根据宏操作对象的不同，可分为五大类：操作数据类、执行命令类、导入/导出类、操作数据库对象类及其他类型。

8.3.1 操作数据的宏操作

操作数据宏是 Access 中用于操作窗体和报表数据的宏操作，此类宏操作又可分为两种，一种是过滤操作，另一种是记录定位操作。过滤操作只有一个 ApplyFilter，而记录定位操作有 FindNext、FindRecord 和 Go ToRecord。

- FindRecord：使用该操作可以查找符合该操作参数指定准则的第一个数据记录。它能在当前数据表、查询数据表、窗体数据表的窗体中查找记录。
- FindNext：使用该操作可以查找下一个记录，该记录符合由前一个 FindRecord 操作或“在字段中查找”对话框中所指定的准则。使用 FindNext 操作可以反复查找记录，如可以在某一特定客户的所有记录间进行移动。FindNext 操作没有参数。如果要设

置搜索准则，可使用 FindRecord 操作。

- GoToRecord：使用 GoToRecord 操作可以在表、窗体或查询结果中指定当前记录。

8.3.2　执行命令的宏操作

此类宏操作主要用来运行命令、宏、查询和其他应用程序。通过在宏中使用此类宏操作可以增强宏的功能，方便用户通过宏来控制系统的运行，提高系统的自动化程度，从而使利用 Access 设计的管理系统使用起来非常方便。

此类宏操作包括 RunCommand（运行命令）、Quit（退出 Access 2007）、OpenQuery（打开查询）、RunCode（运行 VBA 程序）、RunMacro（运行宏）、RunSQL（运行 SQL 语句）、RunApp（运行另一个应用程序）、CancelEvent（终止事件）、StopAllMacros（停止所有宏的执行）、StopMacro（停止指定宏的执行）等，如图 8-3 所示。例如：

- RunCommand：使用 RunCommand 操作可以运行自定义菜单栏、全局菜单栏、自定义菜单或全局菜单上的 Access 内置命令。该宏操作需要一个参数 Command（对应于“宏”窗口的“命令”列表框）来指定要运行的内置命令。
- Quit：使用 Quit 操作可以退出 Access 2003。Quit 操作的 Option 参数用于指定在退出 Access 2007 之前保存数据库对象的方式，保存方式可以是“提示”（显示是否要保存每个对象的提示对话框）、“全部保存”（不经提示即保存所有对象）或“退出”（退出时不保存任何对象）。默认值为“全部保存”。
- OpenQuery：使用 OpenQuery 操作，可以在数据表视图、设计视图或打印预览中打开选择查询或交叉表查询。通过设置该操作的 Query Name（查询名称）、View（视图）、DataMode（数据模式）参数可以指定要打开的查询、打开查询的视图及数据输入模式。在数据库窗口中选择查询，并将其拖动到宏操作行，可以自动创建能在数据表视图中打开查询的 OpenQuery 操作。
- RunCode：使用 RunCode 操作可调用 Visual Basic 的函数过程。该操作的 Function Name（函数名称）参数用来设置要调用的 Visual Basic 函数过程的名称。函数的参数应写在括号中，即使函数过程没有参数，也必须加上括号，如 TestFuntion()。Function Name 参数中的函数名称不必以等号（=）开头，这与用于事件过程设置的用户定义函数名称不一样。如果要运行由 Visual Basic 编写的子程序或事件过程，可以先编写调用子过程的函数过程，然后再使用 RunCode 操作运行该函数过程。

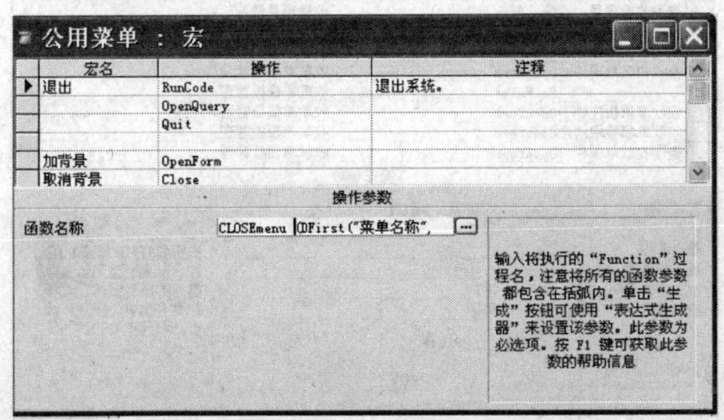

图 8-3　执行命令的宏操作宏名

- RunMacro：用 RunMacro 操作可以运行另外一个宏或包含在宏组中的一个操作。该操作的 MacroName（宏名）参数指定所要运行的宏名称。

8.3.3 实现导入/导出功能的宏操作

使用此类宏操作可以实现 Access 2007 与其他应用程序之间的数据共享，不过此共享是静态的数据共享，因为它只是将 Access 2007 数据转换成其他应用程序所要求的文件格式，或者将其他应用程序数据文件格式转换为 Access 2007 的文件格式。在导入之前和导出之后，Access 2007 与其他应用程序毫无关系。Access 2007 所能导入或导出的文件类型取决于所安装的数据转换驱动程序。例如：

- TransferText：用 TransferText 操作可以在当前的 Access 2007 数据库与文本文件之间导入或导出文本，也可以将文本文件中的数据链接到当前的 Access 2007 数据库中。通过设置链接，在允许其他处理程序完全访问该文本文件的同时还可以使用 Access 2007 来查看该文本文件的数据。

8.3.4 操纵数据库对象的宏操作

此类操作要以实现数据库对象操作的自动化。例如：

- Close：使用 Close 操作可以关闭指定的 Access 2003 窗口。如果没有指定窗口，则关闭当前窗口。Close 操作有 3 个参数，其中 Object Type 参数用来指定要关闭的对象类型。Object Name 参数用来指定要关闭的对象名称。Save 参数用来选择关闭时是否保存对象。

- OpenForm：使用 OpenForm 操作可以从窗体视图、窗体设计视图、打印预览或数据表视图中打开一个窗体，并通过选择窗体的数据输入与窗口方式来限制窗体所显示的记录。其 Form Name 参数用来设置要打开窗体的名称。View 参数用来设置打开窗体的视图方式。Filter Name 参数用来限制或排序窗体中记录的筛选。Where Condition 参数用来从窗体的基表或查询中选择记录的 SQL WHERE 子句或表达式。DataMode 参数用来指定窗体的数据输入方式，如图 8-4 所示。

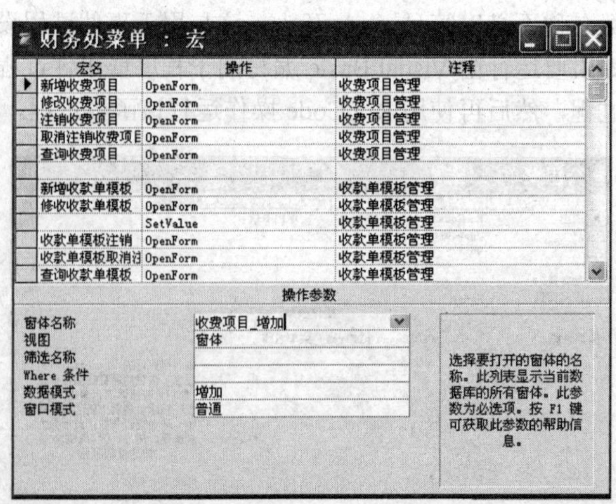

图 8-4 OpenForm 的宏操作

- OpenReport：使用 OpenReport 操作，可以在设计视图或打印中打开报表或立即打印报表。此操作的参数与 OpenForm 相同，如图 8-5 所示。

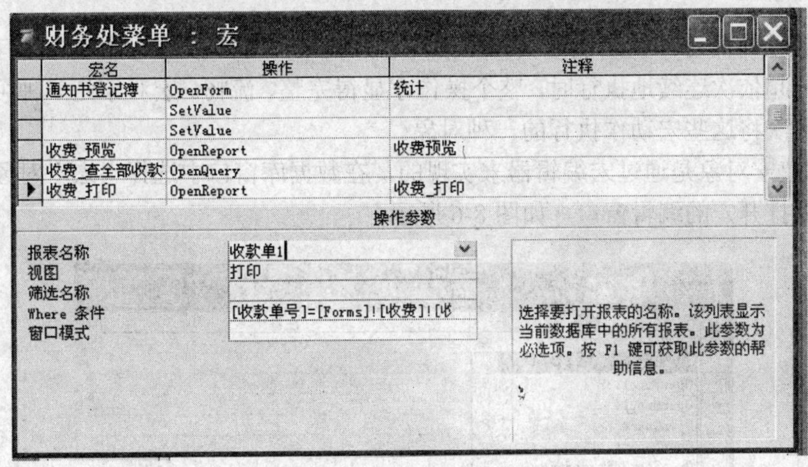

图 8-5　OpenReport 宏操作

- OpenTable：使用 OpenTable 操作，可以在数据表视图、设计视图或打印预览中打开表并选择表的数据输入方式。OpenTable 操作有 3 个参数，其中 Table Name 参数用来指定打开表的名称。View 参数用来设置打开表的视图。DataMode 参数用来指定表的数据输入方式，该参数只应用于在数据表视图中打开的表。
- OpenView：使用 OpenView 可以以数据表视图、设计视图或打印预览视图方式打开一个视图。该操作的参数与 OpenStoreProcedure 的相同。
- Requery：使用 Requery 操作可以通过查询控件的数据源来更新当前对象中特定控件的数据。如果不指定控件，该操作将对对象本身的数据源进行查询。

8.3.5　其他类型的宏操作

此类操作主要用于维护 Access 2007 界面，包括菜单栏、工具栏、快捷菜单和快捷键的添加、修改和删除、错误信息的提示方式及响铃警告等。充分利用此类宏操作可以改善用户界面，使用户使用起来更加方便。例如：

- AddMenu：使用 AddMenu 操作可以创建下列内容：
  - 窗体或报表的自定义菜单栏。
  - 自定义快捷菜单。
  - 全局菜单栏。
  - 全局快捷菜单。
- AddMenu 操作具有 4 个参数，其中 Menu Name 参数用来定义添加到自定义菜单栏或全局菜单栏中的下拉菜单的名称。Menu Macro Name 参数用来指定宏组的名称。Status Bar Text 参数用来指定选择菜单时显示在状态栏中的文本，自定义快捷菜单和全局快捷菜单可忽略该参数。
- Beep：使用 Beep 操作可以通过计算机的扬声器发出“嘟嘟”声。Beep 操作没有参数。

8.4　创建宏

就单个宏动作而言，其功能是很有限的，它只在某一方面做某一件事。只有当众多的宏动作串联在一起依次连续地执行时，整个操作才显得完整、流畅。宏对象是一种可容纳若干个动作且能够依次将这些宏动作执行的一种对象。

（1）创建宏对象是通过宏编辑器来实现的，在数据库窗口中选择“宏”对象的“新建”命令，就可以打开宏的编辑窗口，如图 8-6 所示。

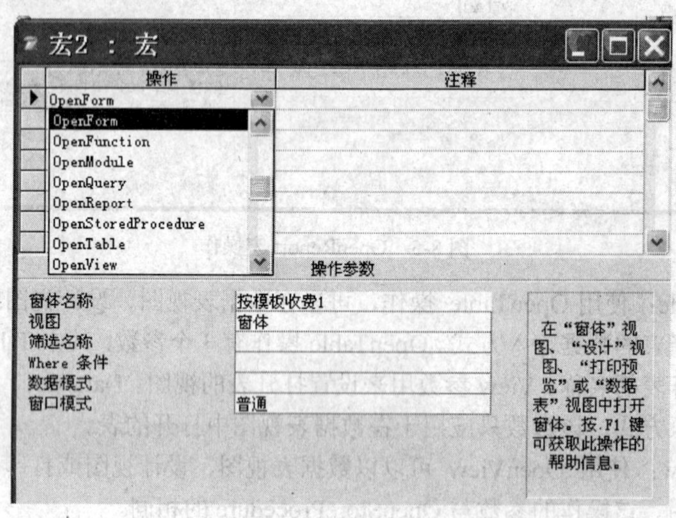

图 8-6　宏的编辑窗口

（2）在“宏”对话框中单击“操作”列的第一列。此时在该行的右边出现一个下拉箭头。单击该下拉箭头，打开下拉列表框。在下拉列表框中选择 OpenForm 选项，窗体名称为“按模板收费 1”，该动作是把“按模板收费 1”窗体打开。

操作有 6 个属性，主要属性的说明和设置如下：

- “窗体名称”属性。选择将要打开的窗体名称，其下拉列表框中显示了所有的窗体，
- “视图”属性。选择在其中打开窗体的视图，其下拉列表框中有 4 个选项：窗体、设计、打印预览、数据表。这里选择“窗体”视图。
- “数据模式”属性。选择窗体的数据输入模式：增加（允许增加新的记录）、编辑（允许编辑现有记录，可增加新的记录）、只读（仅允许查看记录）。这里选择“只读”。
- “窗体模式”属性。选择窗体窗口的模式：普通（窗体为窗体属性设置的模式）、隐藏（窗体为隐藏模式）、图标（窗体被最小化）、对话框，这里选择“普通”。

（3）然后单击工具栏上的“保存”按钮，此时会弹出要求输入宏名称的对话框。在该对话框中输入宏名称“宏 2”，然后单击“确定”按钮，就建立了一个简单的宏。

8.5　编辑宏

向宏中添加操作的方法如下：

（1）在“数据库”窗口中，单击“宏”对象。

（2）单击宏名，然后单击“设计”按钮。

（3）如果要在两个操作行之间插入一个操作，则单击插入行下面的操作行上的行选定器。如果要在末尾添加一个操作，则用鼠标单击第一个空白行。

（4）然后单击工具栏中的“插入行”按钮。

（5）单击“操作”列右边的向下箭头，在列表中选择要使用的操作。

（6）接下来可以为操作指定操作参数及条件等。

（7）单击工具栏中的“保存”按钮，保存所做的修改。

8.6　创建宏组

宏组是指在同一个“宏”窗口中包含的一个或多个宏的集合。如果要在一个位置上将几个相关的宏集中起来，而不希望运行单个宏，可以将它们组织起来构成一个宏组。宏组中的每个宏都单独运行，互不相关。

例如，所要执行的操作中要打开若干个表及窗体，对于每一项操作都可以建立一个宏，将这些宏独立保存起来，然后创建一个宏组，将它们包含在内。

如果要创建宏组，可以按照下述步骤进行：

（1）在“数据库”窗口中，单击“宏”对象。

（2）单击“新建”按钮，打开“宏”窗口。

（3）单击“视图”中的“宏名”按钮，在宏设计窗口中显示出“宏名”列。

（4）在“宏名”列内，输入宏组中的第一个宏的名字 A。

（5）单击“操作”列右边的向下箭头，从下拉列表框中选择要执行的操作。在一个宏中可以只包含一项操作，也可以包含多项操作，如图 8-7 所示。

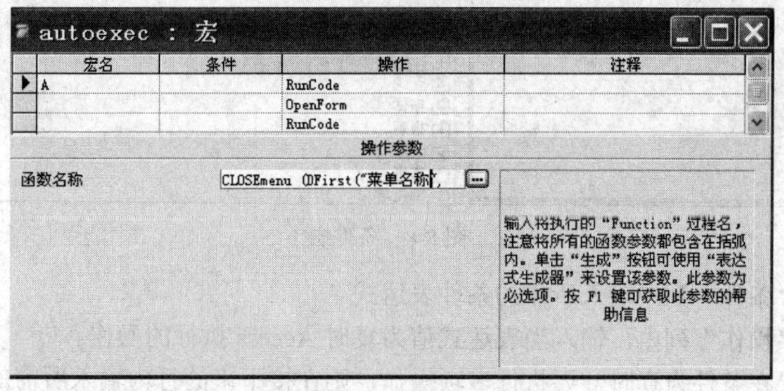

图 8-7　选择要执行的操作

（6）重复执行步骤（4）和（5），在宏组中包含其他宏。

（7）单击工具栏中的“保存”按钮，在弹出的“另存为”对话框中输入宏组的名称，然后单击“确定”按钮。这个名称也是显示在“数据库”窗口中的宏和宏组列表的名称。

创建宏组后，如果要引用宏组中的宏，其语法格式是：

宏组名.宏名

8.7　宏的条件表达式

在对数据进行处理时，可能希望仅当满足特定的条件时才在宏中执行一个或多个操作。在这种情况下，可以使用条件来控制宏的流程。

宏中使用的条件通常都是逻辑表达式，它将根据条件结果是真或假而沿着不同的路径执行。可以将条件输入到“宏”窗口的“条件”列中。如果这个条件的结果为真，则 Access 将执行此行中的操作。

在输入表达式的过程中，经常要引用某个控制的值，表达式中的控件必须符合以下格式：

```
Forms![窗体名]![控件名]
Reports![报表名]![控件名]
```

表达式中窗体名或报表名是被引用的控件所在的窗体或报表的名称。例如：

```
[Forms]![收费]![收款单号]
```

如果当前宏所引用的控件来自启动该宏的窗体或报表，则可以将控件引用简写为：

[控件名]

在宏中添加条件的操作方法如下：

（1）在“宏”窗口中，单击“宏设计”工具栏中的“条件”按钮，或者选择“视图”→“条件”命令，以便在“宏”窗口中显示“条件”列，图 8-8 所示为条件宏。

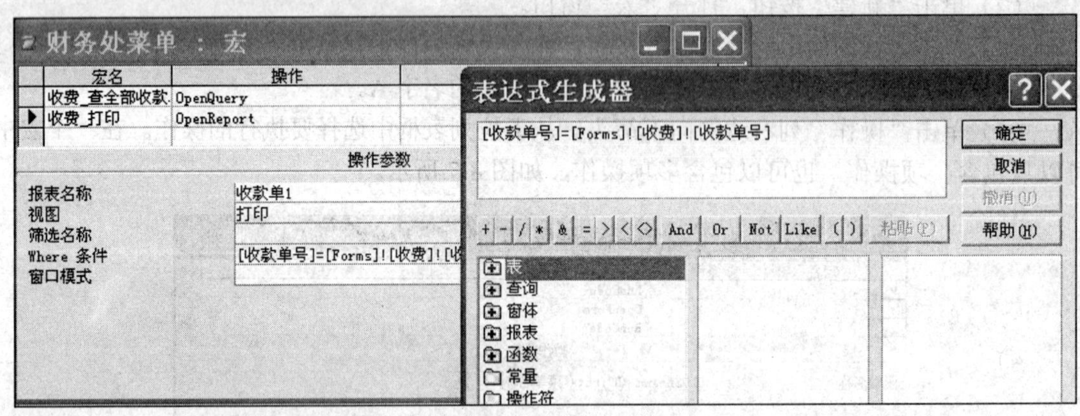

图 8-8　条件宏

（2）在“条件”列中输入所需的条件表达式。

（3）在“操作”列内，输入当表达式值为真时 Access 执行的操作。

（4）如果在条件为真时，要执行多项操作，则在接下来的行内输入所需的操作，并在对应的条件列内输入省略号“…”。

运行宏时，当执行完指定条件的操作后，如果其后的操作没有指定条件，则 Access 将继续执行这些操作，直至遇到另一个指定条件的操作为止。

如果某个条件表达式的值为假，则 Access 将忽略它所对应的操作，并且还忽略其后所有带有“…”条件的操作，转到没有指定任何条件的操作上。

8.8　执行宏

运行宏的方法：如果要在 Access 窗口中运行宏，可以按照下述步骤进行：

（1）选择“工具”→“宏”命令，从出现的级联菜单中选择“执行宏”子命令，出现如图 8-9 所示的“执行宏”对话框。

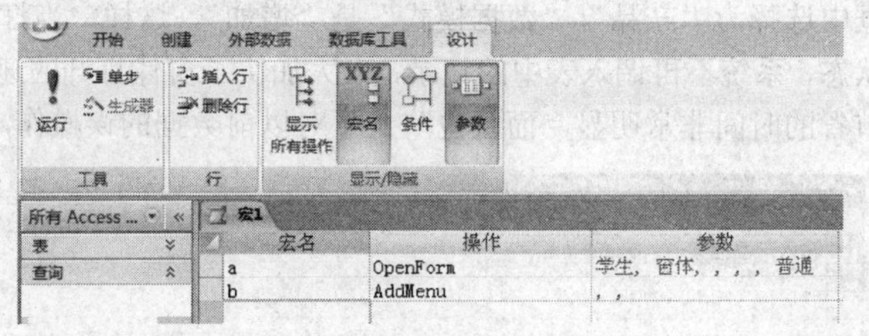

图 8-9　“执行宏”对话框

（2）在“执行宏”对话框的“宏名”框内输入需要执行的宏，或者单击“宏名”框右边的向下箭头，从弹出的下拉列表框中选择宏名。

（3）单击“确定”按钮，Access 开始运行指定的宏。运行“财务处菜单”宏，运行结果如图 8 10 所示。

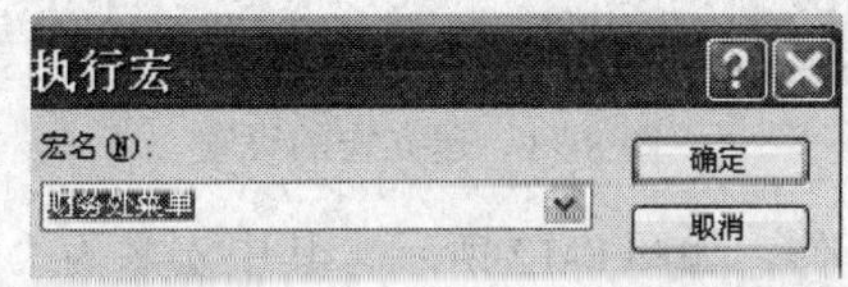

图 8-10　运行“财务处菜单”宏

8.9　宏的应用

通过前面的学习，用户对宏的基本知识应该有了较清楚的认识和理解，下面介绍应用简单的宏指令来建立一个应用程序系统。利用本书前面几章的窗体和报表，来设计一个窗体菜单，将这些数据库对象组合起来。详细讲述宏设计的具体过程。

希望 Access 应用系统启动后，显示出一个窗体，窗体上示出的系统功能菜单，用户单击各个功能按钮调用不同的操作，它与下拉式顶层菜单不同，则称此窗体为启动窗体。用户单击功能按钮时执行相应的宏，完成特定的操作，如打开某一窗体、关闭系统等，系统的全部功能如下：

（1）输入产品档案。只能输入产品档案记录，不显示修改以前产品数据。

（2）修改产品档案。只能修改、删除产品档案记录，不输入产品档案。

（3）查询产品档案。只能查询，不能修改、输入数据，而且以数据表方式显示。

（4）预览产品报表。

（5）打印产品报表。

（6）退出系统。

我们先完成以上 6 项操作的宏。

8.9.1 建立相关的宏

首先建立菜单宏，建立宏的步骤如下：

步骤 1：切换到数据库窗口的“宏”窗口，单击“新建”按钮，显示宏设计视图。

步骤 2：单击“宏名”按钮，宏设计视图显示列宏名。

步骤 3：建立宏名为“输入产品档案”的宏操作，操作命令是 OpenForm，操作参数“窗体名称”从组合框中选择为“产品”，“数据模式”是“增加”。这样，当打开该窗体时，马上处于增加新记录状态，系统不再调入表中的记录，大大加快了窗体打开的速度，这对于有大记录集的窗体来说节省的时间非常明显，而且也防止了对以前数据的误操作，如图 8-11 所示。

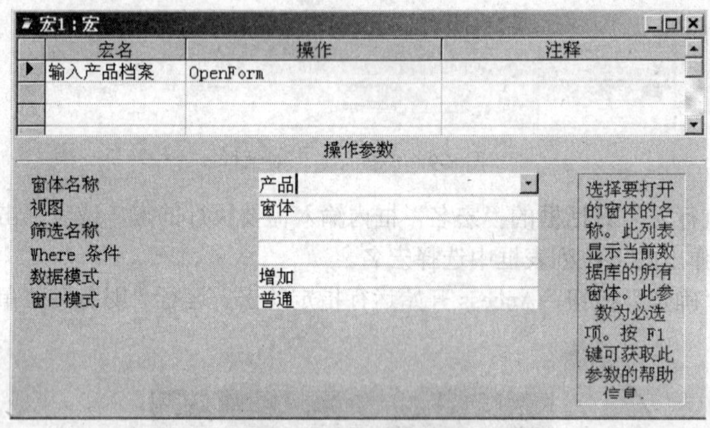

图 8-11 建立宏的设置

步骤 4：输入所有的宏操作，如图 8-12 所示，其中宏名为“修改产品档案”、“退出系统”的宏操作各有两项操作，执行宏名为“修改产品档案”的宏操作时先执行 OpenForm 操作再执行 SetValue 操作，SetValue 操作把打开的产品窗体的属性 AllowAdditions 设置为 False，使其不能增加记录，SetValue 的操作参数“项目”使表达式：[Forms]![产品].[AllowAdditions]，用表达式生成器自动生成。

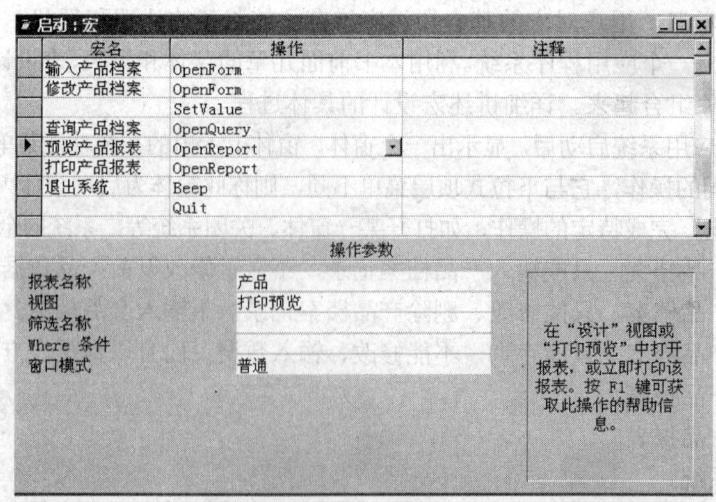

图 8-12 输入所有的宏操作

步骤 5：关闭该“宏”窗口，系统提示输入宏的名称（如图 8-13 所示），给宏起名为“启动”，保存该宏。

图 8-13　提示输入宏名称

步骤 6：先设定系统启动菜单窗体的名称是“启动菜单”，建立 AutoExec 宏，它只有一项操作 OpenForm，窗体名称是“启动菜单”，如图 8-14 所示。

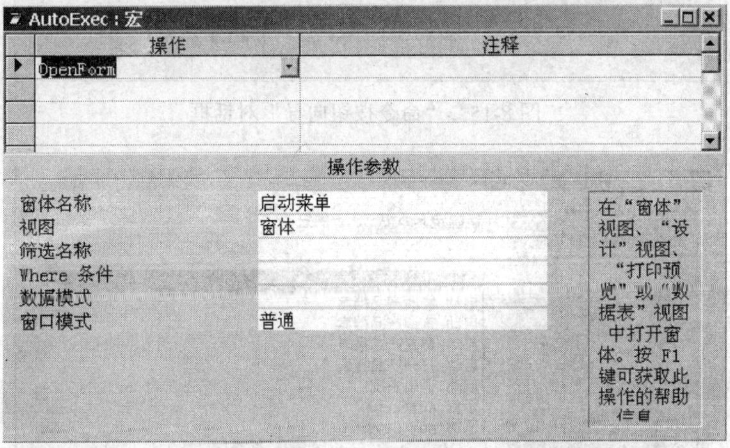

图 8-14　设置窗体名称

8.9.2　建立系统启动窗体

建立系统启动窗体的步骤如下：

步骤 1：切换到数据库窗口的窗体窗口，单击“新建”按钮，选择设计视图，单击“确定”按钮，进入窗体设计视图，该窗体是没有记录源的窗体。

步骤 2：窗体上建立一个标签，其标题是“产品管理系统”，设定其大小、颜色、字体。

步骤 3：单击工具箱中的“命令按钮”控件，在窗体设计视图中放置该控件，出现命令按钮向导（如图 8-15 所示），选择按下按钮时产生的动作类别为“杂项”，操作是“运行宏”，单击“下一步”按钮。

步骤 4：在图 8-16 中，选择命令按钮运行的宏“启动.输入产品档案”，单击“下一步”按钮。

步骤 5：在图 8-17 中，选择命令按钮上显示的是文本，在文本框中输入“输入产品档案”，单击“完成”按钮，Access 自动为该命令按钮命名为“输入产品档案”，在窗体上生成了一个选择命令按钮，结果如图 8-18 所示。

步骤 6：类似地，完成其他按钮的设计，设置窗体的其他属性值，关闭设计视图，保存并以启动菜单命名该窗体。关闭数据库，便完成了一个面向最终用户的应用系统的开发。重新打开该数据库，数据库系统启动后，运行结果如图 8-19 所示。从该菜单中单击不同的按钮执行相应的操作，对最终用户来说，操作应用系统非常方便，完全不用学习 Access。

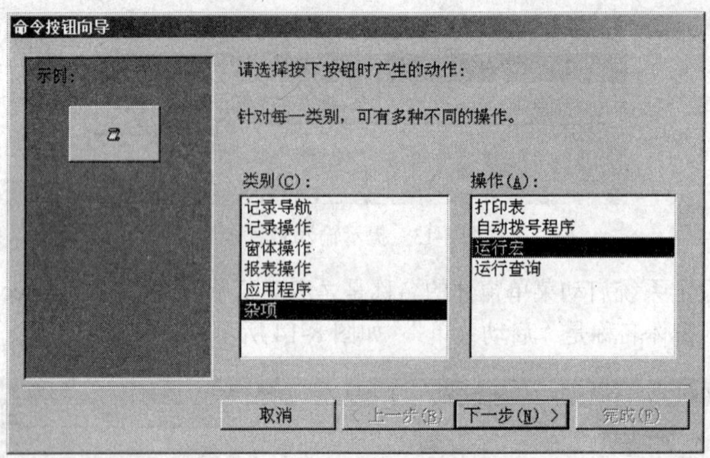

图 8-15　“命令按钮向导”对话框

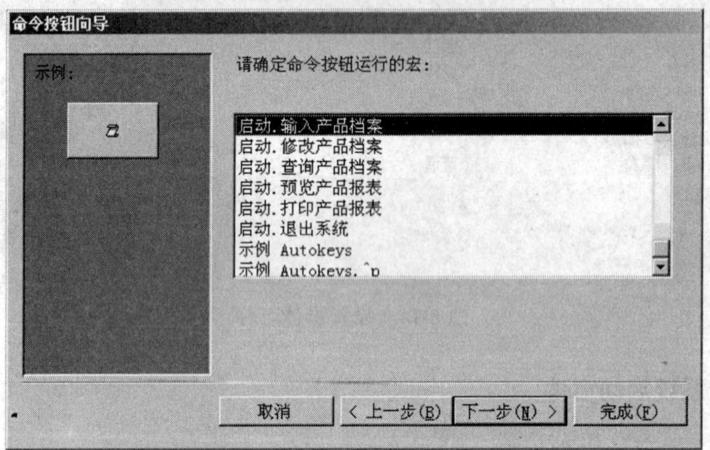

图 8-16　选择命令按钮运行的宏

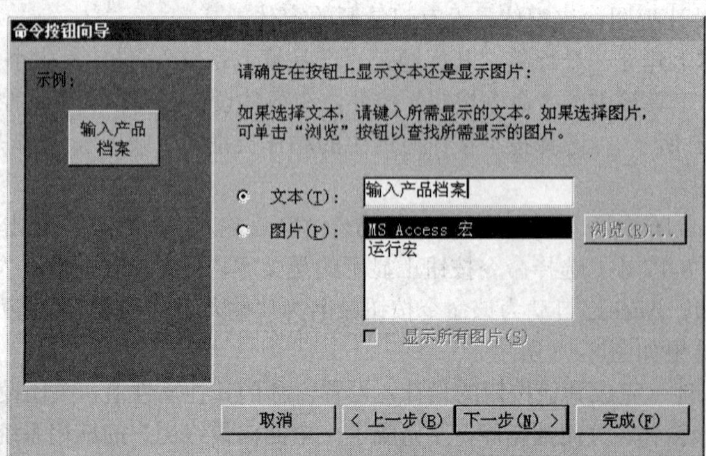

图 8-17　生成一个选择命令按钮

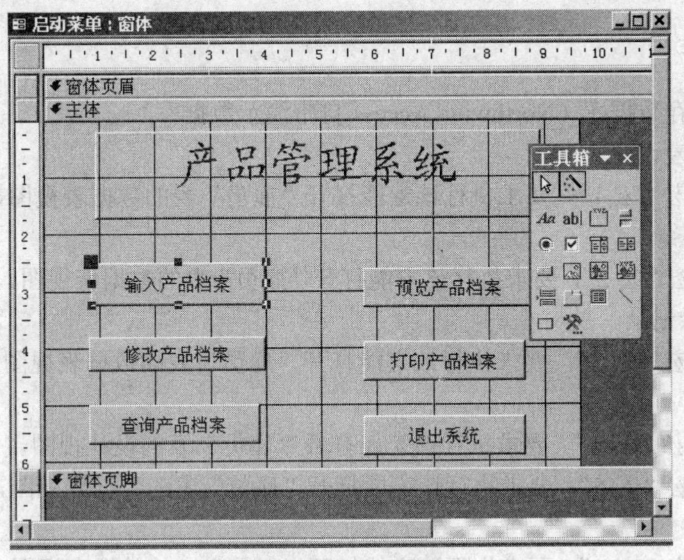

图 8-18　设置后的结果

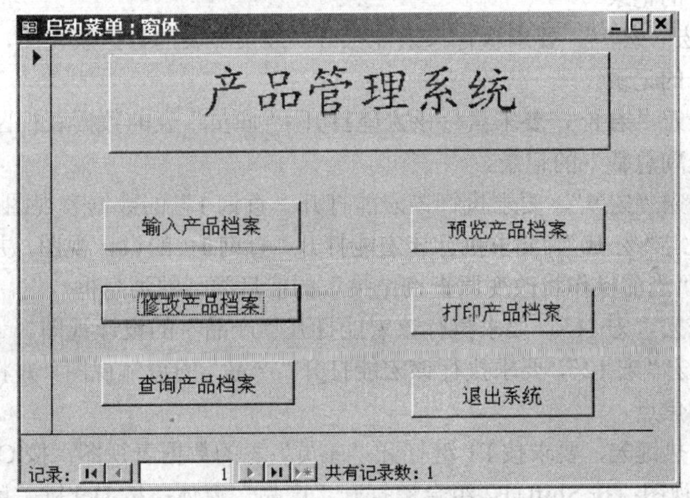

图 8-19　运行结果

一、简答题

1. 打开窗体的宏命令是什么？其主要参数是什么？
2. 打开报表的宏命令是什么？其主要参数是什么？
3. 打开表的宏命令是什么？其主要参数是什么？
4. 打开查询的宏命令是什么？其主要参数是什么？

二、上机操作

1．打开进销存数据库（Northwind Access 自带演示数据库）。

2．选择进入宏设计。

3．建立一个宏“宏 1”，要求执行该宏能打开“雇员”表的数据表视图，并允许增加、修改和删除记录。

4．建立一个宏“宏 2”，要求执行该宏能打开“雇员”表的数据表视图，并允许增加记录，但不能修改和删除记录。

5．建立一个宏“宏 3”，要求执行该宏能打开“雇员”表的数据表视图，并不允许增加、修改和删除记录。

6．建立一个宏“宏 4”，要求执行该宏能打开“雇员”表的设计视图。

7．建立一个宏“宏 5”，要求执行该宏能打开“雇员”表的数据表视图，并定位至第 5 条记录。

8．建立一个宏“宏 6”，要求执行该宏能打开“雇员”表的数据表视图，并找到第一条职称为“销售代表”的记录。

9．建立一个宏“宏 7”，要求执行该宏能打开“雇员”表的数据表视图，并找到第 3 条职称为“销售代表”的记录。

10．建立一个宏“宏 8”，要求执行该宏能打开 “雇员”表的数据表视图，并找到第一条职称为“销售代表副总裁”的记录。

11．建立一个宏“宏 9”，要求执行该宏能打开“查询 1”的数据表视图。

12．建立一个宏“宏 10”，要求执行该宏能打开“查询 1”的设计视图，并产生标题为“提示”，消息内容为“当前操作将改变原查询结果”的信息类型的消息框。

13．建立一个宏“宏 11”，要求执行该宏能打开“产品”的设计视图。

14．建立一个宏“宏 12”，要求执行该宏能打开“产品”的窗体视图，并将显示姓名的“文本框”指定为活动焦点。

15．建立一个热键宏，要求按 F1 键打开“雇员”表的数据表视图；按 Ctrl+P 组合键打开“查询 1”的设计视图；按 Shift+F2 组合键打开“产品”窗体；按 Del 键关闭“产品”窗体；按 Ctrl+1 组合键运行“宏 1”。

第 9 章　数据库实用工具及应用

- 切换面板管理器的使用
- 拆分 Access 数据库
- 数据库安全
- 发送到 Word、Excel 中
- 升迁 Access 到 SQL Server

9.1　窗体型菜单——切换面板

9.1.1　Access 的菜单类型

Access 的菜单有 4 种，顶层下拉式菜单——菜单栏、工具栏、快捷菜单、自定义窗体型菜单。在前面一章，设计了一个非常简单的窗体型菜单，实际使用的菜单比这要复杂，可能有许多层次，每一层又有许多菜单项，虽然可以手工设计出此类菜单，但 Access 提供了一个功能更强大的窗体型菜单生成器——切换面板管理器，有助于快速地设计出此类菜单，自动生成菜单窗体——Switchboard。

对前面的菜单进行扩充，一个完整的菜单结构如图 9-1 所示。共有 3 层，这里只做出了档案管理的下层菜单，其他的如成绩管理、户籍管理、收费管理的下层菜单省略。

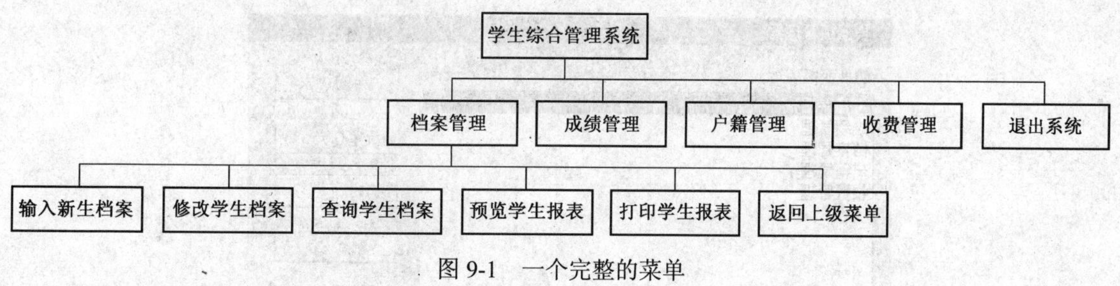

图 9-1　一个完整的菜单

9.1.2　生成切换面板

生成切换面板的步骤如下：

步骤 1：选择“数据库工具”→“切换面板管理器”选项可进入切换面板管理器，如图 9-2 所示。

图 9-2　选择“数据库工具”→“切换面板管理器”选项

步骤 2：进入切换面板管理器，如图 9-3 所示，系统已有一个第一层的菜单——Access 称为“主切换面板”，一个切换面板页对应一个有下属节点的菜单项，图 9-1 中有 5 个切换面板页，单击“新建”按钮，新建一个切换面板页“成绩管理”，如图 9-4 所示。

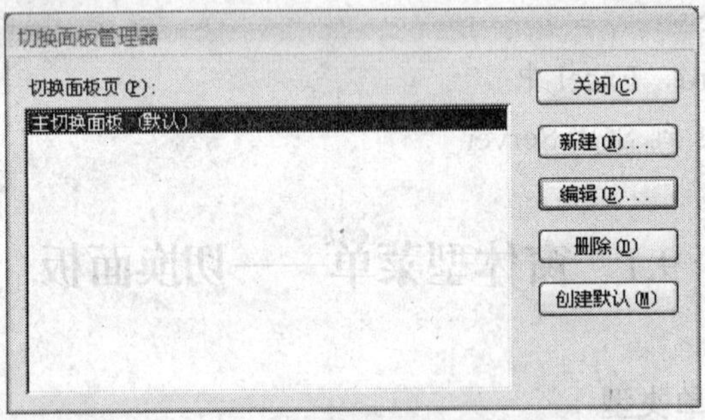

切换面板管理器
切换面板页(P):
主切换面板 (默认)
关闭(C)
新建(N)...
编辑(E)...
删除(D)
创建默认(M)

图 9-3　切换面板管理器

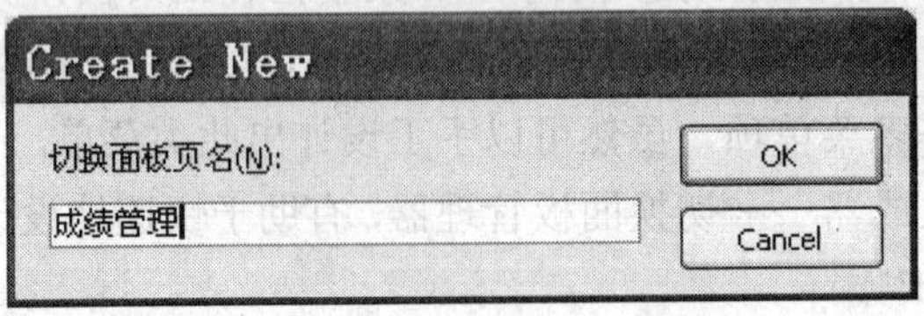

Create New
切换面板页名(N):
成绩管理
OK
Cancel

图 9-4　新建“成绩管理”面板页

步骤 3：继续建立其余的切换面板页，如图 9-5 所示。

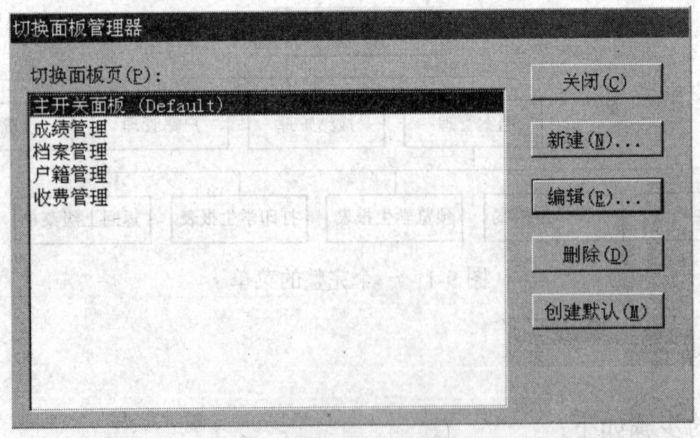

图 9-5　建立其余切换面板页

步骤 4：设置开关面板页的下层菜单项，先输入主开关面板页的菜单项，它包括 5 个菜单项，4 个下层的切换面板页和一个单独的无下层的菜单项——“退出系统”。在图 9-5 中，选择主开关面板页，单击“编辑”按钮，进入“编辑切换面板页”的对话框，如图 9-6 所示，目前，主开关面板页没有下层的菜单项。

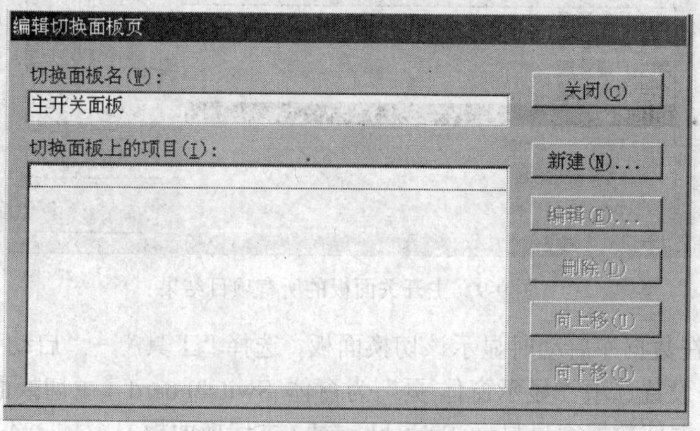

图 9-6　“编辑切换面板页”对话框

步骤 5：单击“新建”按钮，进入“编辑切换面板项目”对话框，如图 9-7 所示，输入项目的文本“学生成绩管理”，这个文本将在切换面板上显示，选择该项目的命令，该项目要调用另一个切换面板，这里选择命令为“转至‘切换面板’”，然后选择切换面板为“成绩管理”。单击“确定”按钮，返回“编辑切换面板项目”对话框。

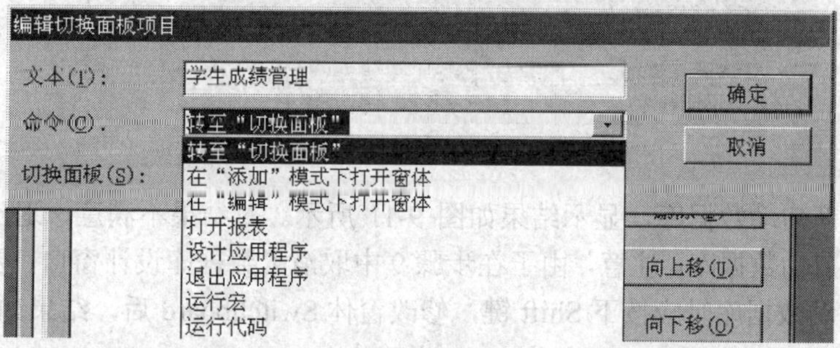

图 9-7　“编辑切换面板项目”对话框

步骤 6：重复步骤 5，建立其余 3 项，建立最后一项“退出系统”时，“命令”选择为“运行宏”，选择宏为“启动.退出系统”，如图 9-8 所示。主开关面板的所有项目结果如图 9-9 所示。

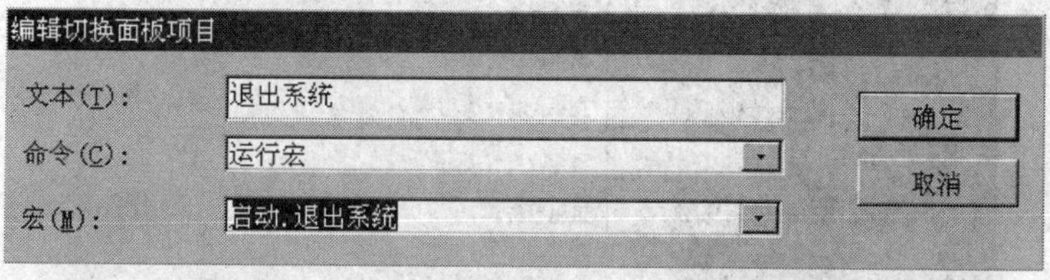

图 9-8　设置“编辑切换面板项目”对话框

步骤 7：重复步骤 4 至步骤 6，完成其他切换面板的项目编辑内容。关闭切换面板管理器，Access 自动产生了一个表 Switchboard Items 和一个窗体 Switchboard。

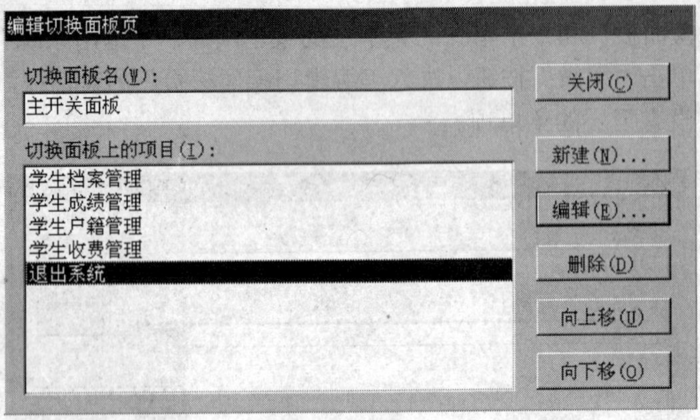

图 9-9　主开关面板的所有项目结果

步骤 8：为了在数据库启动时显示该切换面板，选择“工具”→“启动”命令进入“启动”选项设置对话框，设置选项“显示窗体/页”为窗体 Switchboard（主切换面板），选中“显示数据库窗口”复选框使数据库只显示 Switchboard（主切换面板）窗体，不再显示数据库设计窗口，如图 9-10 所示。

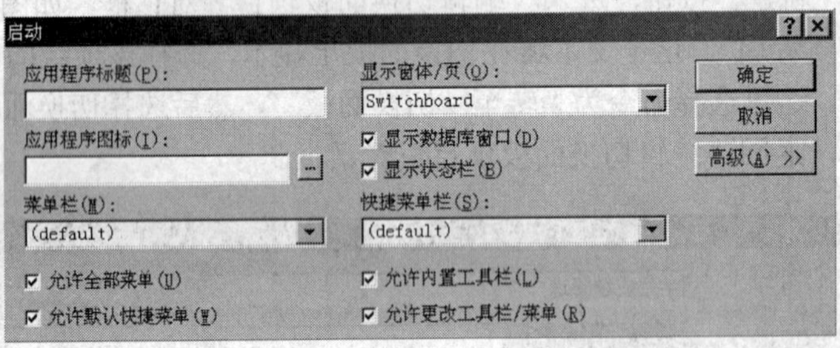

图 9-10　“启动”对话框

步骤 9：重新启动数据库，显示结果如图 9-11 所示。对结果不满意，退出该数据库并修改窗体。再重新启动数据库。注意，由于在步骤 9 中取消了数据库设计窗口，要重新进入设计数库窗口，在启动数据库时应按下 Shift 键，修改窗体 Switchboard 后，结果如图 9-12 所示。

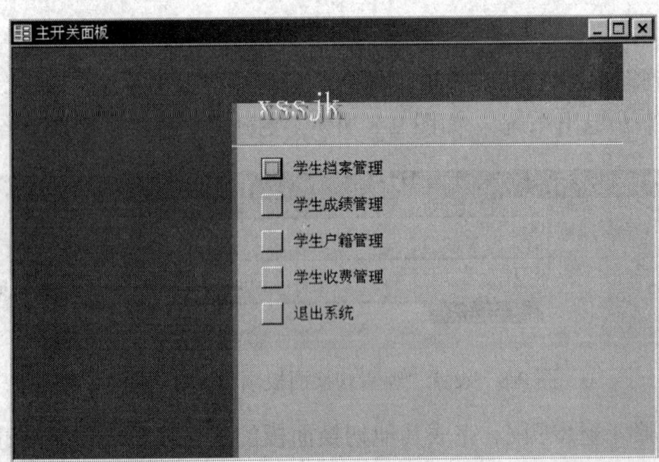

图 9-11　启动数据库界面

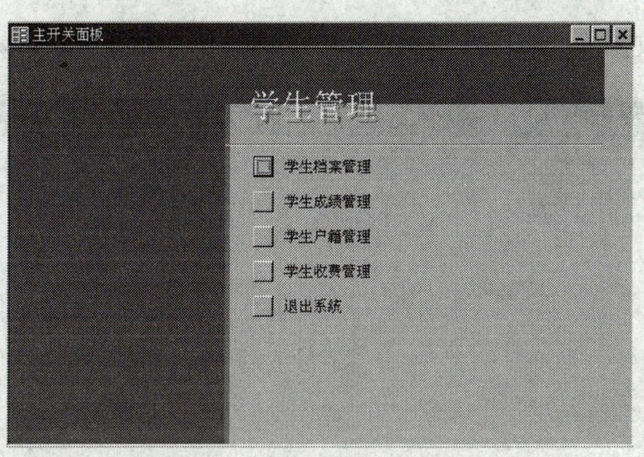

图 9-12　修改窗体后的结果

9.1.3　修改删除切换面板

要修改切换面板只要重新进入切换面板管理器即可，进入切换面板管理器后可以增加菜单项、修改菜单项和修改操作等。要全部删除切换面板，首先应删除表 Switchboard，然后删除窗体 Switchboard。再进入切换面板管理器就可以重新从头生成切换面板了。

9.2　拆分 Access 数据库

数据库在网络上实现数据共享时可以发现，当用户在访问网络数据库时，都必须把所需要的表、窗体、查询、报表、宏等 Access 对象通过网络传输到用户的计算机中，这样的设计在网络使用频繁时很容易造成网络阻塞现象的发生。另外，为了便于修改和发布应用程序，优化 Access 数据库管理和提高工作效率，若能将数据库的物理数据源（表）与数据操作界面（窗体、查询、报表等）分开，将是一种好的解决方法。为了解决这些问题，Access 提供了数据库的拆分功能。

所谓数据库拆分，就是将当前数据库拆分为两个数据库：一个包含所有表的后端数据库和一个包含其他对象及与后端数据库相链接的表的前端数据库。数据库拆分步骤如下：

（1）打开 xssjk1 为当前数据库。

（2）单击“数据库工具”→“拆分数据库”选项，如图 9-13 所示。

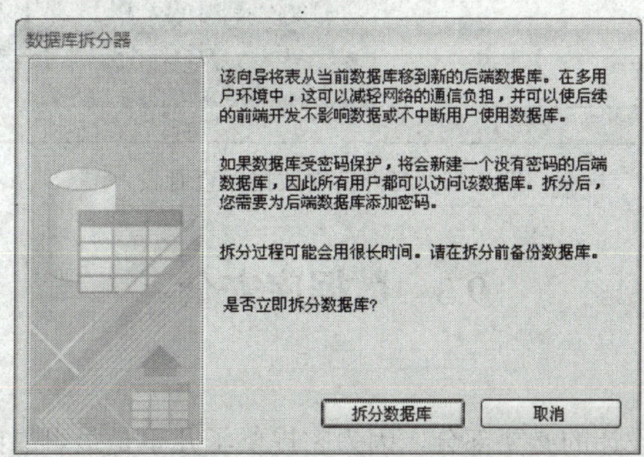

图 9-13　“数据库拆分器”界面

（3）单击“拆分数据库”按扭，创建后端数据库（xssjk1_be.accdb），如图 9-14 所示。

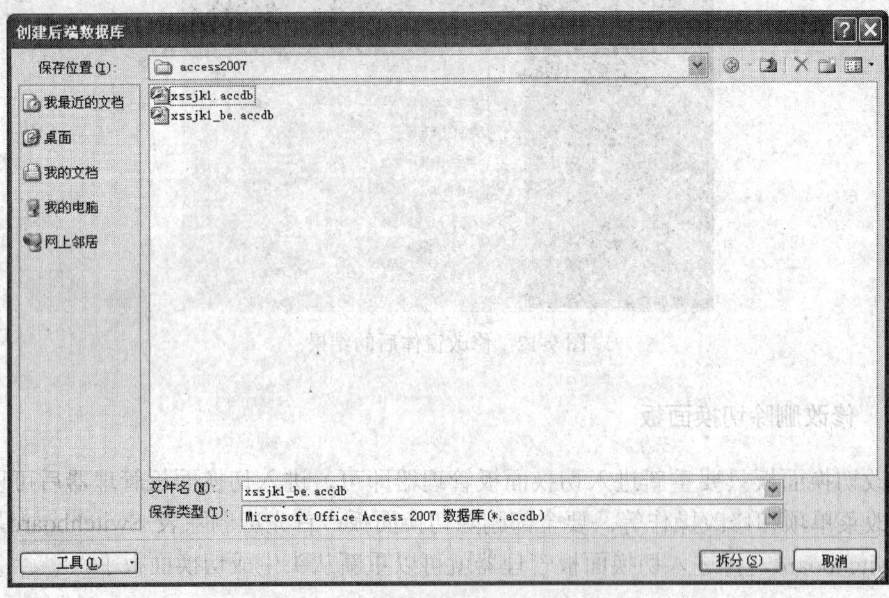

图 9-14　创建好后端数据库

（4）打开前端数据库，查看表都是与后端数据库相链接的表，如图 9-15 所示。

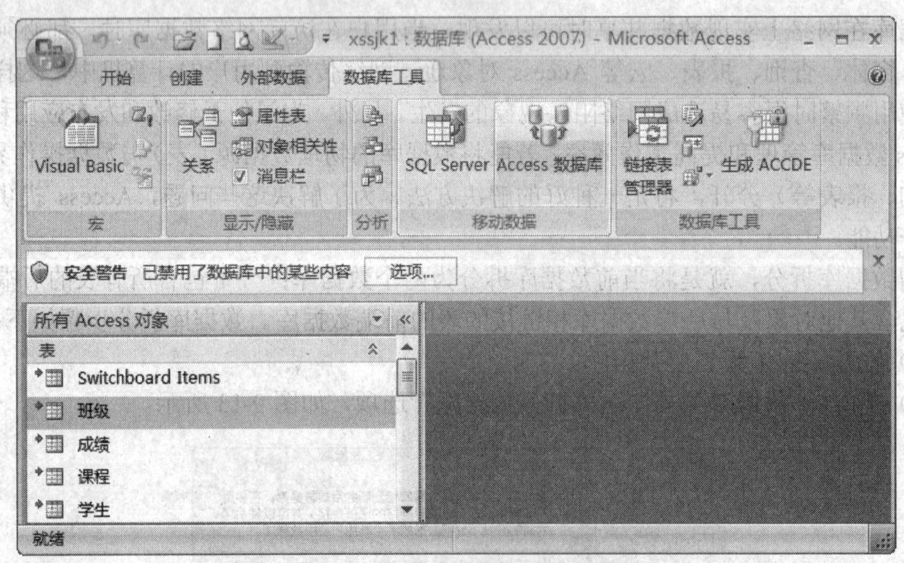

图 9-15　打开前端数据库查看表

9.3　数据库安全

1. 备份数据库

备份是任何数据库设计的必要部分，因为它提供了几乎是最可靠的维护数据的方法。用户在工作中要经常进行备份数据库的操作。备份操作很简单，用户任意采取一种方法，将建好的 Access 数据库复制成另一个文件，并且把它存放在不同的位置。这个过程虽然只是简单的复制操作，但非常重要。

设置数据库最安全、最简单的方法就是为打开的数据库设置密码。设置完密码后，只有知道密码的用户才可打开数据库。在打开数据库之后，数据库中的所有对象对用户都将是可用的。

2. 设置数据库密码

对于在某个用户组中共享的数据库或是单独的计算机上的数据库，如果不希望其他用户查看自己的数据库，通常设置密码就足够了。添加数据库密码的操作步骤如下：

单击“用密码进行加密”命令按钮，打开“设置数据库密码”对话框，如图 9-16 所示。

在“密码”文本框中，输入用户自己的密码。

在密码“验证”文本框中，再次输入相同密码以进行确认。

确认密码无误之后，单击“确定”按钮。

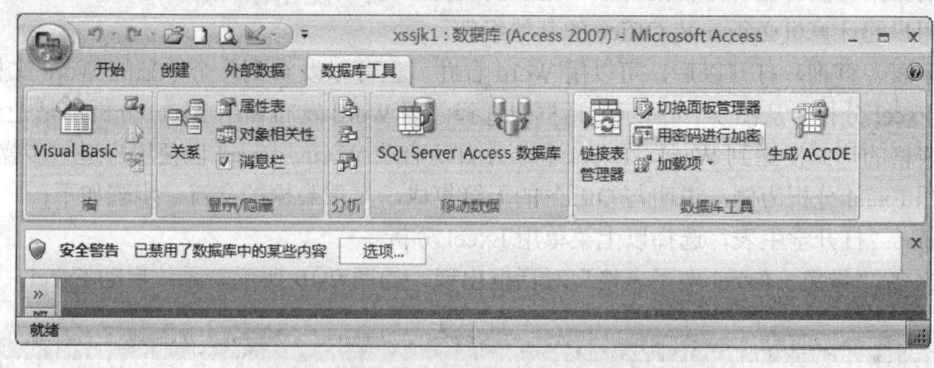

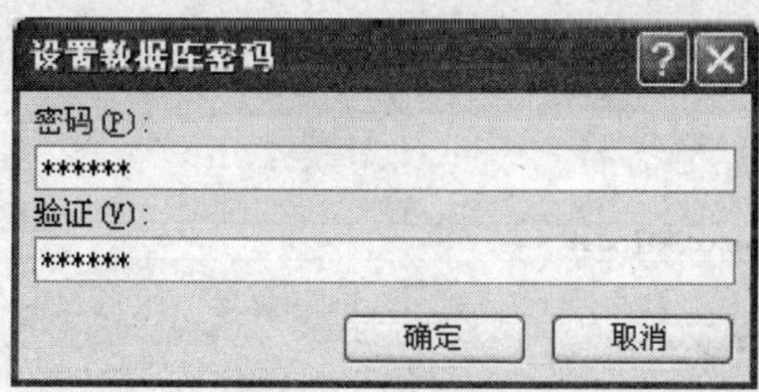

图 9-16　打开“设置数据库密码”对话框

这样便完成了密码的设置。下一次打开数据库时，会显示“要求输入密码”的对话框，如图 9-17 所示。

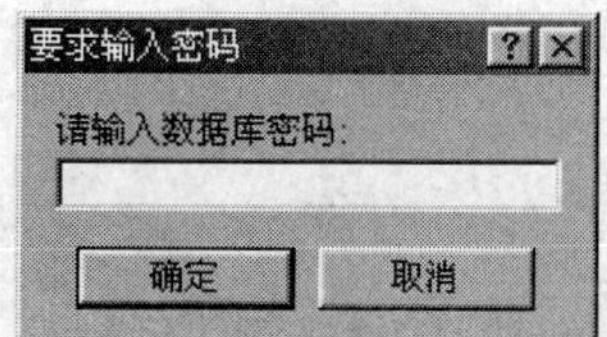

图 9-17　“要求输入密码”对话框

3. 撤消数据库密码

在“撤消数据库密码”对话框中，输入当前的密码，单击“确定”按钮，如图 9-18 所示。

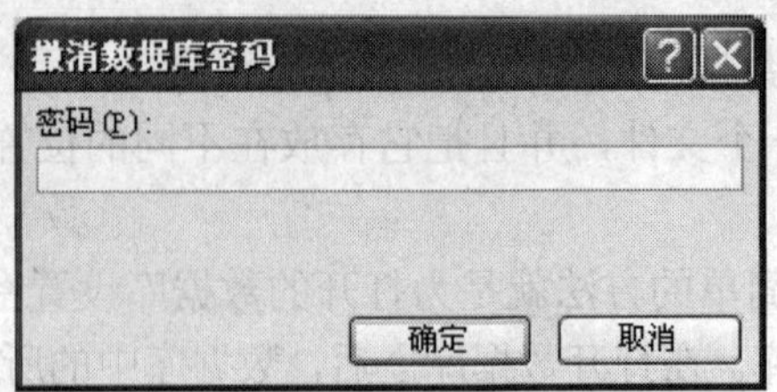

图 9-18 “撤消数据库密码”对话框

9.4 发送到 Word、Excel 中

利用前面导入、导出、链接可以实现 Access 与 Office 其他组件的数据交换，由于 Access 是 Office 的一个组件，在 Access 中，除了以上介绍的通用操作方法外，Access 与 Office 的其他组件的数据交换有更加方便的方法、更多的功能。与 Office 的其他应用程序的无缝集成，前提是用户的计算机必须安装 Office 的其他组件。

对于表、查询，打开以后，可以用 Word 合并，也可以发布到一个单独的 Word 文档，还可以用 Excel 分析。从图 9-19 所示对话框中选择。用 Word 发布和用 Excel 分析都是把整个数据集以表格的形式发送到 Word、Excel 中，并自动启动 Word、Excel 以便用户进一步操作。

以用 Excel 分析为例，说明与 Office 的无缝集成，实现数据的交流。步骤如下：

步骤 1：打开学生表，选择以上菜单用 Excel 分析。

步骤 2：“导出－Excel 电子表格”对话框出现，如图 9-19 所示。系统启动 Excel。

图 9-19 “导出－Excel 电子表格”对话框

Microsoft Excel - 课程.xlk

	A	B
1	课程号	课程名
2	001	高数(上)
3	002	英语(上)
4	003	basic
5	004	经济数学
6	006	会计原理
7	007	电路基础
8	008	电子线路
9	009	C语言
10	010	财务会计
11	011	成本会计
12	012	财政金融
13		

图 9-19　“导出—Excel 电子表格”对话框（续图）

9.5　升迁 Access 到 SQL Server

前面已经了解了 Access 具有快速开发、界面友好、功能强大的特点，它本身就是一个完整的基于 SQL 数据库语言的关系数据库管理系统，非常适用于开发数据库应用系统。Access 不仅可用于开发单机数据库系统，还可以用于开发多用户的客户机/服务器方式网络数据库应用系统。读者用 Access 开发的应用系统都是客户机/服务器系统，开发的效率远远超出其他工具，系统整体运行的速度也非常令人满意。

Access 和 SQL Server 是开发客户机/服务器系统的一种完美的组合，用 Access 和 SQL Server 可以开发两层结构的客户机/服务器方式的数据库应用系统。用 SQL Server 设计数据层，用 Access 设计表现层。Access 是一种快速、界面友好、功能强大、灵活的前端开发工具，SQL Server 则提供高性能、管理方便和高度安全的后端数据处理机。Access 是 SQL Server 的一种专用开发工具，使用 Access 和 SQL Server 可以快速开发出功能强大的客户机/服务器数据库应用系统。

一般开发时，先在 Access 中设计，可不用 SQL Server，开发时需要的资源较少，也便于调试。用 Access 设计数据库系统，包括前端和后端的数据库。调试完成后，再把数据库中的表升级到 SQL Server，从而快速生成客户机/服务器应用系统。把在 Access 中开发的数据库应用系统升迁到 SQL Server 中非常容易，Access 提供了 SQL 升迁向导来完成该项工作。

将 Access 数据库中的表上传到 SQL Server 上，建立新表，并复制数据记录，自动建立前端 Access 与后端 SQL Server 的链接关系。把表链接到 Access 中，在 Access 数据库中建立一个链接表，原有 Access 本地表改名，在原来的表名后加上_local，以区别于链接表和本地表。可以删除本地表*_local，升迁后的 Access 数据库运行状况与升迁前的 Access 数据库没有区别，而它是客户机/服务器应用系统。升迁到 SQL 后运行系统，马上发现运行速度有了很大的提高。如果再使用 SQL 的存储过程等工具，将极大地提高 Access 数据库应用系统的性能。用 SQL 升迁向导升迁 Access 数据库之前，先做一个备份，以防发生意外。升迁步骤如下：

步骤 1：首先打开要转换的数据库，选择“数据库工具”→“升迁向导”选项，就会出现 SQL“升迁向导”对话框，如图 9-20 所示。这里选择新建一个 SQL 数据库。

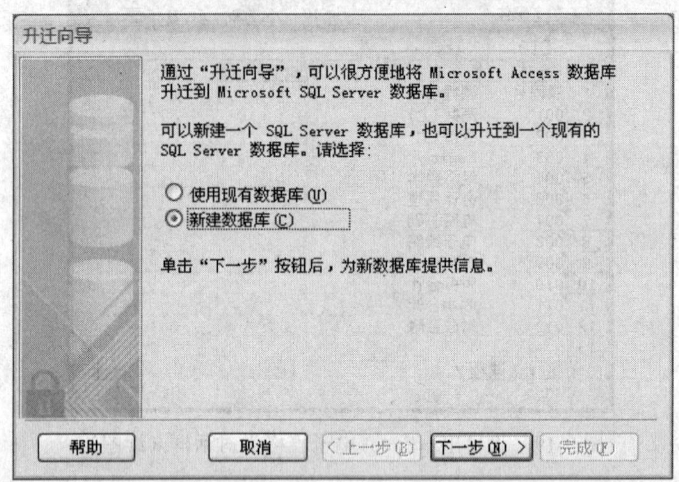

图 9-20 “升迁向导”对话框

步骤 2：输入 SQL Server 服务器名称、登录 ID 和密码，并指定升迁后的数据库名称。默认名称为原数据库名称+SQL，如图 9-21 所示。

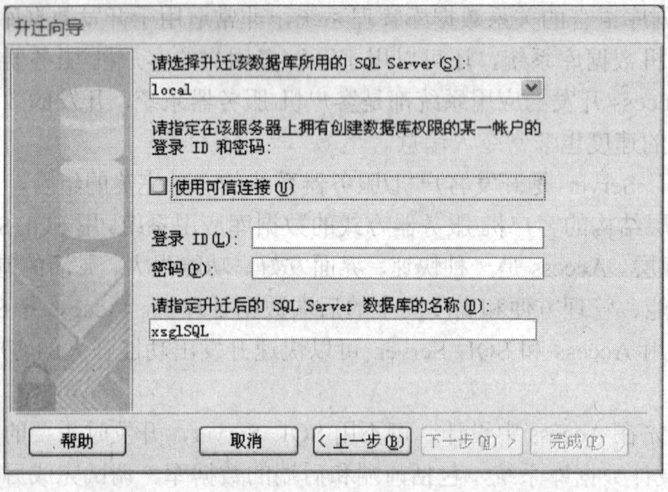

图 9-21 输入服务器名称、登录 ID 和密码等

步骤 3：选择要升迁的表，如图 9-22 所示。

步骤 4：选择要升迁的表的属性。选择默认值即可，如图 9-23 所示。

步骤 5：选择对现有 Access 数据库文件的措施。选择第二项。单击“完成”按钮，如图 9-24 所示，开始升迁，要费一定的时间，完成后，显示升迁向导报告。

升迁后的结果如下：图标为 的表是 SQL Server 中的表，表本身在 SQL Server 服务器中，在 Access 中只是一个链接影像，在 Access 中不能修改表的结构，但可以修改表在 Access 的本地属性，如字段的标题等。原有的表加上_local 保留，如果用不着可以删除。对链接表的使用与本地表一样，没有什么区别，如图 9-25 所示。

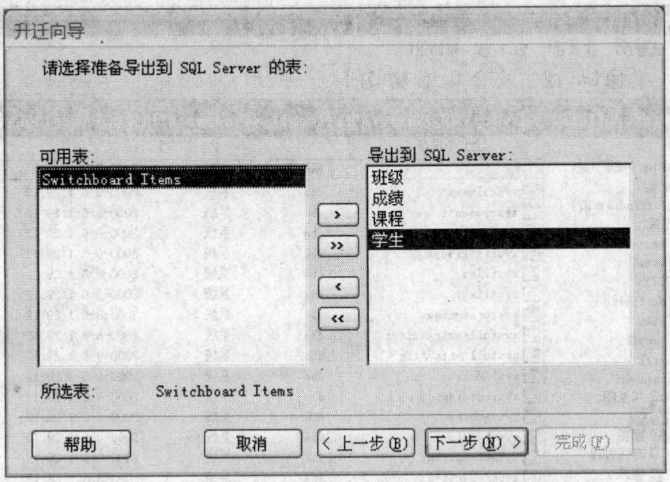

图 9-22　选择要升迁的表

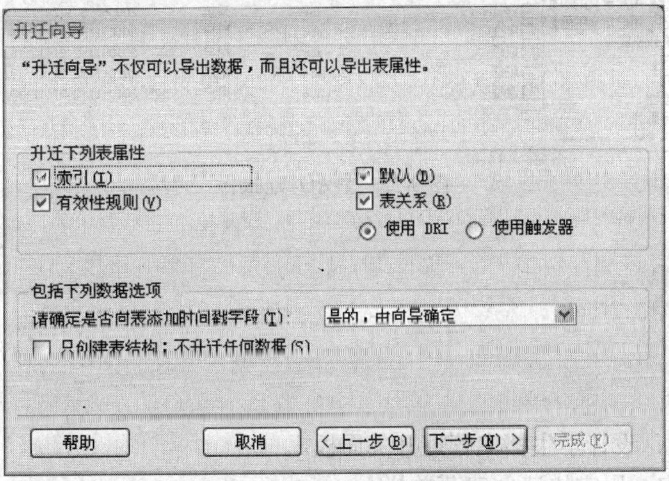

图 9-23　选择要升迁的表属性

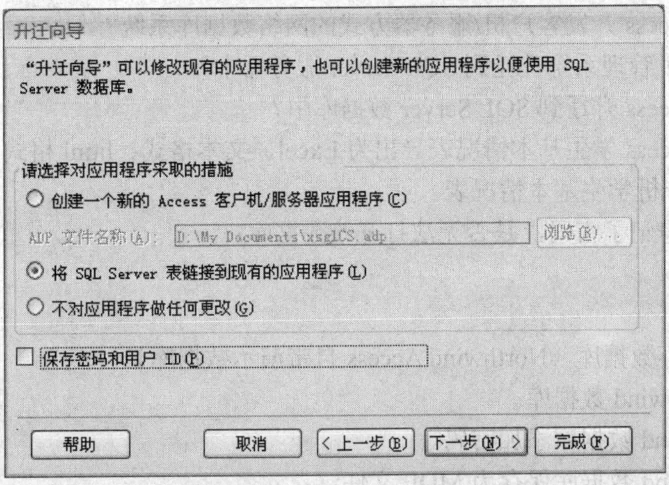

图 9-24　单击“完成”按钮

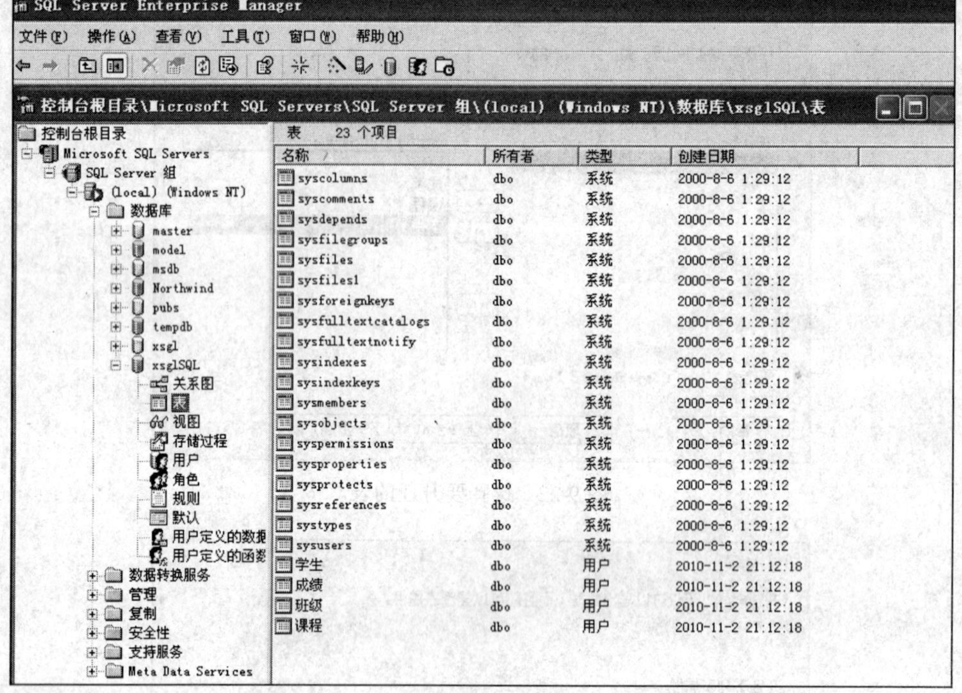

图 9-25　显示升迁报告

一、简答题

1．根据图 9-1，设计学生档案管理开关面板。
2．设计一组宏，用宏快速创建菜单栏。
3．如果用户忘记了密码，是否无法打开该数据库?
4．怎样用 Access 开发客户机/服务器方式的网络数据库系统?
5．怎样把学生管理系统升迁到 SQL Server 服务器中?
6．怎样把 Access 升迁到 SQL Server 数据库中?
7．怎样把 Access 学生基本情况表导出为 Excel、文本格式、html 格式?
8．用 Excel 分析学生基本情况表。
9．如果用户忘记了密码，是否无法打开该数据库?

二、上机操作

1．打开进销存数据库（Northwind Access 自带演示数据库）。
2．拆分 Northwind 数据库。
3．给 Northwind 数据库添加密码。
4．把 Northwind 数据库保存为.MDE 文件。

第 10 章　快速生成应用系统举例

- 开发一个数据库应用系统的过程
- 应用系统的需求分析内容
- 应用系统的窗体设计和报表设计
- 定制应用系统
- 打包发布应用系统

10.1　系统设计流程

一般应用软件如管理信息系统，其开发设计过程采用生命周期的理论，设计过程可以分为 6 个阶段：需求分析、概念设计、逻辑设计、物理设计、数据库实施和运行、数据库的使用和维护。结合 Access 本身的特点，一般地，项目由用户提出，开发人员到用户处进行初步的情况了解，拟订出初步的方案，征得用户同意后，开始系统的分析与设计。下面以学生交费管理系统为例，说明怎样用 Access 完整地开发一个应用系统。

下面提出用 Access 开发一个数据库应用系统的设计流程，如图 10-1 所示。

图 10-1　用 Access 开发数据库应用系统的设计流程

10.2 需求分析

通过与财务处用户的交流，了解了学生交费管理系统的主要业务是收费。每学年先列出学生应交的各项费用，根据每个学生的身份制订其应交的费用项目，并打印出多联收款单。学生交费时，一般是集中交费，在缴款单上盖章给学生。然后把已交费的交费单审核注销。重点查询未交费的学生，并统计已交费和未交费的金额。原系统是比较复杂的，在此做了大量简化，以说明设计的过程。

10.2.1 系统的主要功能

通过与用户的交流，了解学生交费管理系统的主要功能包括：

（1）应交费用项目管理。

（2）预先制定收款单。

（3）打印收款单。

（4）审核注销。

（5）打印欠费名单。

（6）各种查询统计。

这些是从用户角度来看的学生交费管理系统的主要功能。随着需求进一步细化，用户会增加一些功能，考虑到计算机操作的特点，也会增加一些功能，所有的功能将在后面给出。

10.2.2 建立表及表间关系

先建立系统的存储结构，通过数据分析，按照数据库设计的规范化原则，先对每个主题建立表，每个主题建一个或多个表。然后再根据系统运行的需要建立一些辅助表，如用户管理、安全管理的表等。

收费业务的核心是围绕收款单进行的，收款单示例如图 10-2 所示。每个学生，每次交费打印出一张收款单，每张收款单可包含不同数量的收费项目。对这个收款单，其数据存储分成两个表，一个表存放一张单据上只出现一次的数据记录，如姓名、日期、收款单号，另一个表存放一张单据上出现不定次数的数据记录，每个记录表示一个收费项目。

按业务的主题，学生交费管理系统主要包括以下表：

（1）表 1：收费项目类别。存放所有的收费项目类别信息。

字段：项目 ID、项目名称、项目编码、级、金额、备注。

关键字段：项目 ID，其数据类型为自动增加。

（2）表 2：收款单。存放收款单的主要信息。

字段：收款单号、学生 ID（标题：姓名）、日期、审核、审核人、审核日期、收款单备注。

关键字段：收款单号，其数据类型为自动增加。

（3）表 3：收费记录。存放收款单的各个收费项目信息。

字段：序号、收款单号、项目 ID（标题：项目）、金额、备注。

项目 ID 用查询向导生成，其数据来源为收费项目类别表，选择字段为项目 ID，项目名称，金额。

收款单

收　据

№: 16974

姓名: 王海明

日期: 2001-11-26

项目	金额	备注
2001级户口身份证工本费	￥27.00	
2001级第一学年学费（文）	￥3,400.00	
2001级第一学年住宿费	￥800.00	
2001级公寓押金	￥50.00	
2001级教材费	￥800.00	
合计:	￥5,482.00	

审核 ☑

记录: 1 共有记录数: 777

图 10-2　收款单示例

在收费项目类别表中已有金额字段，在这里加入金额字段，似乎是冗余字段，但交费的学生可能有减免某项费用，在交费时可以随时修改已交费项目。

关键字段：序号，其数据类型为自动增加。

用收款单与收费记录两个表来存储学生收费情况，这两个表的关系是一对多的关系，联结关键字是收款单号。这两个表的设计是整个系统设计的关键，如果用一个表存放收款单的数据，将造成大量的数据冗余。

（4）表 4：班级。存放所有班级名单。

字段：班级 ID、班级名称、班级号、教室号、级。

关键字段：班级 ID，其数据类型为自动增加。

（5）表 5：民族类别。存放全部民族代码。

字段：民族编码、民族。

关键字段：民族编码，其数据类型为自动增加。

（6）表 6：性别。存放全部性别代码

字段：性别 ID、性别。

关键字段：性别 ID，其数据类型为自动增加。

（7）表 7：学生基本情况。存放全部学生的基本情况。

字段：学生 ID、姓名、性别、出生日期、民族、班级、籍贯、简历、个人主页、照片。

关键字段：学生 ID，其数据类型为自动增加。

（8）表 8：人事档案。存放操作人员的基本情况。

字段：职工号、姓名、人员号、性别、出生日期、籍贯、身份证号、民族、参加工作时间。

关键字段：职工号。

表间主要关系如图 10-3 所示。

根据收款单的结构，一张完整的收款单数据用两个表，收款单表和收费记录表来存放。它们是一对多关系，并且实行参照完整性，级联更新相关字段，级联删除相关记录。收款单表和收费记录关系设置如图 10-4 所示。

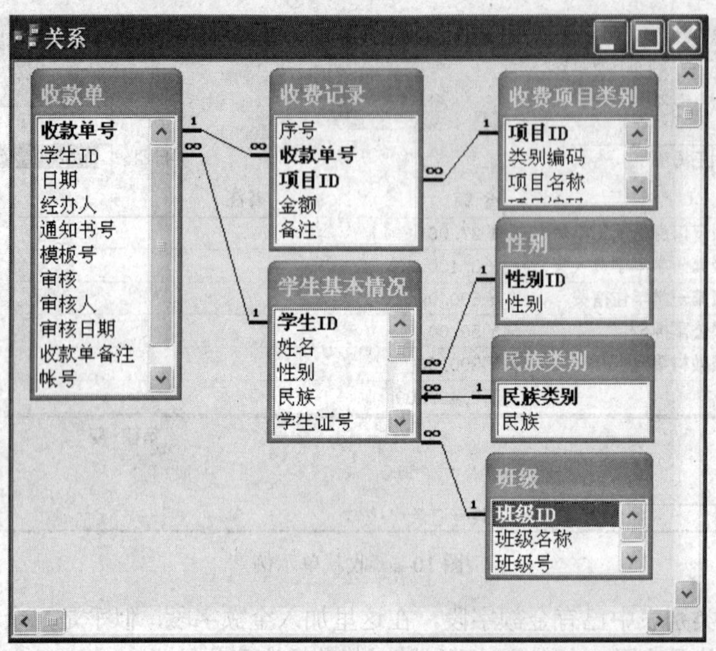

图 10-3　表间主要关系

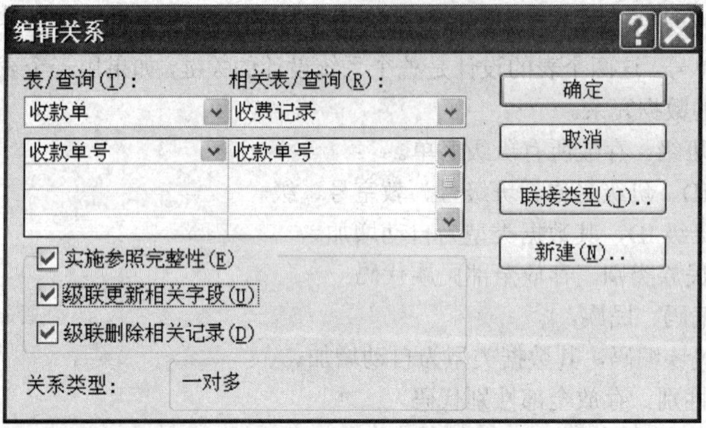

图 10-4　收款单表和收费记录关系设置

其他的表间关系是实施参照完整性。由于在此设计的表的关键字段采用自动编号，关键字段的值不可更改，关系中可以不加上级联更新相关字段。如果关键字段的值可以更改，关系中应加上级联更新相关字段。

进入 Access，建立一个新数据库“学生交费管理系统”，并建立以上表，建立如图 10-3 所示的表间关系。

10.2.3　功能模块结构图

确定了系统的存储结构并经过系统分析之后，学生交费管理系统的完整功能模块结构表示如图 10-5 所示。

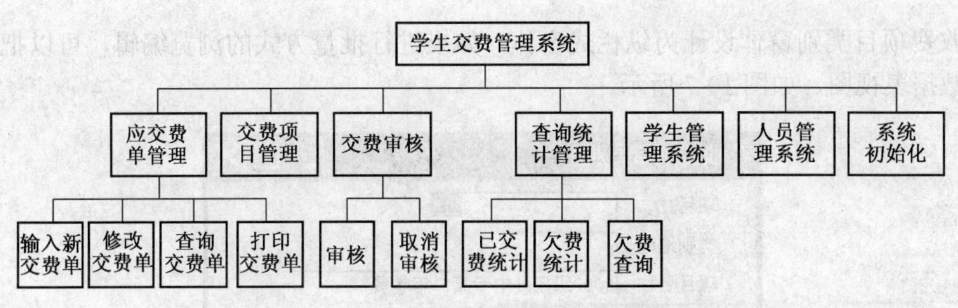

图 10-5　学生交费系统的完整功能模块结构

系统初始化功能是设置一些基本数据，比如性别、民族。这些数据一经输入很少变化。限于篇幅，交费项目管理没有细分，其功能是对交费项目进行增加、删除、修改、查询、打印。查询统计仅列出了 3 项，事实上，查询统计包括几十项。

学生交费管理系统还包括两个子系统，即学生管理系统和人员管理系统。限于篇幅，这两个子系统的功能不再列出。

10.3　数据输入界面设计——窗体设计

系统设计的核心是收款单输入的窗体。对数据的操作类型从表中记录观点来看，可分为输入新数据、修改已有数据、删除已有数据、查询数据、打印数据、统计分析数据。

具体操作界面可分为单记录方式、多记录方式、其他方式。单记录方式采用纵栏表窗体，一般是仿真用户实际操作界面，如输入收款单采用近似真实的收款单的界面。单记录方式可以包含子窗体，其主窗体仍是纵栏表窗体。多记录方式用于大量数据记录的输入、修改、删除、查询，采用数据表窗体或表格式窗体。子窗体一般也采用数据表窗体或表格式窗体。其他方式采用图表窗体、数据透视表窗体。

虽然可以直接在表或查询中用数据表格式操作数据，但建议还是采用数据表格式的窗体来操作数据，这看起来似乎是一样的，但仍要在数据表窗体中做进一步的控制。

一般地，业务数据可以分成两类：一类是简单的代码表，如性别、民族等；另一类是比较复杂的数据，如学生基本情况、人事档案、收款单。对代码表数据的操作一般采用数据表窗体格式。

对功能模块结构图的每一个最底层模块至少设计一个窗体。设计的顺序是从最简单的代码表开始，逐步设计较复杂的操作窗体。

设计简单的代码表的窗体可直接用窗体向导设计，以提高设计的效率，如果不需要采用窗体的的纵栏式、表格式视图，可以用数据表窗体向导。

用数据表窗体向导快速生成性别窗体（如图 10-6 所示）、民族类别窗体等。

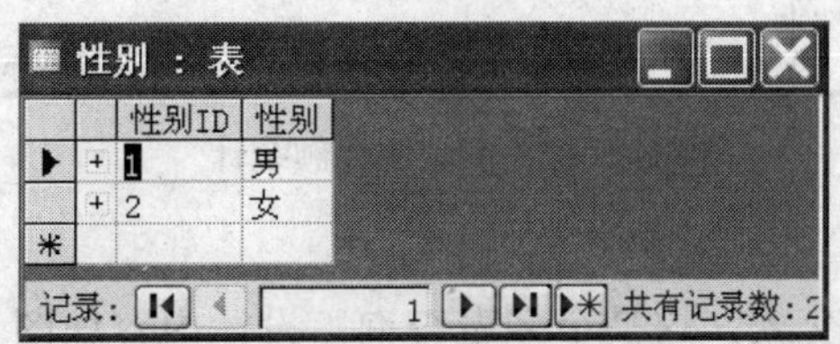

图 10-6　性别窗体

将收费项目类别窗体设计为纵栏式窗体，如果进行批量方式的浏览编辑，可以把它的视图转为数据表视图，如图 10-7 所示。

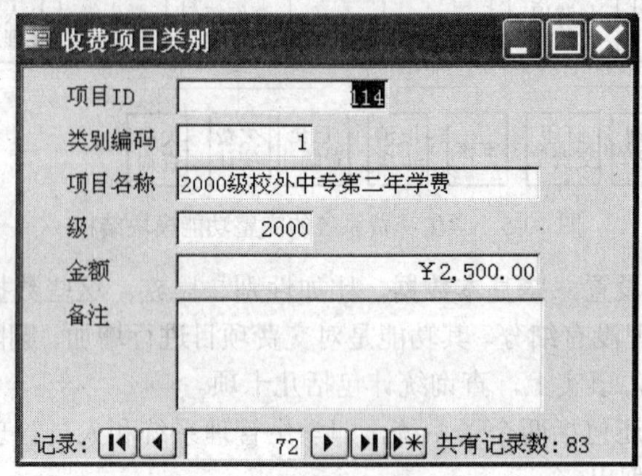

图 10-7　收费项目类别窗体

10.4　统计查询设计

查询一般用于快速、非规范的大量信息输出，规范的信息输出用报表设计。需要的统计是已交费统计、未交费金额统计及未交费名单的查询。

1. 未交费金额统计

凡没有审核的收款单应视为未交款，这是个多表查询，设计内容如图 10-8 所示，以统计_欠费金额保存该查询。

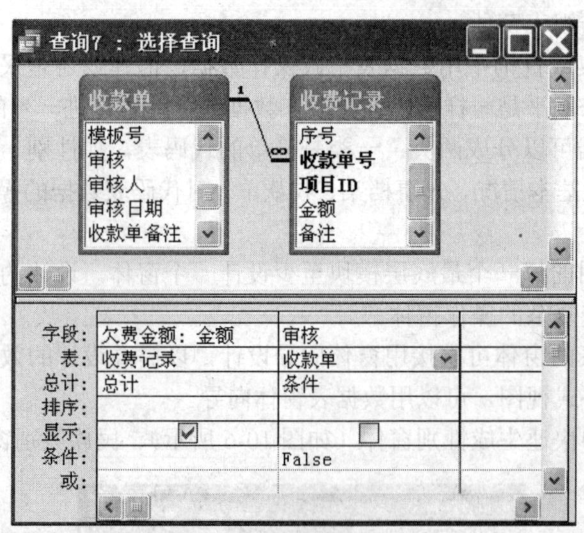

图 10-8　未交费金额统计

2. 已交费金额统计

凡审核的收款单视为已交款，这是个多表查询，设计内容如图 10-8 所示，把审核的准则改为 True，以统计_已交费金额为名保存该查询。

3. 未交名单查询

按班级显示每个未交费学生的名单，这是一个 4 表分组查询。设计内容如图 10-9 所示。

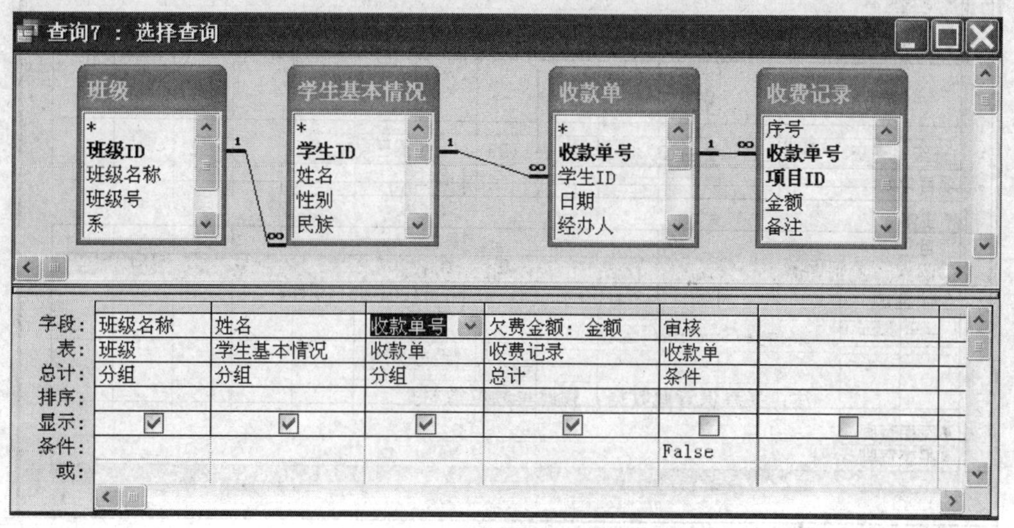

图 10-9　未交名单查询的设计内容

10.5　报表设计

系统需要的一个报表为收款单，在输入新收款单时打印收款单，为了打印出收款单报表，首先设计一个参数查询，如图 10-10 所示，参数是[Forms]![收款单 1]![收款单号]，表示打印的收款单是当前窗体收款单 1 的收款单。

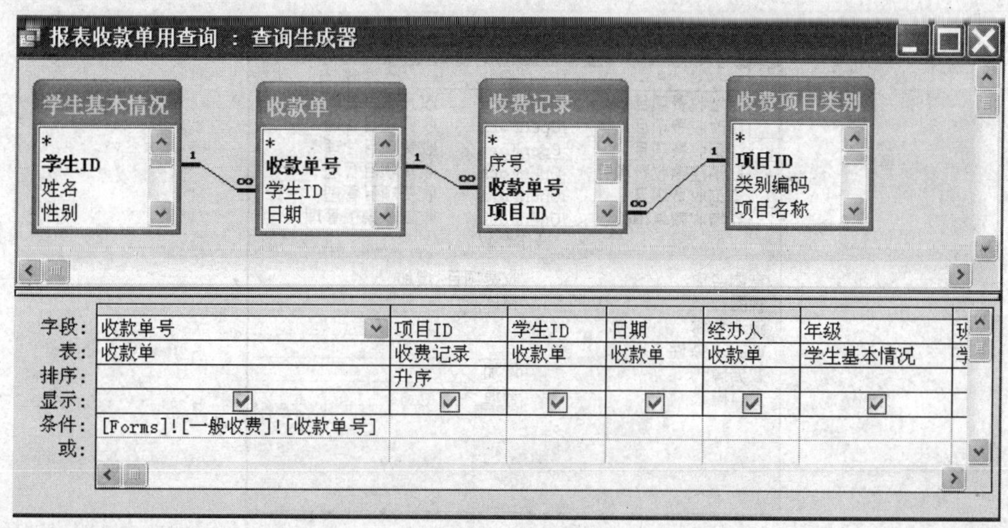

图 10-10　查询生成器

报表收款单的设计视图如图 10-11 所示。

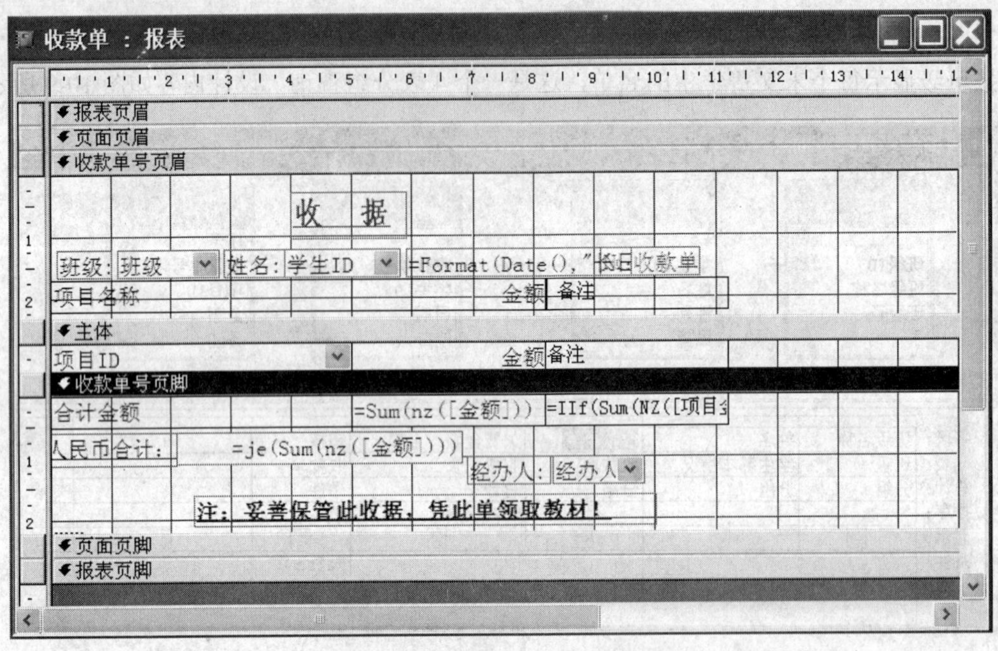

图 10-11 报表收款单的设计视图

修改窗体收款单 1，利用向导增加两个按钮，一个用于预览报表，另一个用于打印报表。

10.6 定制系统菜单

首先设计调用各功能的宏，把全部宏设计为一组，以宏名“收费管理”保存，如图 10-12 所示。

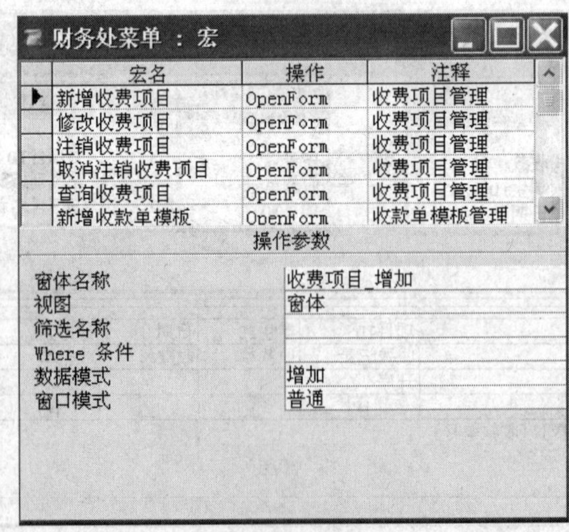

图 10-12 设置宏名

用开关面板管理器生成开关面板窗体，并把该窗体设置为启动窗体。数据库启动后显示如图 10-13 所示。

图 10-13　数据库启动后的显示界面

10.7　调试运行

软件投入使用前需经过调试，调试可以分为部件调试、系统调试。先做部件调试，后做系统调试。

部件调试设计出的各个数据库对象，部件调试一般在设计时同时进行，边设计边调试，时间花费最多的是窗体的调试。先进行正常运行的调试，看部件是否能达到设计要求，然后进行破坏性和容错性调试。针对调试中出现的错误及时更正。

系统调试是在部件调试正常以后，对由部件组成的整个系统进行调试，看整体运行是否正常、系统功能是否达到设计的要求、有没有欠缺的功能、已有的功能是否能满足业务量、速度、多用户的需要。

对系统调试中出现的问题，简单的问题一般是各个模块的调用接口问题，可修改调用方法。复杂的问题，一般不像部件调试中出现的问题那样简单可以直接修改，必须深入分析，找出问题所在，可能要对多个部件进行修改。更复杂的要从头分析、设计。

经过部件调试、系统调试，证明系统全部运行正常，可进入下一步工作。

10.8　打包、制作安装程序、使用说明

用户开发的数据库系统一般是一个.mdb 文件，如果用户有 Access 系统，直接把副本给用户就可使用。如果用户没有 Office，仍然可以运行应用系统，条件是开发人员（公司）必须购买一套开发版的 Office，或单独开发版的 Access。

开发版 Office 包含一个 Access“运行时库”（Access Runtime Library），它是完全免费的，可以任意安装。“运行时库”的 Access 与普通 Access 的区别是不能在“运行时库”的 Access 中进行设计开发，只支持运行，运行效果一样。

使用开发版 Office 可以对应用系统进行打包、制作安装程序，所制作的安装程序包含 Access“运行时库”。当在用户计算机中安装应用系统时，安装程序会检测用户的计算机中是否已安装了 Access，如果没有安装，则会自动把 Access“运行时库”安装到计算机上。

提供给用户的不仅应有应用系统，还应当包含用户使用说明书。因此，开发人员必须书写从第一步的安装到每个使用环节的指导说明（用户看说明书是不可能学会使用维护软件的，还应该有完备的培训计划）。

把打好包的软件和说明书包装成一体。按照说明书的步骤进行安装、运行，进行最后的测试修正，无误后就可以正式发布开发软件了。

习题10

一、选择题

1．数据库应用系统设计过程可以分为（　　）6 个阶段。

A．需求分析、概念设计、逻辑设计、物理设计、数据库实施、数据库的使用。

B．需求分析、概念设计、逻辑设计、物理设计、数据库实施和运行、数据库的使用和维护。

C．需求分析、概念设计、逻辑设计、物理设计、数据库运行、数据库维护。

D．需求分析、概念设计、逻辑设计、数据库实施、运行、数据库的使用和维护。

2．需求分析要完成（　　）工作。

A．数据库设计　　B．分析系统的主要功能

C．建立表及表间关系　　D．做出功能模块结构图

3．数据库应用系统复杂的数据输入界面设计采用（　　）。

A．数据表　　B．窗体　　C．报表　　D．数据访问页

4．规范的信息输出形式采用（　　）。

A．查询　　B．窗体　　C．报表　　D．菜单

5．功能模块结构图的结构是（　　）。

A．网状结构　　B．表格结构　　C．层次结构　　D．线性结构

二、填空题

1．开关面板管理器用于设计数据库应用系统的__________。

2．从用户角度来看主要功能，随着需求进一步细化，考虑到__________的特点，也会增加一些__________。

3．对数据的操作类型从表中记录观点来看，可分为__________、修改已有数据、删除已有数据、__________、打印数据、__________。

4．软件投入使用前需经过调试，调试可以分为__________、__________。

三、简答题

用 Access 开发一个数据库应用系统的设计流程是什么？

四、设计题

1．设计同学通讯录管理数据库系统。
2．设计个人图书管理系统。
3．设计个人 DVD 管理系统
4．设计学校宿舍管理数据库系统。
5．设计客户关系管理数据库系统。
6．设计一个自行车租借数据库管理系统。
7．设计一个汽车租借数据库管理系统。
8．设计一个日用品销售数据库管理系统。

五、操作题

设计同学通讯录管理数据库系统后并在 Access 中实现。

六、思考题

比较在设计“同学通讯录管理数据库系统”与设计一个“日用品销售数据库管理系统”的困难，后者的困难也许在于你根本不了解日用品销售的业务，你的工作中心应在需求分析上。

第 11 章　Access 高级开发 VBA 程序设计

- VBA 概念
- VBA 编辑器
- VBA 数据类型
- 程序的基本结构
- Access 事件、事件类型及事件过程设计
- Access 对象模型
- VBA 应用

11.1　VBA 介绍

从前面的章节中知道，用 Access 建立的应用系统不用编写一行代码，利用各种对象的生成器可快速完成各类对象的设计；对各种事件的响应，如窗体事件、按钮、查询、菜单等，可以利用宏完成；Access 的内部函数，也能够完成复杂的运算。这一切知识对非计算机专业的人员来说，开发一个简单的应用系统已足够了。

但 Access 并不是只有以上简单的开发能力，事实上，它有非常强大的功能，完全可以满足更深层次的专业级软件开发，Access 内嵌的程序开发语言 VBA（Visual Basic for Application）可以加强数据库的处理能力，开发出效率更高、功能更强、操作界面更友好的应用系统。

11.1.1　VBA 的特点

使用宏能够完成一些比较简单的操作，但是对于一些复杂操作或是特殊的要求，则使用 VBA 编程是最好的解决办法，对于以下情况，使用 VBA 来设计：

- 如输入数据校验。Access 包含许多内置的函数，但对于复杂的数据计算，如输入条码校验，Access 内置的函数无法完成，必须用 VBA 设计用户的自定义函数完成条码校验。
- 错误检测处理。当用户在使用数据库遇到预料之外的事情时，Access 将显示一则内部的错误信息，但该信息对于用户而言可能是莫名其妙的，特别是当用户不熟悉 Access 时。而使用 VBA 则可以在出现错误时检测出错误，并显示特定的信息或执行特定的操作，从而使设计的系统操作界面更友好、系统更加强壮。
- 动态创建对象、操作对象。在大多数情况下，设计数据库应用系统，事先在对象的设

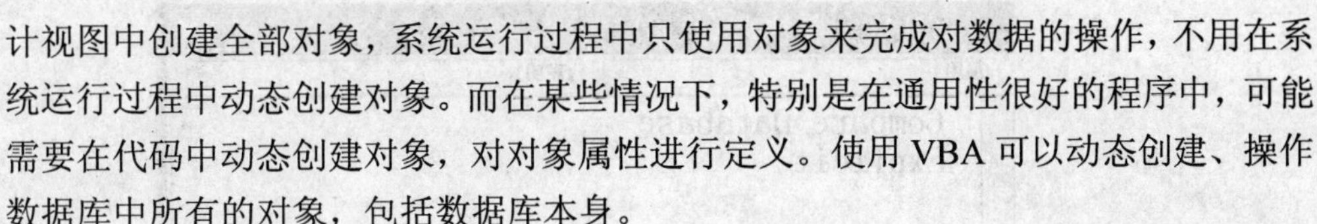

计视图中创建全部对象，系统运行过程中只使用对象来完成对数据的操作，不用在系统运行过程中动态创建对象。而在某些情况下，特别是在通用性很好的程序中，可能需要在代码中动态创建对象，对对象属性进行定义。使用 VBA 可以动态创建、操作数据库中所有的对象，包括数据库本身。

以上几点也是 VBA 的特点。VBA 是一门非常高深的学问，有许多专门的书籍研究它，要在本书有限的篇幅中完全介绍它几乎是不可能的。这一章中只简单地引入性地介绍一点，有兴趣地读者可找专门的书籍深入研究以提升自己的开发水平。毕竟，对于非计算机专业人员或初学者，开发一般的数据库应用系统，宏已经完全够用了。

11.1.2　VBA 与 VB

另外，VBA 并非专属于 Access，所有的 Office 应用程序（如 Excel、Outlook、Word、PowerPoint、FrontPage、Project）都可以利用 VBA 来开发应用程序。此外，目前也有一些别的厂商开发的软件也纷纷支持 VBA，如 AutoCad、Visio 等。

VBA 与 VB 有何关系? VBA 与常见的 VB（Visual Basic）可以说是家族关系，VB 是一个大家族，它包括 VB、VBA、VBScript，它们有些语法或功能上的不同。因为 VBA 是从 VB 中获取主要的语法结构，再加上 Office 中的功能组合而成，所以两者有些相似，但并不完全一样，应用领域也不相同。从功能上来说，VBA 与 VB 几乎完全一样。但它们之间更本质的区别在于 VBA 没有自己独立的工作环境，而必须依附于主应用程序，如 Access；用来开发专门的应用系统，如数据库系统，不能脱离 Access 单独运行。而 VB 则不依附于任何其他的应用程序，具有完全独立的工作环境和编译、连接系统，其本身是一种完全独立的开发语言。

11.2　VBA 编辑器

11.2.1　启动 VBA 编辑器

VBA 集成在 Access 系统内部，用户必须先启动 Access，然后才能进入 VBA 编辑器（VBE）窗口。启动 VBA 的方式有多种：

方式 1：通过数据库“模块”方式进入，打开一个数据库，然后选定数据库窗口上的“模块”选项，再用鼠标单击数据库窗口上的“新建”按钮或双击已有的模块，弹出 VBA 的编辑器窗口。

方式 2：通过窗体或报表的对象上的属性对话框的事件按钮进入 VBA 的编辑器窗口，如图 11-1 所示。

代码窗口：用于编写、编辑 VBA 代码。可以同时打开多个模块代码窗口。代码窗口包括对象框、过程框、拆分栏、过程视图按钮和全模块视图按钮。单击对象框下拉按钮可以选择包含的对象，如选择窗体中包含的一个命令按钮（如图 11-2 所示）。对象框包含当前选中对象的事件或过程，如命令按钮的单击事件，在代码窗口中部则显示该事件的代码。图 11-3 所示为“选择生成器”界面。

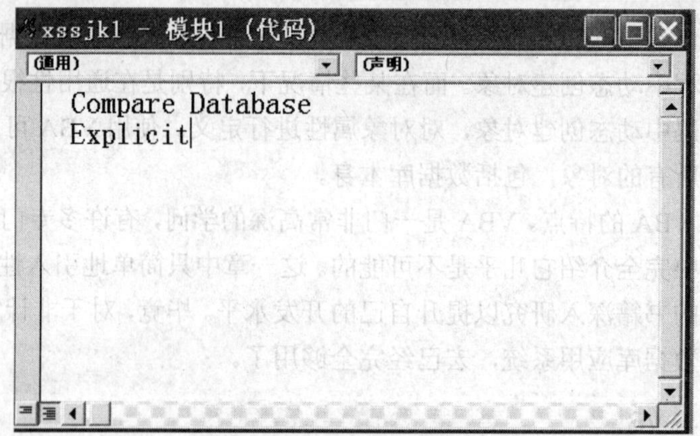

图 11-1　VBA 编辑器窗口

图 11-2　“命令按钮”的单击事件

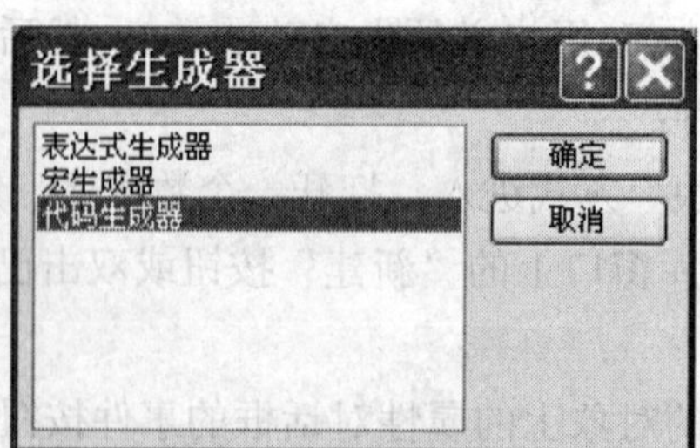

图 11-3　选择生成器界面

11.2.2　退出 VBA 编辑器

在代码窗口编写 VB 代码，一般正常运行代码的方式是返回到数据库窗口运行具有代码的对象，如窗体，经常要在 VBA 编辑器和 Access 数据库开发环境之间切换。

或单击窗口右上角的关闭按钮退出 VBA 编辑器并返回 Access 窗口，如图 11-4 所示。

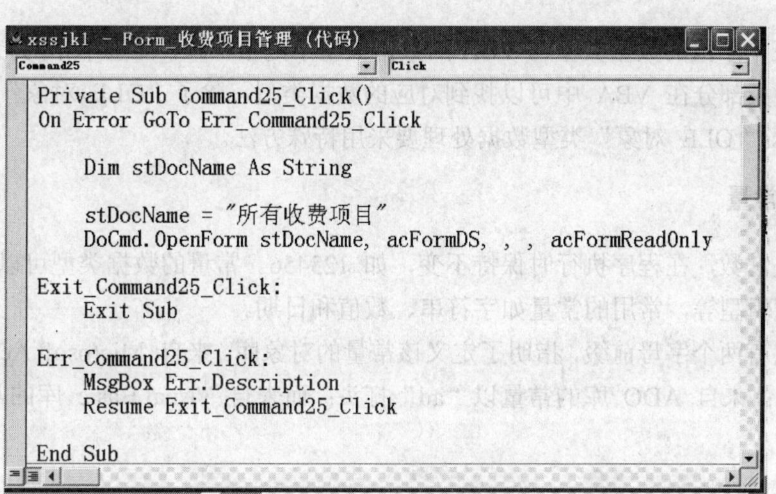

```
Private Sub Command25_Click()
On Error GoTo Err_Command25_Click

    Dim stDocName As String

    stDocName = "所有收费项目"
    DoCmd.OpenForm stDocName, acFormDS, , , acFormReadOnly

Exit_Command25_Click:
    Exit Sub

Err_Command25_Click:
    MsgBox Err.Description
    Resume Exit_Command25_Click

End Sub
```

图 11-4　VBA 编辑器

11.3　数据类型、常量、变量

11.3.1　数据类型

每一种计算机语言系统为了提高系统处理数据的效率都对所处理的数据进行了分类。根据需要来决定所需要的数据类型，不同的数据类型占用的存储空间大小不一，表示的数据范围也不同。在 VBA 中共有 15 种不同的数据类型，VBA 数据类型及存储空间大小与范围如表 11-1 所示。

表 11-1　VBA 数据类型

数据类型	存储空间大小
Byte（字节型）	1 B
Boolean（是/否型）	2 B
Integer　（整型）	2 B
Long（长整型）	4 B
Single（单精度浮点型）	4 B
Double　（双精度浮点型）	8 B
Currency　（变比整型）	8 B
Decimal（小数类型）	11 B
Date（日期型）	8 B
Object（对象型）	4 B
String　（变长字符串）	10 B 加字符串长度
Variant（字符变体）	22 B 加字符串长度
Type　（用户自定义）	所有元素所需数目

Access 表中字段的数据类型与 VBA 的数据类型不完全一致，但基本相同。Access 表中字段的数据类型大部分在 VBA 中可以找到对应的数据类型，除了“OLE 对象”数据类型外。VBA 对 Access“OLE 对象”类型数据处理要采用特殊方法。

11.3.2 常量

常量就是常数，在程序执行时保持不变，如 123456。常量的数据类型可以是字符串、数值、日期、逻辑型等，常用的常量如字符串、数值和日期。

固有常量有两个字母前缀，指明了定义该常量的对象库。来自 Microsoft Access 库的常量以“ac”打头；来自 ADO 库的常量以“ad”打头；而来自 Visual Basic 库的常量则以“vb”打头，例如：

```
acForm
adAddNew
vbCurrency
```

因为固有常量所代表的值在 Microsoft Access 的以后版本中可能改变，所以应该使用常量而不是常量所代表的实际值。可以在任何允许使用符号常量或用户定义常量的地方，包括表达式中使用固有常量。

11.3.3 变量

变量是存放数据的容器，相当于一个盒子，是存储数据的地方。每一变量都有名字，变量名字就是指存储数据的盒子名字，在一定范围内名字应是唯一的。

1. 变量命名

第一个字符必须使用英文字母，不能在名称中使用空格、句点（.）、惊叹号（!）或@、&、$，# 等字符，名称的长度不能超过 255 个字符，VBA 不区分大小写。

例如，合法的变量名

```
XM，SHULIANG，NUM1，NUM2，HEJI
```

2. 变量类型声明

为了提高 VBA 系统效率，在使用变量前要先说明变量的类型——变量中存放的数据是什么类型的。变量声明的格式如下：

```
Dim  变量 1, As  变量类型
```

例如，声明以下变量：

```
Dim strName As String
Dim intHeji As Integer
```

为了使设计的系统具有良好的可维护性，建议读者养成对变量进行类型声明的编程习惯。可以将 Option Explicit 语句放置于模块中所有的过程之前。这一个语句要求对模块中所有的变量做显式地声明。

11.3.4 数组

数组是由一组具有相同数据类型的变量（称为数组元素）构成的集合。一个数组代表一组具有相同数据类型的值。数组是单一类型的变量，它具有很多的小盒子来存储很多值。一个数组只有一个名字，用下标的上界表示存放数据的数量。数组下界默认从零开始，可以在模块（模块概念以后介绍）的顶部使用 Option Base 语句，用 Option Base 1 语句说明数组下界从 1 开始。

数组的声明方式和变量是一样的，用 Dim 语句来声明数组，声明方式为：

```
Dim 数组名(数组下标上界) As 数据类型
```

例如，声明一个数组，存放 100 个人姓名：

```
Option Base 1
Dim strName(100) As String
```

以上是一维数组，二维数组声明用两个下标，来存放矩阵数据。

例如，声明一个二维数组，它是个 100 行乘以 100 列的 String 数组。

```
Option Base 1
Dim strName(100, 100) As String
```

其中，strName(100，100) 数组第一个参数代表的是行；而第二个参数代表的是列。

11.3.5　运算符、内部函数、表达式

1. 运算符

VBA 对数据对象进行各种运算，运算功能由运算符完成，根据运算对象的类型，VBA 的运算符可以分为 4 类，即算术运算符、比较运算符、连接运算符、逻辑运算符。运算符分类及运算符如表 11-2 所示。

表 11-2　VBA 的运算符及分类

运算符类别	运算符	描述
算术运算符	^　*　/　\　Mod　+　-	用来进行数学计算的运算符
比较运算符	>　>=　<　<=　<>　Is　Like	用来进行比较的运算符
连接运算符	& +	用来合并字符串的运算符
逻辑运算符	And Not Or Xor Eqv Imp	用来执行逻辑运算的运算符

模运算 MOD 结果是两整数相除后的余数部分。如果参与整除的或模运算的两个数是实数，VBA 先对小数部分四舍五入取整，然后计算。

比较运算符用作两个数值或字符串的比较，返回值是逻辑值 True 或 False。

2. 表达式

由关键字、运算符、变量、字符串常数、数字、对象的组合、函数、小括号等构成的式子称为运算表达式，简称为表达式。表达式可用来执行运算、操作字符或测试数据。表达式的运算结果是一个值。算术运算符的运算结果是一个数值；比较运算符的运算结果是一个逻辑量（True、False）；连接运算符的运算结果是一个字符串；逻辑运算符的运算结果是一个逻辑量。在运算符章节中的举例已包含表达式。图 11-5 所示为“表达式生成器”对话框。

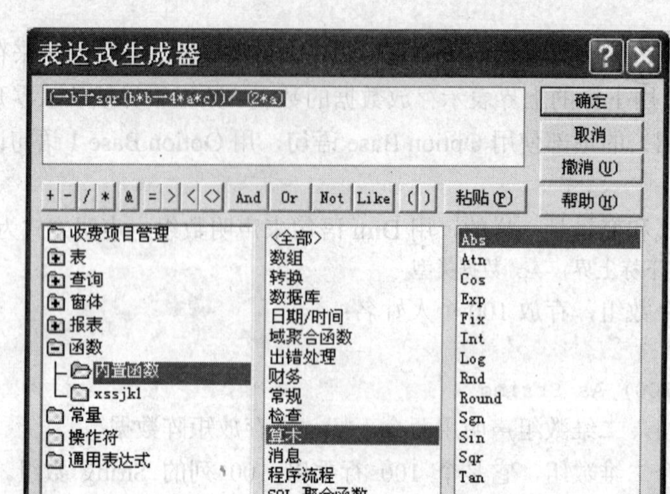

图 11-5 “表达式生成器”对话框

11.4 Access 的 VBA 程序结构

11.4.1 VBA 语句

VBA 程序由一行一行语句组成，具有完整可执行意义的代码是 VBA 语句。VBA 中的语句是一个完整的命令，可以包含关键字、运算符、变量、常数及表达式。在语法上为完全的单元，可表达一种动作、声明或定义。可以用冒号（:）使一行中包含多个语句，现代编程风格不推荐一行中包含多个语句。VBA 常用的命令语句有以下几种：

1. **注释语句**

注释可以为读代码的人解释过程或是特别的命令。默认规定，注释会以绿色文本显示。

例如，注释语句。

```
'变量 intAge 表示年龄
```

2. **声明语句**

Dim 语句声明变量，Sub 语句（与 End Sub 语句相匹配）声明一个过程。

3. **赋值语句**

格式 1：

```
[Let] 变量名=表达式
```

Let 为赋值语句，Let 常常省略，格式为：变量名=表达式。

格式 2：

```
对象属性=属性值
```

例如，为命令按钮 CmdDispaly 设置属性 Caption 的值：

```
CmdDispaly.Caption="操作开始"
```

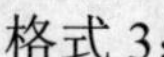

格式 3：

```
Set 对象变量名= {[New] objectexpression|Nothing}
```

Set 语句指定一个对象给变量，这个变量已声明成对象类型的。

例如，对象赋值，oAccessObject 表示当前打开的数据库应用的一个名为 strFormName 的窗体。

```
Dim oAccessObject As AccessObject
Set oAccessObject = CurrentProject.AllForms(strFormName)
```

4. *可执行语句*

一个可执行的语句初始化动作，它可以执行一个方法或是函数，并且可以循环或从代码块中分支执行。可执行的语句通常包含运算符。

例如，可执行语句

```
MsgBox "完毕"
```

该语句显示一个提示框，提示信息为“完毕”。

VBA 检查语法错误，如果在输入一行代码后按 Enter 键，此行代码以红色文本显示（同时可能也显示一个错误信息），则语句中存在错误，须检查该语句更正错误。

11.4.2　程序基本结构

VBA 程序由一行一行语句组成，计算机在执行这些代码时默认的执行顺序是按照书写的语句执行，即流程结构为顺序结构。VBA 程序的执行顺序即程序控制流程有 3 种基本结构，包括顺序结构、选择结构和循环结构 3 种结构。用这 3 种基本的流程控制方式可以完成复杂的程序执行流程。复杂的程序执行流程由这 3 种基本结构复合而成。

1. *顺序结构*

顺序结构是一种最简单、最基本的程序控制结构，是构成程序框架的基础部分。它的特点是，在这个结构内各语句是按照它们出现的顺序从上到下依次执行的。一个顺序结构可以由许多个顺序执行的语句组成。前面介绍的赋值语句等属于顺序结构。

2. *选择结构*

程序执行的顺序不是依次执行的，而是根据一个条件的结果，对条件的不同结果，计算机就执行不同的语句，用选择语句或分支语句来到达此执行的目的。选择语句有多种类型。

格式 1：

```
ElseIf 语句
If 条件 1 Then
  语句块 1
[ElseIf 条件 2
  语句块 2]
[ElseIf 条件 3
  语句块 3]
[Else
   语句块 n]
End If
```

格式 2：

```
Select Case 语句
```

```
Select Case 测试表达式
Case  表达式列表 1
  语句块 1
[Case  表达式列表 2
  语句块 2]
[Case Else
    语句块 n]
End  Select
```

3. 循环结构

格式 1：固定次数循环 For 语句。

```
For  循环变量=循环变量初值 To 循环变量终值 [Step 增量]
  循环体 1
  [Exit  For]
  循环体 2
Next 循环变量
```

例如，For 循环：

```
For I= 1To 1000000    ' 建立 1000000 次循环。
    MsgBox " Access 完毕"
Next I
```

格式 2：不固定次数条件 Do While 循环。

```
Do While  条件
  循环体 1
  [Exit Do]
  循环体 2
Loop
```

例如，以上 For 循环也可以用 Do While 循环表示。

```
I=1
Do While I < =1000000
  MsgBox " Access 完毕"
  I=I+1
Loop
```

11.4.3 过程、自定义函数

1. 过程

VBA 程序由代码组成，把一组单一功能的 VBA 代码定义为一个集合，这个集合称为一个过程。利用过程可将复杂的代码细分成许多部分，以便代码管理。每个过程都有一个名字，用于管理一组代码。

VBA 中有两类过程：

（1）由系统提供的事件过程。事件过程是由系统预先定义的，过程名字也由系统定义，过程中的代码用于对某个事件的响应，如按钮的 Click 事件过程。

（2）自定义过程，用户自己定义的过程完成某一特定功能。自定义过程也称为子程序。自定义过程常用在模块中。

过程的定义以 Sub 开头，以 End Sub 结束。过程的定义格式如下：

```
Sub 过程名(参数 1,参数 2,…参数 n)
…
[VBA 代码]
…
End Sub
```

自定义过程的过程名可以是一个任意合法的标识符。事件过程的过程名由对象名和事件名连接而成。例如，按钮的 Click 事件过程为：

```
Sub Command0_Click()
[VBA 代码]
End Sub
```

事件过程当出现事件时激发执行过程代码。调用自定义过程（用此方法也可以调用事件过程）的方法直接写过程名命令或是 Call 过程名，两种方法的不同点是参数书写方法不同。用 Call 调用过程命令格式如下：

```
Call Subname (argumentlist)
```

2. 自定义函数

如果希望一组单一功能的 VBA 代码返回一个数值，就用函数来定义改过程。定义方式如下：

```
Function 函数名(参数 1,参数 2,…,参数 n)
…
[VBA 代码]
…
End Function
```

这种用户自己定义的函数称为自定义函数，也称为函数过程或函数。调用自定义函数不能用 Call 命令，像使用内部函数一样以自定义函数的名称直接引用它。函数过程与过程最主要的区别在于：函数过程有返回值，而过程没有返回值。

例如，函数 IsLoaded 判断某一个窗体是否打开，如果打开则返回 True。

```
Function IsLoaded(ByVal strFormName As String) As Boolean
 ' 如果指定窗体在窗体视图或数据表视图中打开，返回 True。
    Dim oAccessObject As AccessObject
    Set oAccessObject = CurrentProject.AllForms(strFormName)
    If oAccessObject.IsLoaded Then
        If oAccessObject.CurrentView <> acCurViewDesign Then
           IsLoaded = True
       End If
    End If
End Function
```

主程序调用 IsLoaded：

```
If IsLoaded(("myform") Then
  MsgBox "myform 已经打开"
End If
```

11.4.4　模块

1. 模块概念及类型

模块是由声明、语句和过程组成的集合，它们作为一个已命名的单元存储在一起，是对VBA 代码进行组织的方式。模块的声明区域是用来声明模块中程序与函数使用的变量。模块是 VBA 代码一个存储单元。

Access VBA 对代码的管理分为 4 个层次：语句、过程、模块、工程。Access VBA 的模块有两个基本类型：标准模块和类模块。

2. 标准模块

标准模块是保存在数据库“模块”对象窗口中，称为标准模块，窗体、报表和标准模块都列在数据库“对象浏览器”中。

如果一组代码具有共享性，可以在多个地方使用，则没有必要在每处把该组代码写一遍，开发人员可以将一些常用的功能编写成自定义过程。从而减少重复工作，实现代码重用，使程序简练，便于调试和维护。把相关的多个自定义过程存储在一起成为一个集合就是标准模块。

标准模块可以在数据库中的任何位置运行，是一种公共模块，简称为模块，以后所指的模块就指标准模块。如果想使设计的 VBA 代码具有在多个地方使用的通用性，就把它放在标准模块中。在标准模块定义的变量为公共变量，在标准模块定义的变量、过程、函数可供整个数据库使用。每个标准模块有唯一的名称。

新建一个模块的步骤是，选择数据库对象——模块，单击“新建”按钮，出现空白的 VBA 代码编辑窗口，代码编辑窗口没有过程、函数。在 Option Compare Database 命令下输入声明部分，单击“插入过程”菜单，弹出“添加过程”对话框，如图 11-6 所示。

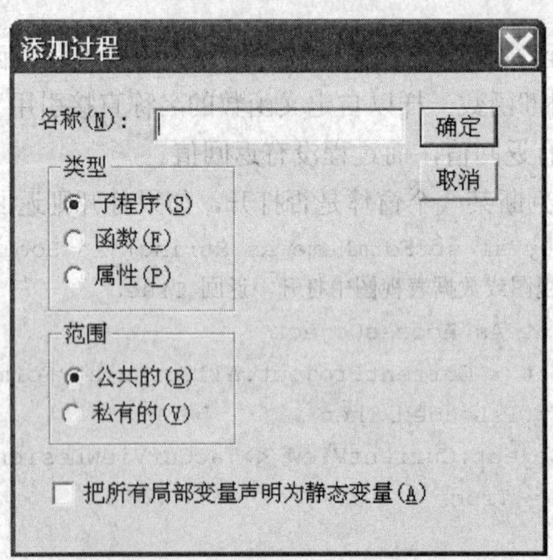

图 11-6　“添加过程”对话框

输入过程名，可选择插入过程或函数，在其中输入代码。

11.4.5　Access 的 VBA 程序结构

从数据库角度看一个 Access 数据库，其构成要素是表、查询、窗体、报表、页、宏和模块。从 VBA 的角度看，一个 Access 数据库就是一个 VB 工程，工程名称默认与数据库名称一样。从 VBA 的角度看，一个 Access VB 工程构成要素在工程资源管理器中全部列出，整理结果如图 11-7 所示，Access 工程资源或工程构成要素包括 Access 类对象、模块和自定义类模块，Access 类对象包括窗体类模块和报表类模块，窗体类模块和报表类模块都包括事件过程和自定义过程。模块包括过程和函数。事件过程只能用在定义它的窗体或报表中，模块定义的过程和函数可以用于整个工程中。

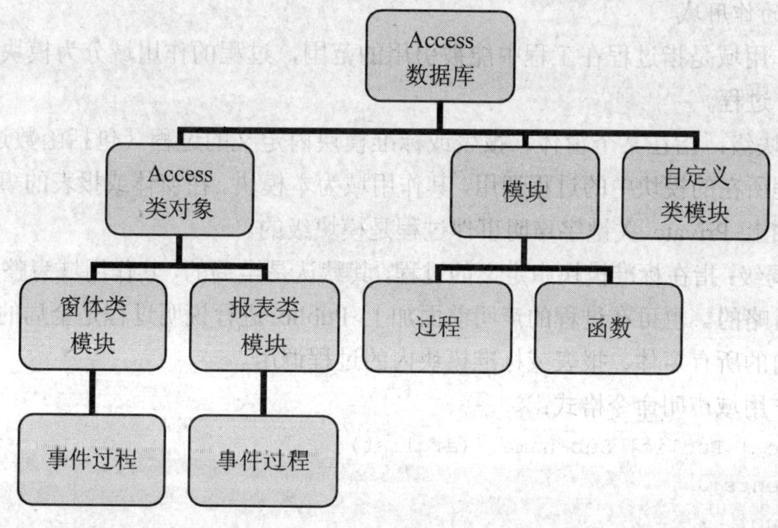

图 11-7　工程要素的整理结果

11.1.6　作用域

VBA 代码管理分为多个部分，多个层次，这就产生过程、变量与常量的作用域问题，在一个地方声明的变量是否允许在其他地方引用？如何限制变量使用范围？对于过程、常量也有此类问题。

1. 变量和常量的作用域

变量隶属的单位分别是过程、模块、工程，按照作用域的从小到大，变量的作用域分别为过程级变量、模块级变量和全局变量（工程级变量）。

（1）局部变量。在过程（包括模块过程及窗体和报表的事件过程）内用 Dim 语句声明或不加声明直接使用的变量，只作用在本过程中，在其他过程中访问不到它们。当该过程被执行时，系统给局部变量分配存储单元并进行变量的初始化，该过程执行结束后局部变量所占用的存储单元也被释放，系统中不再存在该变量。事实上，不加特别说明的变量都是局部变量。

（2）模块级变量。指在标准模块、窗体和报表的“通用声明”段中用 Dim 语句或用 Private 语句声明的变量，可被本模块内的全部过程访问。如果需要在整个模块的所有过程中引用某一个变量，可以用以下类似格式声明模块级变量：

```
Private strMsg sAs String
```

（3）全局变量。指在整个工程中所有过程中都可以引用的变量。全局变量当整个数据库应用程序结束时才会消失，变量所占用的存储单元才释放。在任一模块的“通用声明”段中用 Public 语句声明该变量，可以用以下类似格式声明全局变量：

```
Public strMsg sAs String
```

对于自定义的符号常量其作用域与变量作用域声明相同，作用域声明格式如下：

```
[Public | Private] Const constname [As type] = expression
```

2. 过程的作用域

过程的作用域是指过程在工程中能被引用的范围，过程的作用域分为模块级过程和全局级（工程级）过程。

（1）模块级：指在某个窗体、报表或标准模块内定义的过程（包括函数过程），这些过程只能被过程所在的模块中的过程调用，其作用域为本模块。在窗体或报表的事件过程的声明前面会自动加上 Private 关键字声明事件过程是模块级的。

（2）全局级：指在标准模块中定义的过程，其默认是全局的，其作用域为整个工程。Public 关键字是可省略的。也可在过程的声明前面加上 Public 进行说明过程是全局的。全局级过程允许数据库内的所有窗体、报表或标准模块内的过程调用。

过程的作用域声明命令格式：

```
[Private | Public] Sub name [(arglist)]
[statements]
[Exit Sub]
[statements]
End Sub
```


11.5 Access 事件过程

事件是对 Access 系统的一些操作，事件发生一般是由用户操作应用系统的界面而触发的，如在命令按钮上单击鼠标或双击鼠标或按下键盘，此时该项操作产生消息通知 Access 系统，让数据库知道发生了什么事情，Access 系统根据发生事件的种类来决定如何响应该事件，也就是 Access 系统调用相应的事件处理程序，执行宏或 VBA 代码，这些 VBA 代码存放在相应的事件处理过程中。

Access 事件只存在于窗体、报表中，如窗体的打开、关闭会产生事件。窗体和窗体中的每个控件都有各自的事件，报表和报表中的每个控件也都有各自的事件，事件的多少是系统定制的，不能减少或增加控件的事件。每一个对象——窗体、报表和控件，包含的事件非常多，以满足精确控制系统运行的需要。而大部分事件不需要用户编写事件处理的程序——事件过程，Access 按默认的方法处理事件。为了提高系统的功能，开发人员为事件定义自己的处理方法，定义宏或编写 VBA 代码，编写的代码为事件程序。事件过程的执行是被动的，只有对应的事件产生时才激发事件过程。

Access 常用的事件根据激发的原因分成 9 类，如表 11-3 所示。

表 11-3　Access 常用的事件类型

事件类型	激活事件	典型事件过程名称
数据事件	当输入、删除或者修改数据时，或者当屏幕焦点从一条记录移动到另一条记录时	BeforeInsert Delete Change BeforeDelConfirm
错误事件	当处理数据发生错误时	Error
时间事件	按一定事件间隔发生事件	Timer
筛选事件	当在窗体上应用创建一个筛选时	Filter
焦点事件	当一个窗体或控件失去或获得焦点或活动和不活动时	GotFocus LostFocus
键盘事件	当在键盘上输入数据或者使用 SendKeys 操作发送数据时	KeyDown、KeyPress、KeyUp
鼠标事件	当进行鼠标操作时	MouseDown、MouseMove、Click
打印事件	当打印报表时	Report_Page
窗口事件	当打开、重新调整大小或者关闭一个窗体或报表时	Open、Load、Resize Activate、Current Unload Deactivate、Close

11.5.1　创建事件过程

对同一事件，即获得对象不同，事件过程的名称也不同，在不同的对象上事件过程命名的格式为：

```
object_EventName(参数列表)
```

创建窗体、报表或控件的事件过程的具体操作步骤如下：

（1）在数据库的“设计”视图中打开窗体或报表。

（2）显示窗体，报表的属性对话框，显示窗体或报表上节或控件的属性表。

（3）选择要创建事件过程的对象，如窗体、报表、控件或窗体或报表上节，单击属性对话框的“事件”选项卡。

（4）从中选择某一过程的事件，如窗体上某一按钮的“单击”事件。

（5）单击属性框旁的“选择生成器”按钮，如图 11-8 所示，显示“选择生成器”对话框。

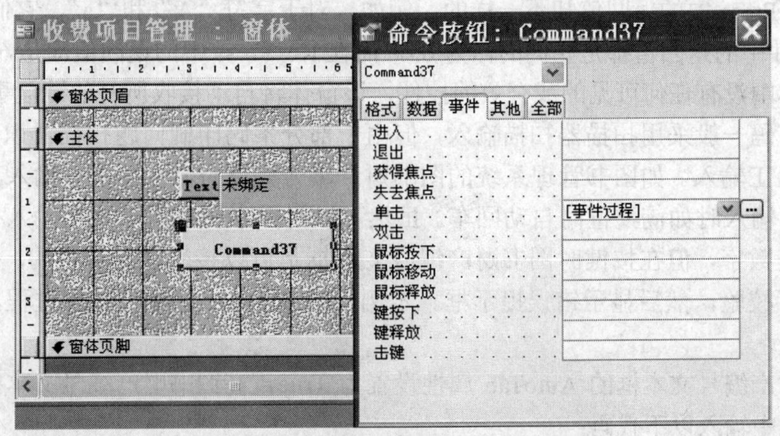

图 11-8　单击“选择生成器”按钮

（6）双击“选择生成器”对话框的“代码生成器”选项，进入 VBA 编辑器窗口。在 Sub Command0_Click()和 End Sub 语句之间输入设计的 VBA 代码。

可以利用 Access 提供的代码生成向导快速生成 VBA 代码或代码框架，然后在代码框架中修改增加自己的代码。图 11-9 是代码生成向导生成的 VBA 代码，从中可以看到标准的 VBA 代码分为 3 部分：主体部分、退出部分、错误处理部分。On Error GoTo Err_Command0_Click 语句是设置错误捕获功能，用以捕获代码运行中出现的错误，当出现错误时执行 Err_Command0_Click 语句标号处的命令。右边的“过程”下拉列表框显示出命令按钮的全部事件过程。

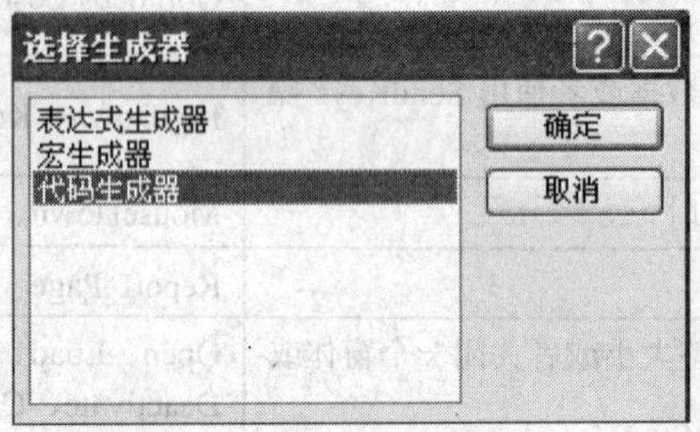

图 11-9 “选择生成器”对话框

11.5.2 键盘事件过程

键盘事件是指当用户在窗体或控件获得焦点的情况下按下按键时（或者使用 SendKeys 操作或语句 发送击键信息）发生的事件。按键动作是包含按下一个键（或多键组合）并松开弹起的两个动作的一个完整过程，在这个过程中，不是激发一个事件，而是可能激发 3 个事件。3 个键盘事件包括 KeyDown、KeyPress 和 KeyUp。之所以划分为 3 个事件，是为了识别按键动作和按的键是什么，便于设计精确的控制程序。

KeyPress：当窗体或控件获得焦点，用户按下并释放一个对应 ANSI 代码的键或组合键时 KeyPress 事件发生。SendKeys 语句将 ANSI 键击发送到窗体或控件时，该事件也将发生。

键盘事件的处理关键之一是确定用户按的是什么键，键盘上的键（包括组合功能键）不一样，不同类型的键要在不同的键盘事件中识别出来，不同的键盘事件用于识别不同类型的键。

而在 KeyPress 中的返回值却不一样的。例如，对于字符“A”和“a”，它们在 KeyUp 或 KeyDown 事件中的返回值都是相同的，为 65，而在 KeyPress 中的返回值却是 65 和 97。

如果窗体中没有任何可见的或有效的控件，该窗体将自动接收所有的键盘事件。

例如，条码一般采用扫描器扫描输入，但由于部分条码印刷问题扫描器识别不出来，此时采用键盘手工输入。如图书管理系统的图书财产编号是 9 位数字字符，输入其他的字符系统不接收，当输入时如满 9 位时自动回车。虽然可以对图书财产编号采用输入掩码技术使输入的字符都是数字，但在按键时图书财产编号文本框是可以接受任何字符的，按“回车”键后系统再进行校验，然后显示错误提示框。本例采用 KeyPress 事件处理过程，直接屏蔽掉非法字符。

把图书财产编号文本框的 AutoTab 属性设置为 True，在图书财产编号文本框的 KeyPress 事件处理过程中输入以下代码：

```
Private Sub Text1_KeyPress(KeyAscii As Integer)
    If KeyAscii >= 48 And KeyAscii <= 57 Then     '只允许 0~9 数字
        If Len(Trim(Me.Text1.Text)) = 8 Then      '字符串为 9 个字符时光标移到 Text2
            Me.Text2.SetFocus
        End If
    Else
        KeyAscii = 0
    End If
End Sub
```

11.5.3　鼠标事件过程

鼠标事件是指当用户在窗体或控件获得焦点的情况下操作鼠标时引发的事件。鼠标事件有 6 个，最常用的是单击事件（Click）。

Click：当用户在一个对象上按下然后释放鼠标左键按钮时事件发生。用右边或中间的鼠标键单击控件不会触发该事件。

DblClick：当用户在系统双击时间限度内，在一个对象上按下并释放鼠标左键两次，事件发生。

最常用鼠标单击事件的控件是命令按钮，在命令按钮上按回车键、空格键和快捷键同样可以激发 Click 事件，效果与用鼠标左键单击按钮一样。

鼠标事件过程如下：

例如，鼠标事件最常用的场合是命令按钮的单击事件，以自定义记录浏览按钮为例说明鼠标事件应用。窗体默认的记录浏览按钮不直观形象，用户在浏览数据时也不需要“增加”记录按钮，浏览数据只需要 4 个按钮。定义 4 个按钮，分别完成到第一条记录、下一条记录、上一条记录、最后一条记录的功能，如图 11-10 所示。

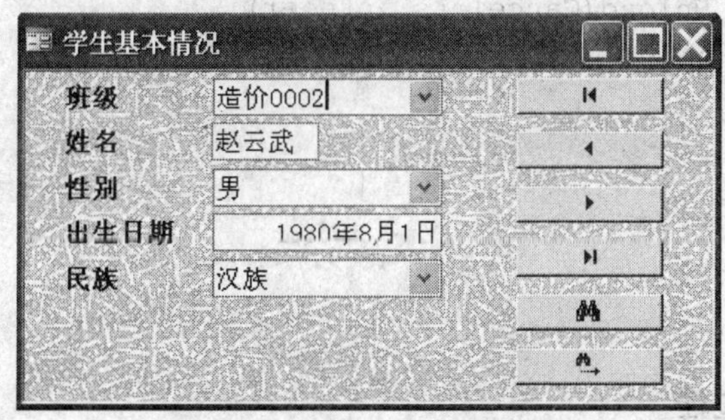

图 11-10　命令按钮的单击事件

下面是到第一条记录的命令按钮的单击事件程序。

单击命令按钮执行的是命令按钮“单击”事件过程中的程序代码，在设计视图中打开命令按钮“单击”事件，可以看到代码，如第一个命令按钮中的 VBA 代码如下：

```
Private Sub Command11_Click()
On Error GoTo Err_Command11_Click
    DoCmd.GoToRecord , , acFirst
```

```
Exit_Command11_Click:
    Exit Sub
Err_Command11_Click:
    MsgBox Err.Description
    Resume Exit_Command11_Click
End Sub
```

11.5.4 窗体事件过程

窗体事件是用户打开或关闭一个窗体时发生的事件。窗体作为一个对象本身有许多事件，窗体事件指打开或关闭时才发生的事件，而不是指窗体的事件。窗体事件有以下几种：

Open：在窗体已打开，但第一条记录尚未显示时，Open 事件发生。

Load：窗体打开并且显示其中记录时 Load 事件发生。Open 事件与 Load 事件一个显著差别是：Open 事件能被取消，而 Load 事件不能被取消。例如，如果在一个事件过程中为窗体的 Open 事件动态创建窗体的记录源，如果没有记录可显示，则可以取消窗体的打开操作。

Close：当窗体被关闭并从屏幕上删除时，Close 事件发生。Unload 事件能被取消，但 Close 事件却不能。

例如，当打开窗体时，如果没有记录，窗体会显示一个让用户莫名奇妙的空白窗体，在 Form_Open 中先判断有没有记录，如果没有记录则直接关闭该窗体。程序如下：

```
Private Sub Form_Open(Cancel As Integer)
If Me.Recordset.EOF() Then
    MsgBox "没有人员记录，按任一键继续！"
    Cancel = True
End If
End Sub
```


例如，本例提示用户确认窗体是否应该关闭。若用户回答 “否”，则不能关闭窗体。

```
Private Sub Form_Unload(Cancel As Integer)
    If MsgBox("是否关闭本窗体?", vbYesNo) = vbYes Then
        Exit Sub
    Else
        Cancel = True
    End If
End Sub
```

11.5.5 数据事件过程

数据事件是指当用户对窗体中的数据记录或控件中的数据进行操作发生的事件。数据事件基本可以分为两类，一类以整个记录为操作对象的事件，当将焦点移动到窗体上的某个记录，对记录的数据进行更新、删除已有的单个记录或多个记录，或者新建记录时，将发生与窗体上记录相关的事件。另一类是控件数据修改。数据事件有以下几种：

（1）Enter：在某一控件接受到同一窗体上另一控件的焦点之前，Enter 事件发生。Enter 事件发生在焦点移动到一个指定控件之前。按下 Tab 键，单击对象该事件就会发生。

（2）AfterUpdate：事件在控件中的数据被改变或记录被更新之后发生。

（3）Exit：事件在焦点从一个控件转移到同一窗体上另一个控件之前发生。Exit 事件发生在 LostFocus 事件之前。

例如，在库存管理系统中，输入入库单时，要输入入库的产品名称，如果现有的产品目录表中没有该产品，则询问用户“该产品为新产品，是否在产品目录中增加该产品名单？”。用户若回答“是”，则打开“产品目录”窗体，并携带本产品名称到“产品目录”窗体中。用户若回答“否”，则可能用户输入错误的产品名称，应当重新输入产品名称。程序如下：

```
Private Sub 产品名称_BeforeUpdate(Cancel As Integer)
Dim Response As Integer
If (IsNull(DLookup("[产品名称]", "产品", "[产品名称] ='" & Me!产品名称 & "'"))) Then
    Response = MsgBox("该产品为新产品,是否在产品目录中增加该产品名单?", vbYesNo)
    If Response = vbYes Then
        DoCmd.OpenForm "产品目录", , , , , , Me!产品名称
    Else
        Cancel = True
        Me!产品名称.Undo
    End If
End If
End Sub
```

11.6 VBA 操作 Access 对象

11.6.1 Access 对象模型

1. Access 对象模型

前面已经学过一个 Access 数据库（如 xssjk.mdb）包含许多组成部分，如表、查询、窗体、报表、模块和页，表是个集合，在这个集合中包含许多具体的数据表；报表是个集合，在这个集合中包含许多具体的报表。这些组成部分都是构成 Access 数据库的部件。用面向对象的专业术语说，这些都是对象。对象代表应用程序中的元素，比如工作表、单元格、图表、窗体或是一份报告。

其实，构成一个 Access 应用系统的除了以上数据库组成部分外，还有下拉菜单、快捷菜单、工具栏等组成部分（这些部分也许没有设计它们，但 Access 提供默认的下拉菜单、快捷菜单、工具栏等），它们存在于设计的 Access 数据库中。整个数据库应用系统构成称为 Access 对象模型。微软的定义是：Access 对象是由 Access 定义的一种对象，它与 Access、Access 界面或应用程序的窗体、报表和数据访问页相关；而且，可以用来对输入和显示数据所采用的界面的元素进行编程。

DoCmd：DoCmd 是 Access 默认的对象，利用它可以从 VBA 中运行 Access 操作，如关闭窗口、打开窗体和设置控件值等任务。

Forms：Forms 集合包含 Access 数据库中当前打开的所有窗体。AllForms 集合包含 Access 数据库中所有的窗体。

Reports：Reports 集合包含 Access 数据库中所有当前打开的报表。All Reports 集合包含

Access 数据库中所有的报表。

Modules：Modules 集合包含 Access 数据库中所有打开的标准模块和类模块。

VBA 编程元素除了常量、变量、数据、控件外，Access 对象模型所有要素都可作为 VBA 编程元素。用 VBA 不仅可以操纵 Access 保存的数据记录，也可以对窗体、报表、菜单及其构成要素等进行细致的操纵。在系统开发中并不是要用到全部对象，Forms、Reports、DoCmd、Controls 是最经常使用的对象。

2. 对象的属性与方法

对象是具有一定功能的部件，在使用部件时不需要知道其内部结构和工作原理，只要能使用其外部功能即可。通过接口使用对象。对象的接口有 3 种：属性、方法和事件。

属性是对象的外部特征、特性、状态。如文本框为一个对象，其属性有标题（Caption）、前景颜色（ForeColor）、字体（FontName）、字号（FontSize）等。属性可以读取和设置。

方法是用来操纵对象的，如文本框的移动（Move）、得到焦点（SetFocus）、恢复（Undo）要让命令按钮移动到某一位置，调用其 Move 方法加上位置参数即可。方法一般是产生动作的，具有操纵功能。

事件是一些对系统的操作，事件发生一般是由用户操作应用系统的界面而触发的。

3. 对象属性与方法的引用表示方法

在 VBA 代码与 Access 表达式中如何存取对象属性与方法？已学过表达式，表达式是许多 Access 运算的基本组成部分，表达式是可以生成结果的符号组合，这些符号包括标识符、运算符和值。标识符是表达式的一个元素，用来引用字段、控件或属性等对象的值。用感叹号“！”、英文点号“.”和方括号“[]”来表示字段、控件或属性等对象。规则是：

如果后面一项是用户定义的（集合中的一个元素），就要在表达式中使用 ！运算符。

如果后面一项是由 Access 定义的，就要在表达式中使用点（.）运算符。

对象名称用方括号[]括起来。

例如，Forms![订单]![订单 ID].Value，引用“订单”窗体上“订单 ID”控件中的值。

例如，Forms![订单].Caption，表示“订单”窗体上标题。

11.6.2 DoCmd 对象

DoCmd 是 Access 默认的对象，用它来在 VBA 中执行 Access 的操作命令，也可以理解 DoCmd 是 Access 命令对象。如果不用 DoCmd，这些操作只能通过菜单或宏执行。DoCmd 对象只有方法，没有属性和事件。每一方法执行一条 Access 的操作命令，接受常用的 DoCmd 只有方法。

1. 打开表、查询、窗体、报表

VBA 中打开一个表的命令格式是：

```
DoCmd.OpenTable(TableName,View,DataMode)
```

参数 TableName 是表名；View 是窗体打开的视图，默认值为 acViewNormal，以窗体的默认视图打开窗体；DataMode 是打开窗体的模式。acAdd 是增加记录模式，默认的 acEdit 是编辑模式，acReadOnly 是只读模式。

例如，以只读模式打开“雇员”表。

```
DoCmd.OpenTable "雇员", acViewNormal, acReadOnly
```

类似地，打开查询的命令格式是：

```
DoCmd .OpenQuery(QueryName, View, DataMode)
```

打开窗体的命令格式是：

```
DoCmd.OpenForm(FormName,View,FilterName,WhereCondition,DataMode,WindowMode,
OpenArgs)
```

命令参数 FilterName 可选，是当前数据库中有效查询的名称。WhereCondition 可选，是不包含 WHERE 关键字的有效 SQL WHERE 子句。WindowMode 可选，是打开窗体时所采用的模式，可以是下列常量之一：acDialog 窗体的 Modal 和 PopUp 属性设为“是”。acHidden 窗体隐藏。acIcon 打开窗体并在 Windows 工具栏中最小化。acWindowNormal 默认值是窗体采用它的属性所设置的模式。OpenArgs 可选，设置窗体的 OpenArgs 属性，用以传递参数。

打开报表的命令格式是：

```
DoCmd.OpenReport(ReportName,View,FilterName,WhereCondition,WindowMode,Open
Args)
```

2. 运行宏

在 VBA 中运行宏，格式为：

```
DoCmd.RunMacro(MacroName, RepeatCount)
```

其中，MacroName 表示当前数据库中宏的名称；RepeatCount，可选，是数值表达式，用于计算宏运行次数的整数值。

例如，执行打印两次销售报表的“销售报表的”宏：

```
DoCmd.RunMacro "销售报表的",2
```

3. RunSQL

```
DoCmd.RunSQL。
```

例如，更新“员工”表，将每一个经理的职务更改为“销售部长”：

```
Public Sub DoSQL()
Dim SQL As String
SQL = "UPDATE 员工" & "SET 员工. 职务 = '销售部长' " & "WHERE 员工. 职务= '经理'"
DoCmd.RunSQL SQL
End Sub
```

4. 执行内置菜单命令或内置工具栏命令

```
DoCmd.RunCommand
```

方法用于执行内置菜单命令或内置工具栏命令。命令格式为：

```
DoCmd.RunCommand(Command)
```

参数 Command 用 AcCommand 常量表示。AcCommand 指定要执行的内置菜单命令或内置工具栏命令。详细内容见 AcCommand 常量表。

例如，使用 RunCommand 方法打开“选项”对话框（使用“工具”菜单）。

```
Public Function OpenOptionsDialog() As Boolean
On Error GoTo Error_OpenOptionsDialog
    DoCmd.RunCommand acCmdOptions
    OpenOptionsDialog = True
Exit_OpenOptionsDialog:
    Exit Function
Error_OpenOptionsDialog:
```

```
    MsgBox Err & ": " & Err.Description
    OpenOptionsDialog = False
    Resume Exit_OpenOptionsDialog
End Function
```

11.6.3 Access 对象模型应用实例

Application 对象引用活动的 Access 应用程序，使用 **Application** 对象，可以对整个 Access 应用程序进行操作。如设置自己特定的运行环境，设置新建数据库的排序方式为“中文笔画”。下面以用 VBA 在当前数据库中打开另一个数据库（*.mdb）为例，说明 Application 对象和其他对象的应用。

首先从 VBA 创建对 Microsoft Office Access 2003 对象库的引用。在 VBA 中，选择菜单中的“工具”→“引用”命令，弹出“引用”对话框，该对话框中列出应用程序对象库，选择需要的应用程序的对象，通过设置对某个应用程序对象库的引用可以在代码中使用它。默认情况下，VBE 自动选择对 Access 对象库的代码。Access 对象库是 Microsoft Access 11. Library。

下面的示例代码演示先打开一个 Access 数据库 MYDB1.mdb，然后打开一个数据库中的窗体 START。

```
'Include the following in Declarations section of module.
Dim appAccess As New Access.Application
Sub DisplayForm()
    Dim strDB as String
    '设置数据库的存储路径
    Const strConPathToSamples = "D:\Samples\"
    strDB = strConPathToSamples & "MYDB1.mdb"
    '在Access窗口中打开数据库MYDB1.mdb.
    appAccess.OpenCurrentDatabase strDB
    '在Access窗口中打开START窗体
    appAccess.DoCmd.OpenForm "START"
End Sub
```


11.7 VBA 应用举例

11.7.1 输入数据校验

输入数据时要保证数据的正确性，使输入的数据满足如类型、长度、格式、业务等要求，一旦输入了非法的数据，系统应提示用户重新输入，复杂的业务规则要用 VBA 完成。下面以用扫描器扫描输入条码为例，说明 VBA 的作用。

条码的组成往往最后一位是校验位，输出条码要按照一定规则根据数据位生成校验位，扫描输入条码时按相同的规则对输入的数据位计算出生成校验位，然后与输入的校验位比较，若不相等，则重新输入。

生成校验位的规则：

原码为 $X_1X_2X_3X_4X_5X_6X_7X_8$，先求每一位的权值，偶数位的权值等于其本身。奇数位权值规则是，先求以 2 为底，以奇数位为指数的幂，如果幂比 10 小则奇数位权值等于该幂值；如果幂大于等于 10，则奇数位权值等于 1 加该幂值与 10 的余数。把各位的权值相加求和，把和按 10 求余数，该余数与 10 的差即为校验位。

由于要在多个地方输入校验条码，在模块中建立校验函数，模块名称 JYW，其包含两个函数，产生条码校验位的函数 GENJYW，判断条码正确与否的函数 TMISRIGHT。JYW 模块的内容如下：

```
Option Compare Database
Option Explicit

Public Function GENJYW(CODE As String) As String
'产生条码的校验位
Dim X As Integer, Y As Integer, I As Integer
X = 0
For I = 1 To 8
   Y = Val(Mid(CODE, I, 1))
   If I Mod 2 <> 0 Then
      Y = 2 * Y
      If  Y >= 10 Then
         Y = Y Mod 10 + 1
      End If
   End If
   X = X + Y
Next I
X = X Mod 10
X = 10 - X
GENJYW = CStr(X)
End Function

Public Function TMISRIGHT(CODE As String) As Boolean
'判断条码正确与否
Dim X As String, Y As String
X = Mid(CODE, 1, 8)
Y = Mid(CODE, 9, 1)
If Y = GENJYW(X) Then
  TMISRIGHT = True
Else
  TMISRIGHT = False
End If
End Function
```

在窗体中，输入条码时使用以上函数对输入的数据进行校验。建立一个窗体“输入条码”，在其中放置一个文本框控件，名称为文本 0，在其有效性规则中输入：TMISRIGHT([文本0])=True，在其有效性文本中输入"条码输入错误，重新输入!"，如图 11-11 所示。

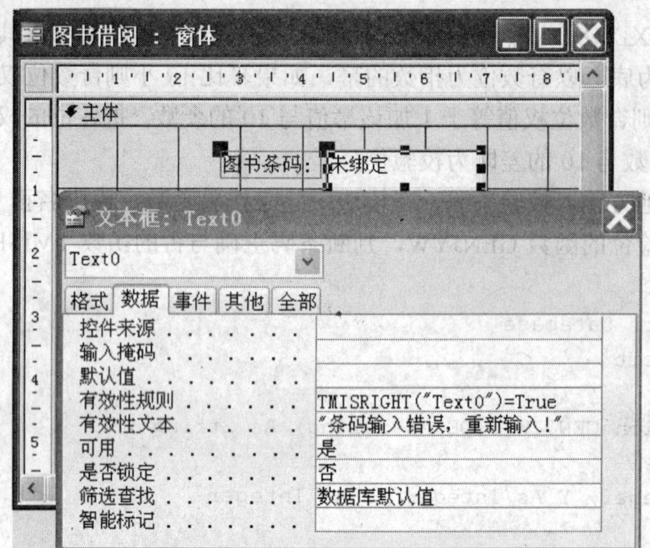

图 11-11　设置条码对数据进行校验

运行该窗体，输入数据 200000016，输入后，系统调用 TMISRIGHT 函数对输入的数据进行校验，执行 TMISRIGHT 函数时会自动调用 GENJYW 函数。系统出现错误提示（如图 11-12 所示），按回车键后重新输入 200000015，若校验正确，则系统不做任何提示。

图 11-12　弹出错误提示对话框

11.7.2　增强窗体功能

设计一个按班级查询学生记录的窗体，当用户选择不同的班级时，它每次只显示某一班级的学生。窗体名称为“按班级查询”，设置窗体的属性“记录源”为：

```
SELECT 学生基本情况.* FROM 学生基本情况 WHERE (((［学生基本情况］.［班级ID])=[Forms]![按班级查询]![ Combo0]));
```

以上语句的 WHERE 后面部分表示窗体数据源为班级等于窗体上的控件名称为 Combo0 值的所有学生，Combo0 的值是窗体运行时用户随机设置的，因此窗体数据源是动态的。这种只显示部分数据的设计思路尤其适合于网络环境。在网络环境下，为了提高应用系统的速度，应尽可能减少网络上数据的传输量，动态数据源只传输需要的数据。

添加一个组合框控件 Combo0，为非绑定控件，使用该组合框选择一个班级。其属性设置如下：

行来源类型：表/查询

行来源：SELECT 班级.班级 ID,班级.班级名称 FROM 班级;

增加其他绑定型控件，窗体的其他设计如图 11-13 所示。

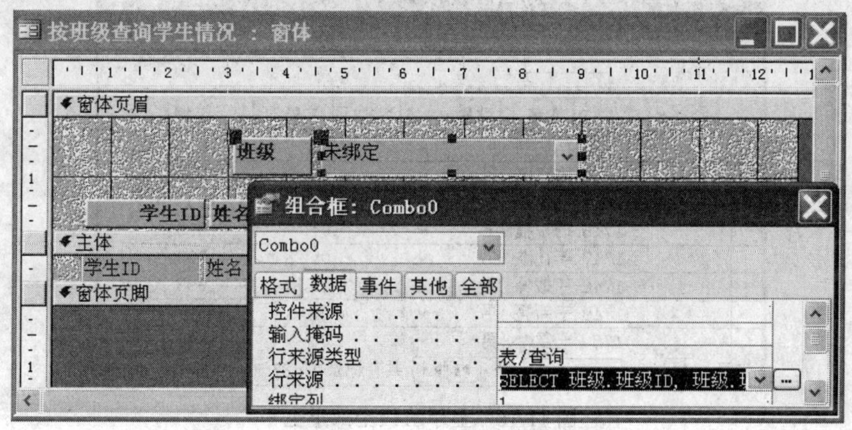

图 11-13　窗体的其他设计

当用户选择不同的班级时，即组合框控件 Combo0 发生变化后，窗体的数据源不自动刷新，应强制刷新。组合框控件 Combo0 属性窗口中，选择“更新后”事件，如图 11-14 所示。

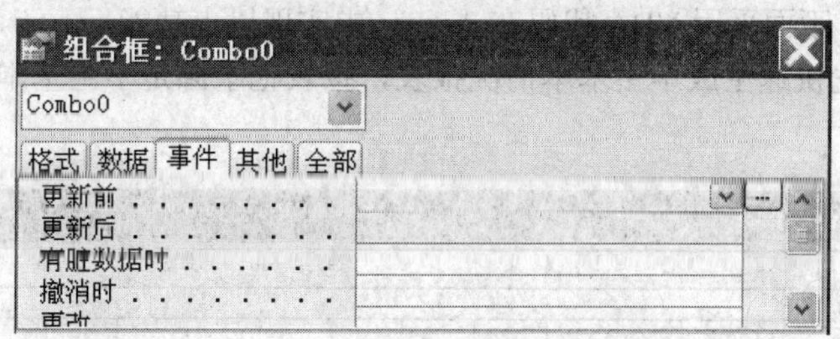

图 11-14　选择“更新后”事件

单击“生成器”按钮，出现事件处理选择生成器，选择代码生成器，进入 VBA 代码编辑器。在其中输入一行代码：Me.Requery，如图 11-15 所示。该行代码表示重新选择一个班级后，窗体按新的班级重新查询并更新屏幕显示。

图 11-15　VBA 代码编辑器

窗体运行开始时，空白的窗体只显示窗体页眉中的组合框控件 Combo0 和标签。从组合框中选择一个班级，则窗体重新进行查询，显示该班级全部学生，如图 11-16 所示。重新选择另一个班级，显示另一个班级的学生。

按班级查询学生基本情况

班级 汽中9803

学生ID	姓名	性别	学生证	学号	年级
1743	梁法利	男		01	1998
1744	张宗跃	男		02	1998
1745	王明伟	男		03	1998
1746	杨东福	男		04	1998
1747	李化波	男		05	1998
1748	芦战峰	男		06	1998
1749	韦新亮	男		07	1998
1750	于雷	男		08	1998

记录：1 共有记录数：37

图 11-16 显示班级全部学生

11.7.3 增强报表功能

使用 VBA 可以增强报表的功能，在 Excel 中打印报表可以实现不同行的背景颜色不同，增强报表的可读性。下面采用 VBA 代码在 Access 中实现以上功能。

用报表生成器先快速生成学生基本情况报表，报表记录源是学生基本情况，设计视图如图 11-17 所示。

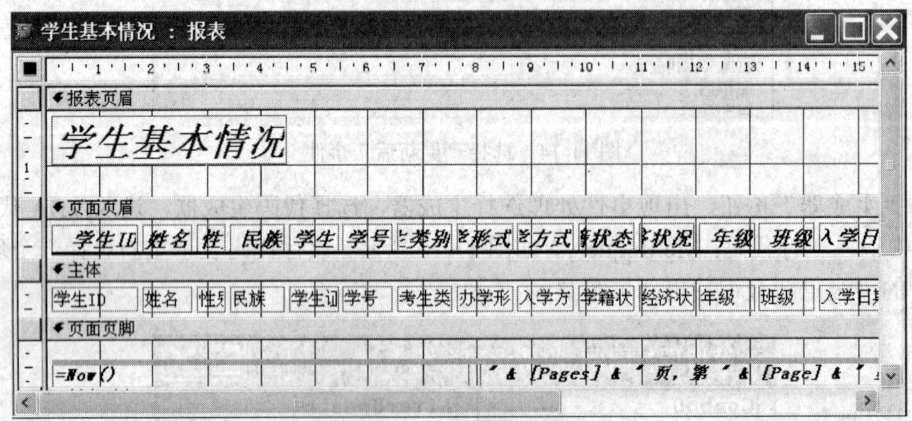

图 11-17 设计视图

在报表代码的声明部分先声明一个全局变量 Hangshu。

```
Option Compare Database
'Hangshu 是打印的行数
Dim Hangshu As Long
```

在报表主体节中的打印事件中输入以下代码：

```
Private Sub 主体_Print(Cancel As Integer, PrintCount As Integer)
```

```
  Dim JO As Integer         '判定当前行是奇数行还是偶数行
  JO = Hangshu Mod 2        '模运算
  Hangshu = Hangshu + 1 '打印一条记录，增加1
  If JO = 0 Then            '当前打印的是偶数行
    Me.Line (20, 10)-(Me.ScaleWidth - 30, Me.ScaleHeight - 1), ,B
  Else                      '当前打印的是奇数行
    Me.Line(20,10)-(Me.ScaleWidth-30,Me.ScaleHeight-1),RGB(192,192,192),BF
  End If
End Sub
```

报表运行的结果如图 11-18 所示，呈现黑白交错的效果。

学生基本情况

学生ID	姓名	性别	学生证号	年级	入学日期
591	刘忠	男	980049	1998	1998-9-15
592	白彦	男	980050	1998	1998-9-15
593	王守	男	980051	1998	1998-9-15
594	陈罕	男	980052	1998	1998-9-15
595	徐亚	男	980053	1998	1998-9-15
596	潘文	男	980054	1998	1998-9-15

页： 1

图 11-18　报表运行结果

11.7.4　双列表设计

Access 中有许多控件，用于数据输入的主要是文本框、选项组、复选框、切换按钮、组合框、列表框、自定义控件。对不同类型的数据选用不同的输入控件，以提高数据输入的正确性和效率。无限型数据输入控件，一般采用文本框从键盘直接输入。对于枚举型数据输入控件，采用的选择输入方式分为单个选择输入方式和多个选择输入方式。单个选择输入方式可以采用的控件是选项按钮、选项组、复选框、列表框、组合框。多个选择输入方式用户可以从可选数据中选择一个或多个数据，可选用的工具是列表框、组合框。列表框、组合框虽然允许多个选择，但在有些情况下对用户来说使用不太方便，也不直观。用双列表输入方式，用户操作方便，可选全部数据项，可选单个或多个数据项，也可进行不全选、不选单个、不选多个的操作。Access 中没有双列表，下面以高校学生收费系统的收费项目选择为倒来说明怎样设计双列表。

1. 双列表结构

双列表主要有 2 个列表框及相关 4 个命令按钮和 1 个窗体构成，如图 11-19 所示。

2. 可选项列表框

可选项列表框 List0 列出全部的可选收费项目数据。列表框控件的属性设置如下：

（1）行来源类型：行来源类型有 3 种：表/查询、值列表及字段类型。选择“表/查询”类型。

（2）行来源：行来源类型为“表/查询”，在行来源框中直接输入查询命令：

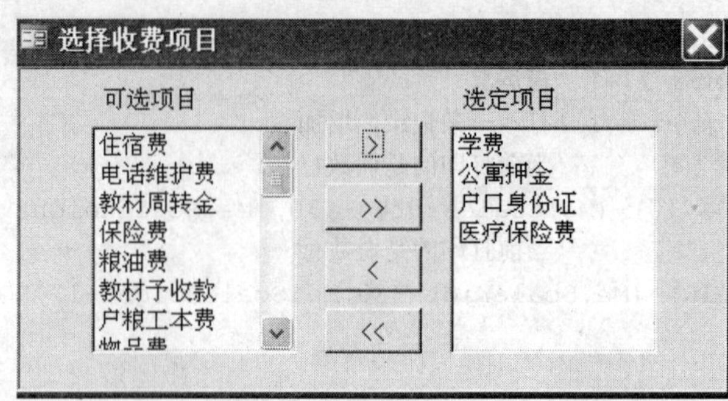

图 11-19　双列表

SELECT项目类别.项目类别ID,项目类别.项目类别,项目类别.是否选定FROM项目类别WHERE(((项目类别.是否选定)=False)) ORDER BY 项目类别.项目类别ID;

该命令说明列表框中显示的数据来源是所有“可收费项目表中未选定的数据项。

（3）多重选择：在列表框中进行选择多项数据的方法有“无”、“简单”、“展开的”。“无”指不允许多重选择，只能选择一个数据。“简单”和“展开”都允许多重选择，只是选择的操作方法不同。“简单”的方法指选择数据项时通过在数据项上单击鼠标或按空格键，以选中或不选中。“扩展”的方法可以按住 Shift 键，然后单击各项目以进行多重选择，也可以按住 Shift 键，从前面的选择项按向下键扩展选择范围至当前项，或按住 Ctrl 键并拖动鼠标，以进行多重选择。直接拖动鼠标，也可以进行多重选择。本例采用“展开的”方法。

3. 选定项列表框

选定项列表框 Listl 列出全部选定的数据，其主要属性设置如下：

（1）行来源类型：表/查询。

（2）行来源：

SELECT项目类别.项目类别ID,项目类别.项目类别,项目类别.是否选定FROM项目类别WHERE(((项目类别.是否选定)= True)) ORDER BY 项目类别.项目类别ID;

（3）多重选择：展开的。

4. 窗体事件

窗体开始运行时，应在可选项列表框列 List0 中显示全部的收费项目，在选定项列表框 Listl 中不显示任何收费项目，通过把收费项目表中的字段“是否选定”设为 False（否）来实现。因此，在窗体的“加载事件”中，定义一个更新查询操作，输入以下 VBA 代码：

```
Private Sub Form_Open(Cancel As Integer)
    Dim SQLText As String
    SQLText = "Update 项目类别 Set 项目类别.是否选定=False;"
    DoCmd.RunSQL SQLText
    '刷新窗体
    Me.Refresh
End Sub
```

5. 命令按钮的编程

“>”命令按钮的功能是把左边的列表框 List0 中全部选定的数据项移到右边的列表框 List1 中。设计思路是对 List0 中当前每一数据项的选定状态进行判定。如果 List0 的数据项未被选定，则跳过该项对下一项进行判定。如果数据项已被选定，使该项对应记录的字段“是否选定”设为 True，全部数据项处理完后刷新屏幕。这样，刷新屏幕使两个列表框 List0 和列表框 List1 重新查询，列表框 List0 中选择的数据项在列表框 List1 中显示。

```
Private Sub Command4_Click()
Dim I As Integer, SQLText As String
For I = 0 To LIS.ListCount - 1
   If LIS.Selected(I) Then
      SQLText = "Update 项目类别 Set 项目类别.是否选定=True WHERE 项目类别 ID=" &
LIS.ItemData(I) & ""
      DoCmd.RunSQL SQLText
   End If
Next I
Me.List0.Requery
Me.Refresh
```

End Sub 其他命令按钮的程序设计思路也相同，此处不再赘述。

一、选择题

1. 在以下叙述中，不正确的是（　　）。
   A．Access 只能使用系统菜单创建数据库应用系统
   B．Access 不具备程序设计能力
   C．Access 只具备了模块化程序设计能力
   D．Access 具有面向对象的程序设计能力，并能创建复杂的数据库应用系统
2. 如果加载一个窗体，首先被触发的事件是（　　）。
   A．Load 事件　　B．Open 事件
   C．Activate 事件　　D．DbClick 事件
3. VBA 表达式 7*7\7/7 的输出结果是（　　）。
   A．49　　B．7　　C．1　　D．9
4. 用 VBA 代码打开“Start”表，下面语句正确的是（　　）。
   A．Docmd.Openform"Start"　　B．Docmd.Openview"Start"
   C．Docmd.Opentable"Start"　　D．Docmd.Openreport"Start"
5. 以下程序段运行结束后，变量 x 的值为（　　）。

```
x=3
y=3
Do
x=x*y
y=y+1
Loop  While   y<3
```

   A．9　　B．3　　C．12　　D．21

6．打开窗体后，单击“计算”命令按钮，消息框的输出结果是（　　）。

A．5　　B．14　　C．2　　D．356

7．结构化程序设计所规定的 3 种基本控制结构是（　　）。

A．输入、处理、输出　　B．树型、网型、环型

C．顺序、选择、循环　　D．主程序、子程序、函数

8．VBA 程序的比较清晰的书写方法是一行书写一条语句，但也兼容支持多条语句写在一行中，语句间分隔符使用的分隔符号是（　　）。

A．:　　B．’　　C．;　　D．,

9．Access 的控件对象设置某个属性来控制对象是否显示，需要设置的属性是（　　）。

A．Default　　B．Cancel　　C．Enabled　　D．Visible

二、填空题

1．函数 Right("我喜欢计算机",3)的执行结果是__________。

2．某窗体中有一命令按钮，在窗体视图中单击此命令按钮打开一个表，需要执行的操作是__________。

3．某窗体中有一命令按钮，在窗体视图中单击此命令按钮可打开另一个窗体，需要执行的操作是__________。

4．某窗体中有一命令按钮，在窗体视图中单击此命令按钮打开一个报表，需要执行的操作是__________。

5．在使用 Dim 语句定义数组时，用__________语句说明数组下界从 1 开始。

6．补齐代码，本段程序功能是提示用户确认窗体是否应该关闭，若用户回答“否”，则不关闭窗体。

```
Private Sub Form_Unload(Cancel As Integer)
  If __________(""是否关闭本窗体？", vbYesNo) - vbYes Then
     Exit Sub
  Else
     __________= True
  End If
  End Sub
```

7．Access VBA 对代码的管理分为 4 个层次：__________、过程、__________、工程。

8．打开报表的命令格式是__________。

三、简答题

1．什么是事件及事件程序？

2．窗体事件过程主要有哪些？

3．如何实现在用户删除记录前显示对话框询问用户确认删除？

四、设计题

1．设计代码，在姓名文本框中只允许输入汉字，采用哪个事件程序？

2．设计第二代身份证号码的校验规则程序。

3．仿照 11.7.4 节中的“>”按钮代码设计的例子，完成其他 3 个按钮代码设计。

4．仿照双列表结构代码设计，用于选择输入购买的商品。

五、操作题

1．启动 VBA 编辑器并退出。

2．调试设计第二代身份证号码的校验规则程序。

3．调试程序：仿照双列表结构代码设计，用于选择输入购买的商品。

六、思考题

对于计算机系统有句俗话：输入的是垃圾，输出的也是垃圾。你采用什么技术可以最大限度地保证输入数据的正确性？

第 12 章　高级开发应用举例——高校学生交费管理系统

- 开发一个专业级数据库应用系统的过程
- 应用系统的业务流程
- 应用系统的窗体设计和报表设计
- 典型窗体的 VBA 编码设计

12.1　应用系统概述

前面第 1～10 章介绍了一个简化的学生交费管理系统，是为了说明 Access 可以快速开发一个普通的应用系统。利用第 11、12 章的知识，可以开发专业的数据库应用系统，结果可与用 VB、VC、Delphi 开发的数据库应用系统相比。而同样的功能，Access 的开发速度要远远超过它们，并且使用 Access 的技术难度要低于 VB、VC、Delphi。

本系统是为某高校设计的校园网办公系统的一个子系统。整个办公系统采用 C/S+B/S 的混合结构，对数据输入编辑操作用功能完善、强大的 C/S 结构。在整个网络中对数据的查询，采用 B/S 结构。整个系统的结构为速度很快的两层结构。后端有域服务器、数据库服务器、Web 服务器。服务器操作系统用 Windows Server。数据库系统用 SQL Server 2005，Web 服务器用 IIS7.0。

前端客户机是放在各个职能部门和阅览室实验室中，客户机操作系统安装 Windows XP，浏览器安装 IE 8.0 以上版本。客户端安装 Office XP 包含 Access 数据库系统。

整个学生管理系统包括以下业务子系统：

数据库是共享式的，不仅为一个子系统服务，而且是围绕着高校的主流业务——学生管理，进行整体的数据规划，按照数据库规范进行设计，以满足全部管理业务的需要。

设计的办公系统可以满足高校的主流业务——学生管理，从入学到毕业的全流程的管理需要。学生管理工作实现全部电子化，全部的设计工作除了后端用 SQL Server 2005，前端全部用 Access 设计。后端数据库的设计也是先在 Access 中完成，然后升迁到 SQL Server 中。笔者的体会是这样比直接在 SQL Server 中设计数据库效率要高，因为可以利用 Access 的许多生成器工具。管理类信息系统对不同的用户、用户不同时期要做大量的定制工作，Access 二次开发比其他工具要方便。学生综合管理系统如图 12-1 所示。

在第 10 章已介绍的部分内容，在本章中不再列出，由于该系统比较大，不能全部列出，只给出主要的技术要点。

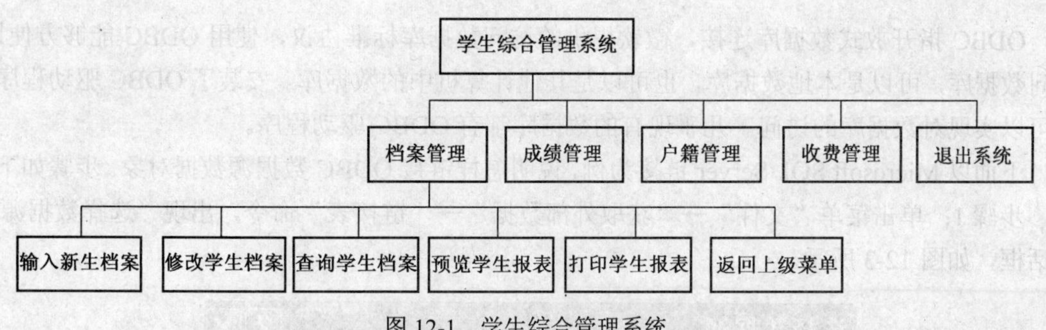

图 12-1　学生综合管理系统

12.2　学生交费管理系统业务流程

交费管理系统的主要业务是收费。每学年处理交费的流程为：制定新费用项目→制定新收费模板→制定收费单→交费审核→统计查询→报表。

先列出学生应交的全部各项费用，根据全部学生的身份制定几个收费模板，一个模板对应一类收费项目，并打印出多联收款单。事先做出全部学生交费单（校内收费单及财政统一收费单），打印出全部交费单。学生到财务处交纳校内收费单上的费用并领取财政统一收费单，然后学生个人到指定银行交纳财政统一收费，银行收取费用后在收费回执上盖章，学生拿到盖章的回执交到学校财务处。财务处依据回执和已交的校内收费单进行交费单审核注销。

重点是掌握未交费的学生和欠费分类统计。

12.3　交费管理系统的主要功能

通过与用户的交流，我们了解了学生交费管理系统的层次功能包括如图 12-2 所示的内容。

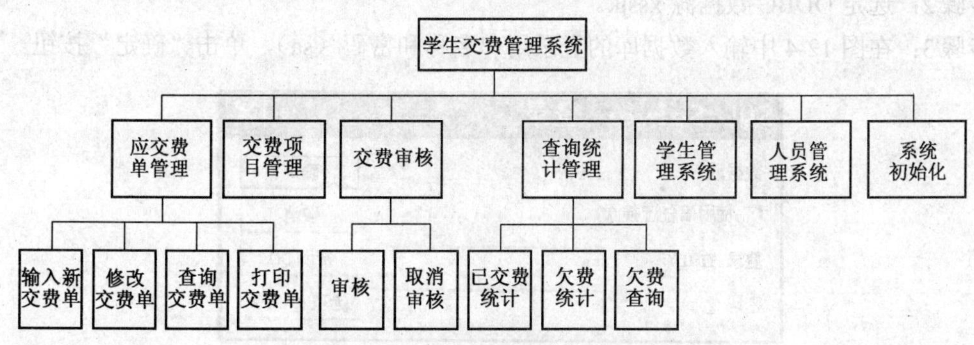

图 12-2　学生交费管理系统的层次功能

12.4　使用升迁到 SQL Server 中的表及查询

表分为两类，一类是存放在服务器上的链接表，另一类是本地表。假设升迁到 SQL Server 的数据库名为 xssjksql，ODBC 数据源为 xssjk，使用升迁到 SQL Server 中的表及查询方法如下：

ODBC 指开放式数据库连接，微软提供的访问数据库标准协议，使用 ODBC 能够方便地访问数据库，可以是本地数据库，也可以是其他计算机中的数据库。安装了 ODBC 驱动程序，就可以实现对数据库的访问。几乎现有的数据库都有 ODBC 驱动程序。

下面以 Microsoft SQL Server 链接为例，说明怎样链接 ODBC 数据源数据对象。步骤如下：

步骤 1：单击菜单“文件”→“获取外部数据”→“链接表”命令，出现“选择数据源”对话框，如图 12-3 所示。

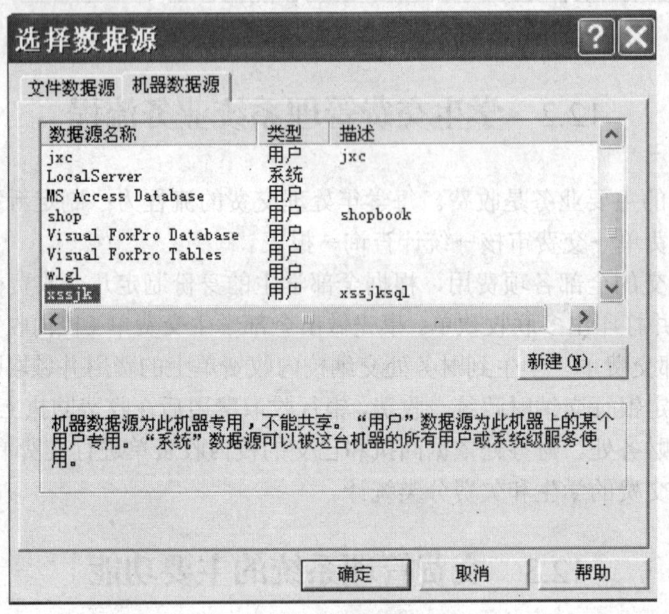

图 12-3　“选择数据源”对话框

步骤 2：选定 ODBC 数据源 xssjk。

步骤 3：在图 12-4 中输入数据库的登录用户名称和密码（sa），单击“确定”按钮。

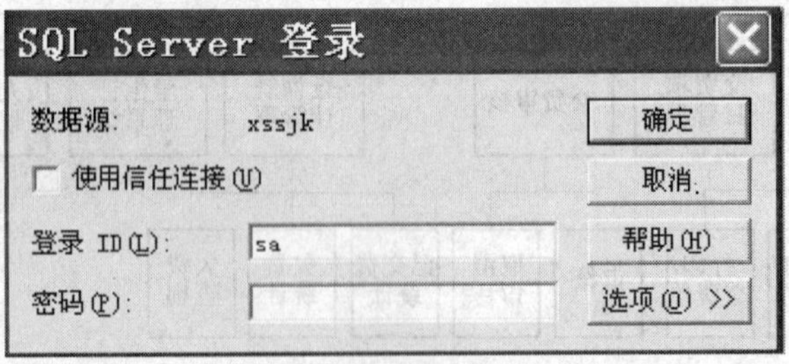

图 12-4　登录对话框

步骤 4：选择需要链接的表，图 12-5 列出了服务器中 SQL Server 数据库中的全部表和视图，因此，可以从 SQL Server 中链接表及视图，导入的视图在 Access 中作为表。单击“确定”按钮即开始链接。

这时 Access 数据库的表有两类，一类是存放在服务器上的链接表，另一类是本地表，如图 12-6 所示。

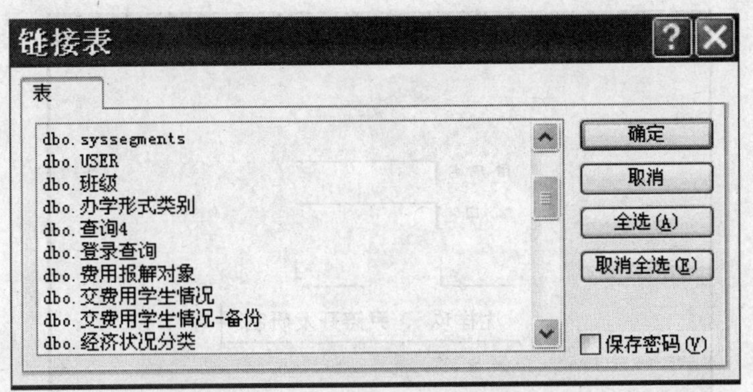

图 12-5　“链接表”对话框

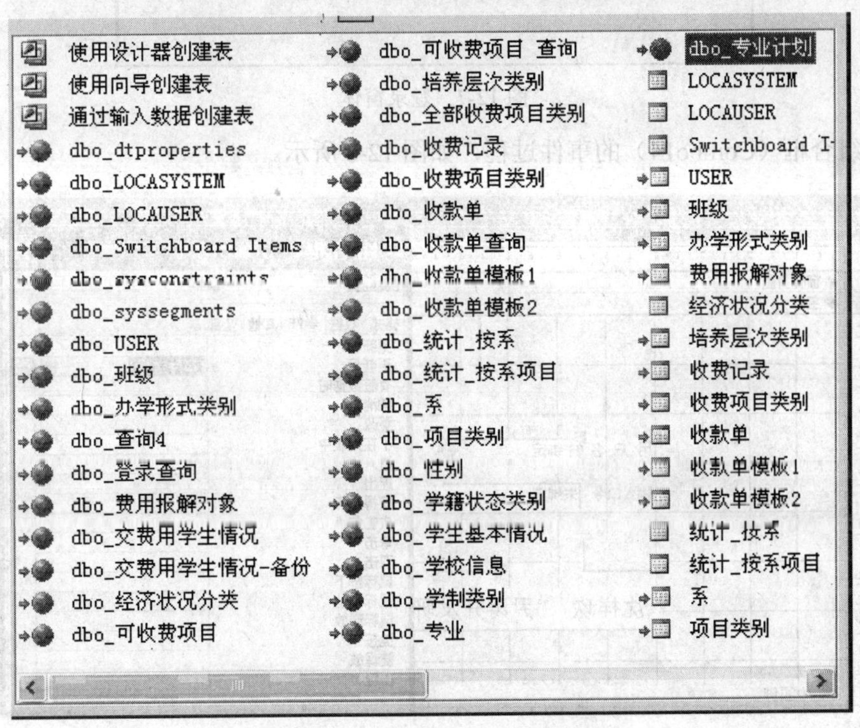

图 12 6　Access 数据库中的表

12.5　主要窗体设计

下面列出系统主要的窗体及 VBA 代码，VBA 代码大部分是向导自动生成的，部分是手工输入的。设计过程中往往先用向导生成部分代码，然后添加部分关键代码。

1. 登录窗体

登录窗体用于用户进入系统时的安全检验，若口令输入 3 次还不正确，则退出系统，如图 12-7 所示。

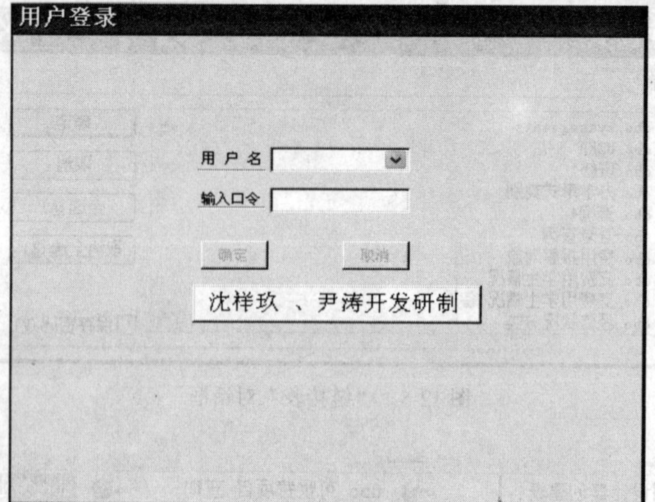

图 12-7 登录窗体

（1）组合框（Combo14）的事件过程，如图 12-8 所示。

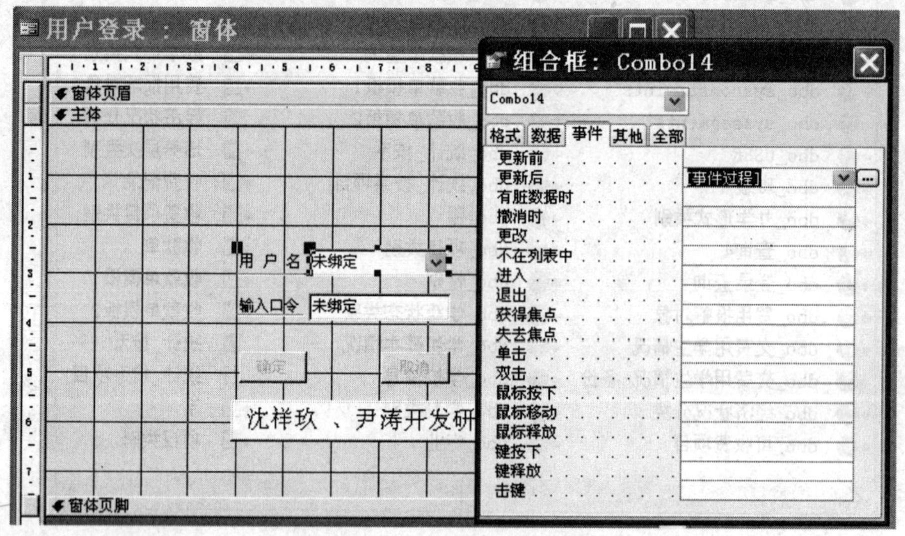

图 12-8 组合框的事件过程

Combo14 的事件过程 VBA 代码如下：

```
Option Compare Database
Option Explicit
Dim NUM As Integer
Private Sub Combo14_AfterUpdate()
'用户名改变后，光标自动移到输入口令的文本框
Me.Text4.SetFocus
End Sub
```

（2）确定（Command10）的事件过程代码如下：

```
Private Sub Command10_Click()
'确定
```

```
On Error GoTo Command10_err
Dim Mydb As Database
Dim R As Recordset
Set Mydb = CurrentDb
Set R = Mydb.OpenRecordset("LOCAUSER")
R.MoveFirst
If Trim(Me![Combo14]) = "" Or IsNull(Me![Combo14]) Then
  Exit Sub
End If
If Me.Combo14.Column(2) = Me![Text4] Then
  R.Edit
  R![用户 ID] = Me![Combo14]
  R.Update
  Set R = Nothing
  Set Mydb = Nothing
  Loginuser = Me![Combo14]
  DoCmd.Close
  Exit Sub
Else
   NUM = NUM + 1
   MsgBox ("口令不对，重新输入！")
   If NUM >= 3 Then
      DoCmd.Quit
   Else
      Me![Text4].SetFocus
      Exit Sub
   End If
End If
Command10_err:
DoCmd.Quit
End Sub
```

（3）取消（Command9）的事件过程如下：

```
Private Sub Command9_Click()
'取消
DoCmd.Quit
End Sub
```

（4）窗体出现运行错误时的事件过程如下：

```
Private Sub Form_Error(DataErr As Integer, Response As Integer)
'窗体出现运行错误时
Response = acDataErrContinue
End Sub

Private Sub Form_Open(Cancel As Integer)
'打开窗体时
Dim Mydb As Database
Dim R As Recordset
```

```
Dim MyComName, FindString As String
Dim Result As Boolean
Set Mydb = CurrentDb
Set R = Mydb.OpenRecordset("DEFAULTUSER", dbOpenDynaset, dbSeeChanges)
Result = GetCName(MyComName)
FindString = "终端名称='" & MyComName & "'"
R.FindFirst FindString
If R.NoMatch() Then
  MsgBox "不能在本机上运行该应用系统！", vbCritical, ProTitle
  DoCmd.Quit acQuitSaveNone
End If
Set R = Nothing
Set Mydb = Nothing
NUM = 0
End Sub
```

2. 收费项目管理窗体

收费项目管理的几个窗体比较近似，以收费项目_注销为例，其设计视图如图 12-9 所示。

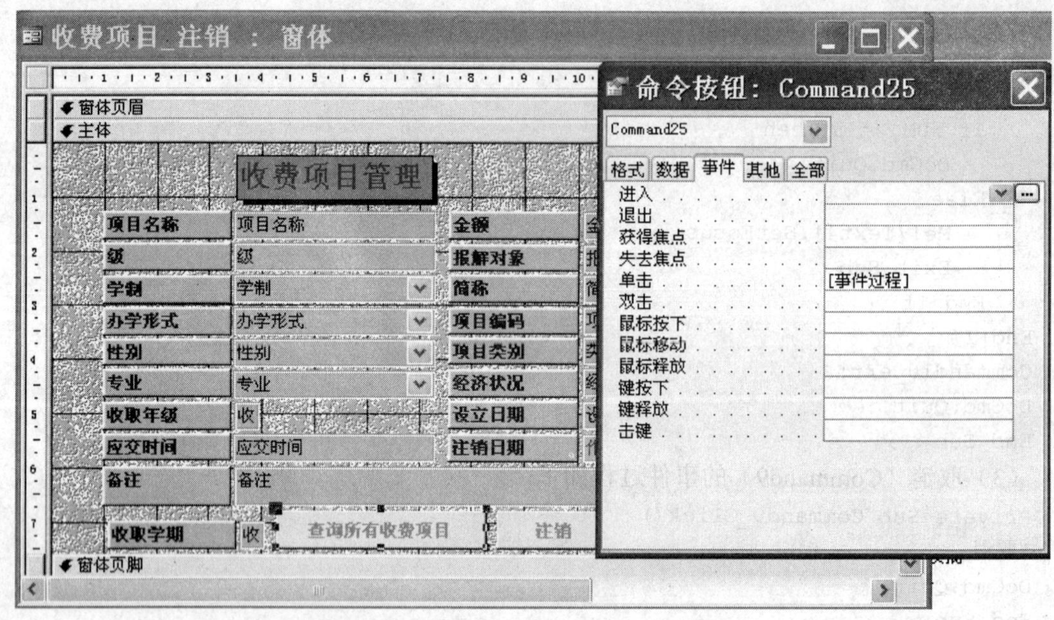

图 12-9　收费项目管理窗体的设计视图

窗体的 VBA 代码如下：

```
Option Compare Database
Option Explicit
Dim Operation As String
```

（1）查询所有收费项目（Command25）的事件过程代码如下：

```
Private Sub Command25_Click()
'查询所有收费项目
On Error GoTo Err_Command25_Click
   Dim stDocName As String
```

```
    stDocName = "所有收费项目"
    DoCmd.OpenForm stDocName, acFormDS, , , acFormReadOnly
Exit_Command25_Click:
    Exit Sub
Err_Command25_Click:
    MsgBox Err.Description
    Resume Exit_Command25_Click
End Sub
```

（2）注销（命令 28）的事件过程代码如下：

```
Private Sub 命令28_Click()
If IsNull(Me.作废日期) Then
Me.作废日期 = Date
Me.命令28.Caption = "取消注销"
Else
Me.作废日期 = Null
Me.命令28.Caption = "注销"
End If
End Sub
Private Sub Form_Current()
'注销项目
If IsNull(Me.作废日期) Then
Me.命令28.Caption = "注销"
Else
Me.命令28.Caption = "取消注销"
End If
Me.专业.Requery
End Sub
```

3. 收款单模板 1_增加窗体

窗体设计视图如图 12-10 所示，该窗体包含各子窗体。

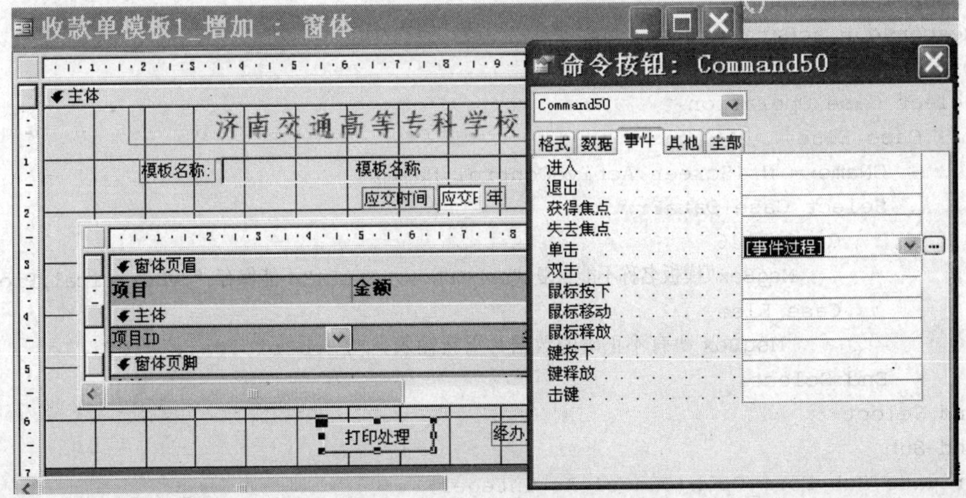

图 12-10　窗体设计视图

（1）打印处理（Command50）的事件过程。

窗体中的 VBA 代码如下：

```
Private Sub Command50_Click()
'打印处理
If Command64_Click() = True Then
    Dim stDocName As String
    Dim stLinkCriteria As String
    Dim arg As String
    stDocName = "报表处理"
    arg = "收款单模板_增加"
    DoCmd.OpenForm stDocName, , , stLinkCriteria, acFormReadOnly, , arg
End If
End Sub
```

（2）窗体出错时的事件过程（Form_Error），如图 12-11 所示。

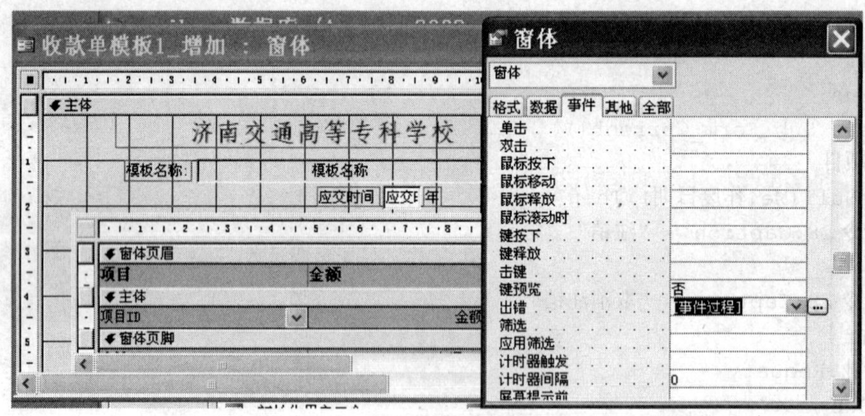

图 12-11　设置窗体出错的事件过程

```
Private Sub Form_Error(DataErr As Integer, Response As Integer)
'MsgBox DataErr
Response = acDataErrContinue
Dim CName As String
Select Case Operation
     Case Else
        CName = Nz(Screen.ActiveControl.Name)
        Select Case DataErr
            Case 3146
               MsgBox"模板名称不能重复!"&vbCrLf&vbCrLf&"不能保存。",vbCritical,ProTitle
            Case Else
               MsgBox "有不正确的数据！重新输入。", vbCritical, ProTitle
        End Select
End Select
End Sub
Private Sub Form_Open(Cancel As Integer)
Me.Label3.Caption = YHMC
End Sub
```

（3）保存数据 VBA 代码。

```
Private Function Command64_Click() As Boolean
'保存数据
Command64_Click = True
On Error GoTo Err_Command64_Click
   DoCmd.DoMenuItem acFormBar, acRecordsMenu, acSaveRecord, , acMenuVer70
Exit_Command64_Click:
   Exit Function
Err_Command64_Click:
   Command64_Click = False
   MsgBox Err.Description
   Resume Exit_Command64_Click
End Function
```

（4）子窗体的 VBA 代码。

```
Private Sub Form_Error(DataErr As Integer, Response As Integer)
If DataErr = 3146 Then
  MsgBox "收费项目不能重复", vbCritical, ProTitle
  Response = acDataErrContinue
End If
End Sub

Private Sub 项目_AfterUpdate()
Me![金额] = Me.项目.Column(2)
End Sub
```

4. 按批模板应收费 1 窗体的 VBA 代码

窗体设计视图如图 12-12 所示。

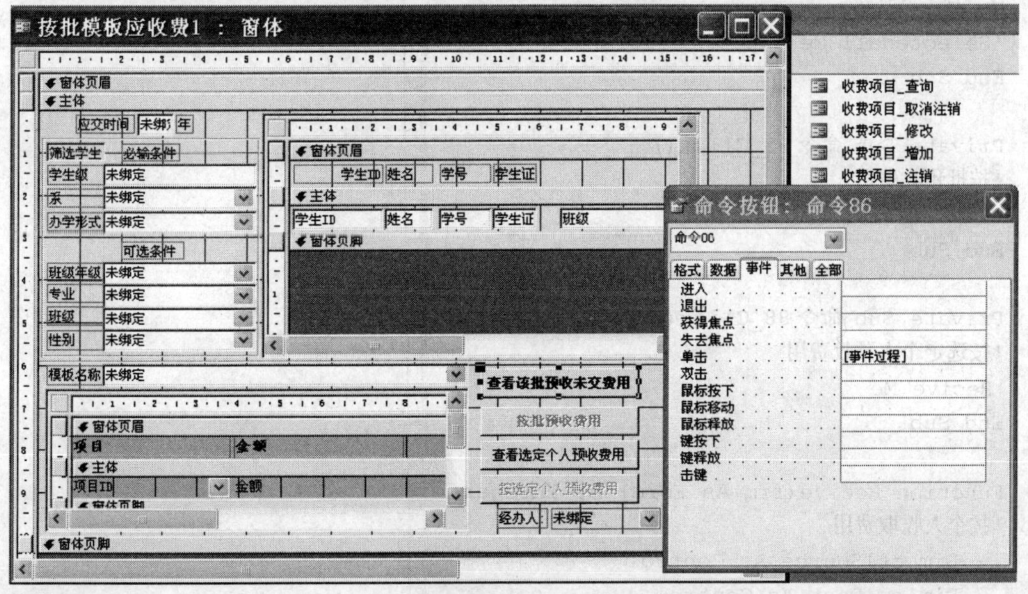

图 12-12　按批模板应收费窗体设计视图

窗体的 VBA 代码如下：

```
Option Compare Database
Option Explicit

Private Sub Combo20_AfterUpdate()
'班级数据更新后
'UNSelectedall Me
Me.列表75.Requery
Me.文本65.Requery
'Selectedall Me
End Sub

Private Sub Form_Open(Cancel As Integer)
Me.经办人 = Loginuser
End Sub

Private Sub 办学形式_AfterUpdate()
initvalue
'UNSelectedall Me
Me.列表75.Requery
'Selectedall Me
End Sub

Private Sub 级_AfterUpdate()
'UNSelectedall Me
Me![专业].Requery
Me.Combo20.Requery
Me.列表75.Requery
'Selectedall Me
End Sub

Private Sub 命令83_Click()
'按批预收费用
listselected Me
End Sub

Private Sub 命令88_Click()
'按选定个人预收费用
 Recive Me
End Sub

Function Recive(frm As Form) As Integer
'按个人收取费用
    Dim ctlSource As Control
    Dim ctlDest As Control
    Dim strItems As String
```

```
    Dim MyValue As Integer
    Dim sqlString As String
    Dim dbs As Database, rst As Recordset
    Dim strSQL As String
    ' 返回对当前数据库的引用
    Randomize    ' 对随机数生成器做初始化的动作
    MyValue = Int((32767 * Rnd))
    sqlString = "INSERT INTO 收款单 (学生 id, 模板号,经办人,审核人 ) select 学生 id ,
" & Me.模板名称 & " as exp2 ," & Loginuser & " AS EXP3," & MyValue & " as exp4 from
按批模板应收费_人 where 学生 id=" & Forms![按批模板应收费 1]![列表 75].Form![学生 ID]
    DoCmd.RunSQL sqlString
    sqlString = "INSERT INTO 收费记录 ( 收款单号, 项目 ID, 金额 )SELECT 收款单.收款
单号, 收款单模板 2.项目 ID, 收款单模板 2.金额 FROM 收款单模板 2, 收款单 "
    sqlString = sqlString & "WHERE 收款单.审核人= " & MyValue & " And 收款单模板
2.模板号 =  " & Me.模板名称 & " ORDER BY 收款单.收款单号;"
    DoCmd.RunSQL sqlString
    sqlString = "UPDATE 收款单 SET 收款单.审核人 = Null WHERE (((收款单.审核人)=" &
MyValue & "));"
    DoCmd.RunSQL sqlString
End Function
```

按批模板应收费 1 窗体的运行视图如图 12-13 所示。

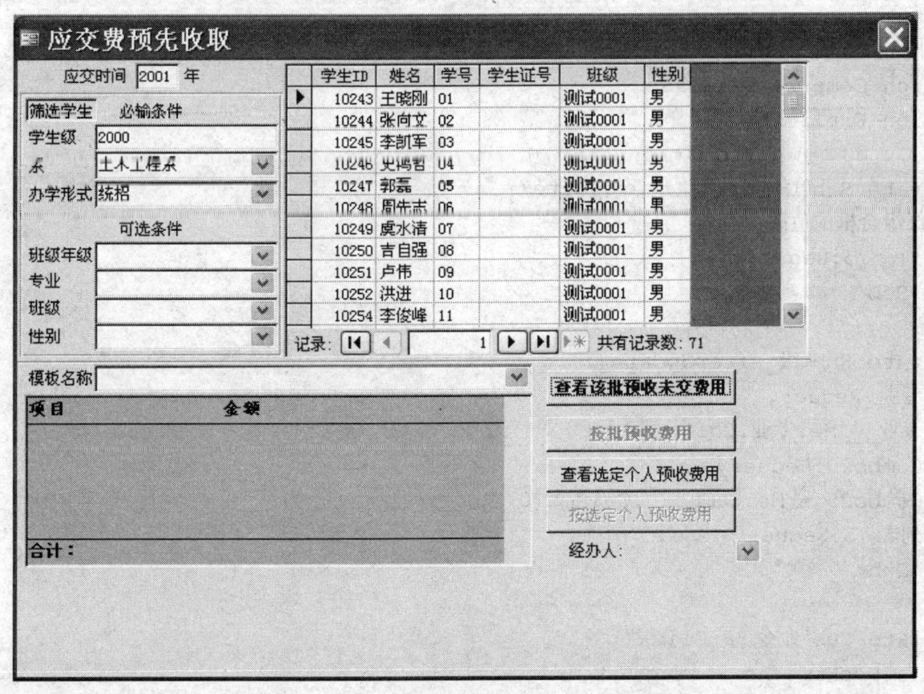

图 12-13　按批模板应收费窗体的运行视图

5．打印应交费单窗体

打印应交费单窗体财政缴款单，如图 12-14 所示，财政缴款单是专用单据，每张单据只有唯一的编号，打印作废的单据也要上缴。用支票交费要先输入银行账号。

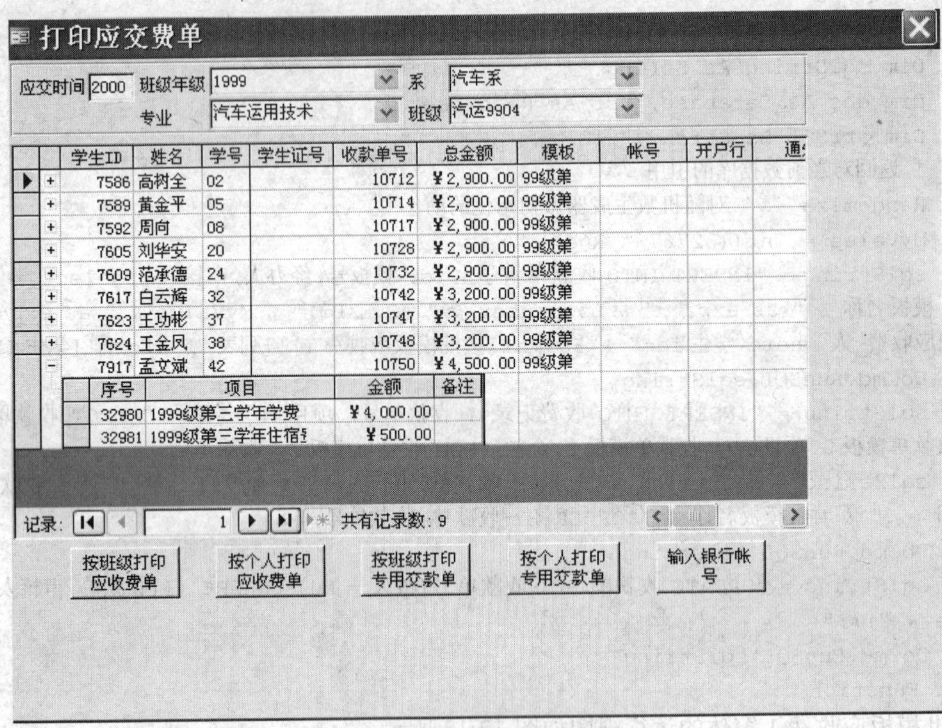

图 12-14 打印应交费单窗体

打印应交费单窗体的 VBA 代码如下：

```
Option Compare Database
Option Explicit

Private Sub Combo20_AfterUpdate()
'班级组合框的值改变后
Me.列表 75.Requery
End Sub

Private Sub 级_AfterUpdate()
Me.专业.Requery
Me.专业 = Me.专业.Column(0, 1)
Me.Combo20.Requery
Me.Combo20 = Me.Combo20.Column(0, 0)
Me.列表 75.Requery
End Sub

Private Sub 命令 88_Click()
Dim stDocName As String
Dim stLinkCriteria As String
Dim arg As String
stDocName = "报表处理"
arg = "应收款单_按批"
DoCmd.OpenForm stDocName, , , stLinkCriteria, acFormReadOnly, , arg
```

```
Set rs = Me.Recordset.Clone
rs.MoveFirst
Do While Not rs.EOF()
   rs.Edit
   rs!通知书号 = I
   rs.Update
   I = I + 1
   rs.MoveNext
Loop
Me.Refresh
End Sub

Private Sub 文本16_AfterUpdate()
'开始通知书号变化后
Me.命令20.Enabled = True
End Sub
```

6. 交费确认窗体 VBA 代码

输入内部收款号，进行交费确认，如图 12-17 所示。

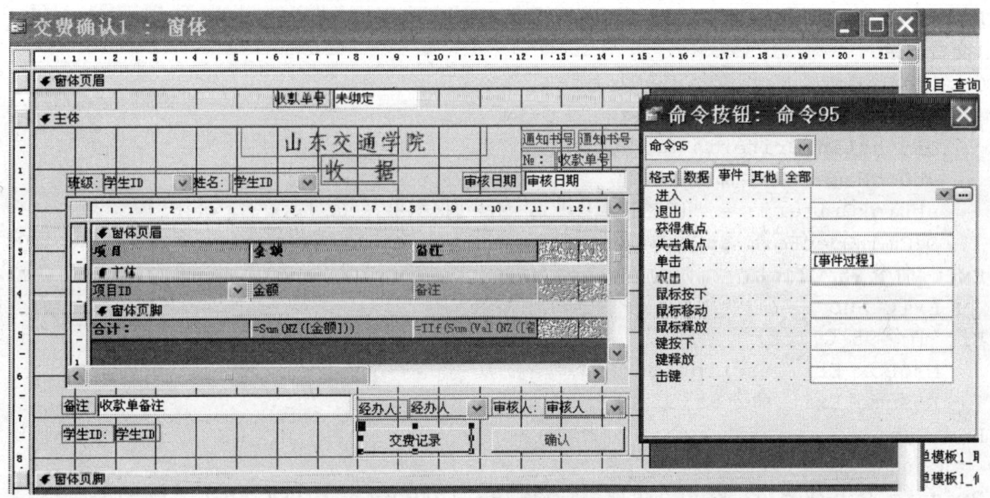

图 12-17　交费确认窗体

VBA 代码如下：

```
  Option Compare Database
    Option Explicit
Private Sub Form_Open(Cancel As Integer)
Me.Combo34.DefaultValue = Loginuser
Me.文本92.SetFocus
End Sub

Private Sub Text10_LostFocus()
'审核日期
Me.命令86.SetFocus
End Sub
```

```
Private Sub 命令86_Click()
'确认
Me.审核 = Not Me.审核
If Me.审核 = False Then
   Me.审核人 = Null
   Me.审核日期 = Null
   Me.命令86.Caption = "确认"
Else
   If IsNull(Me.审核日期) = True Then
     MsgBox "审核日期为空白，重新输入！", vbCritical, ProTitle
     Me.审核 = Not Me.审核
     Exit Sub
   End If
   Me.审核人 = Loginuser
   Me.命令86.Caption = "取消确认"
End If
Me.文本92.SetFocus
End Sub

Private Sub 命令95_Click()
'交费记录
On Error GoTo Err_命令95_Click
   Dim stDocName As String
   Dim stLinkCriteria As String
   stDocName = "全部收款单1"
   stLinkCriteria = "[学生ID]=" & Me![收款单.学生ID]
   DoCmd.OpenForm stDocName, acFormDS, , stLinkCriteria, acFormReadOnly
Exit_命令95_Click:
   Exit Sub
Err_命令95_Click:
   MsgBox Err.Description
   Resume Exit_命令95_Click
End Sub

Private Sub 文本92_KeyDown(KeyCode As Integer, Shift As Integer)
'在收款单号控件击键
Me.Detail.Visible = False
End Sub
```


12.6 主要报表设计

本系统报表设计可参考本书第 7 章的内容，该报表设计的难点是套打专用缴款通知书，由于专用缴款通知书是事先印制好的，适用于手工填写，打印时必须准确定位。为了解决这个问题，用扫描仪把空白的专用缴款通知书扫描成图形文件，把它作为报表的底图，以便于放置打印的数据项控件。交费项目时用子报表。

用扫描仪把空白的专用缴款通知书扫描成图形文件，把它作为报表的底图，以便于放置打印的数据项控件。专用缴款通知书按底图进行定位设计，实现定位套打。

定位套打的预览结果如图 12-18 所示。

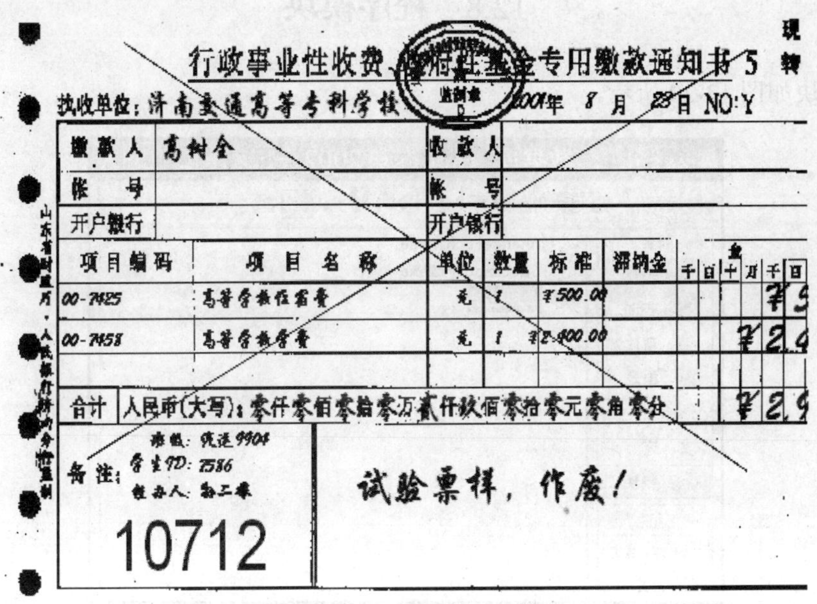

行政事业性收费、罚没收入基金专用缴款通知书 5

执收单位：济南交通高等专科学校　2001年 8 月 23日 NO:Y

缴款人	高树全	收款人				
帐号		帐号				
开户银行		开户银行				
项目编码	项目名称	单位	数量	标准	滞纳金	金额
00-7425	高等学校住宿费	元	1	￥500.00		￥5
00-7458	高等学校学费	元	1	￥2,400.00		￥2,4
合计	人民币(大写)：零仟零佰零拾零万贰仟玖佰零拾零元零角零分					￥2,9

备注：

试验票样，作废！

10712

山东省财政厅、人民银行济南分行监制

图 12-18　定位套打的预览结果

12.7　系统菜单和宏

可以自定义该系统的菜单，菜单可以在这个应用程序中使用，作为全局菜单，系统运行时显示，如图 12-19 所示。

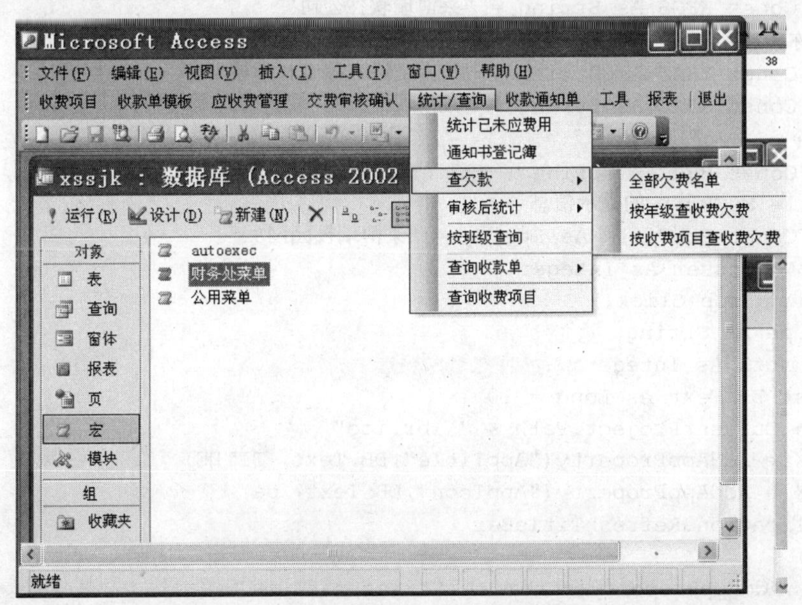

图 12-19　定义系统菜单

12.8　程序模块

程序模块如图 12-20 所示。

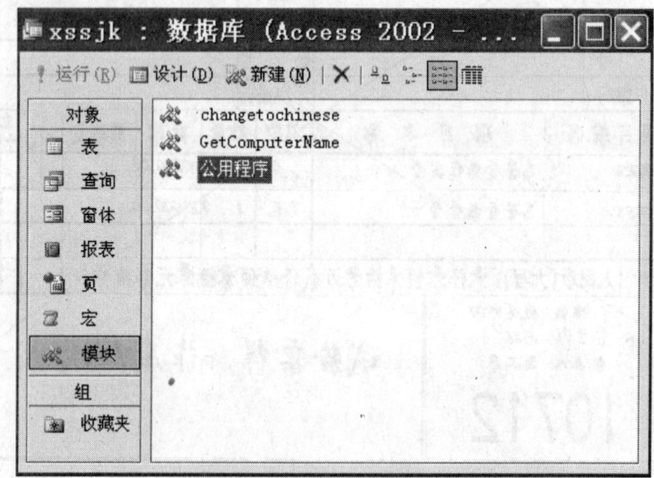

图 12-20　程序模块

1. 公用程序


```
Option Compare Database
'开发人员：沈祥玖　尹涛
'E-mail: yintao_001@163.com

Public SERVERNAME,TITLE,HELP As String
Public Const KFGS As String = "莱博瑞软件公司"
'用户名称
Public Const YHMC As String = "济南交通高等专科学校"
Public Const RJMC As String = "莱博瑞校园网_收费管理系统"
'用户口令
Public Const BBH As String = "V3.0"
'ProTitle MSGBOXS 的提示信息
Public Const ProTitle As String = "莱博瑞校园网"
Public Loginuser As Integer
Sub cmdAddProp_Click()
    Dim pa As String
    Dim intX As Integer
    Const DB_Text As Long = 10
    pa = CurrentProject.Path & "\lbr.ico"
    intX = AddAppProperty("AppTitle",DB_Text, TITLE)
    intX = AddAppProperty("AppIcon",DB_Text, pa)
    Application.RefreshTitleBar
End Sub
Function AddAppProperty(strName As String,varType As Variant,varValue As Variant)
As Integer
    Dim dbs As Object,prp As Variant
```

```
    Const conPropNotFoundError = 3270

    Set dbs = CurrentDb
    On Error GoTo AddProp_Err
    dbs.Properties(strName) = varValue
    AddAppProperty = True

AddProp_Bye:
    Exit Function

AddProp_Err:
    If Err = conPropNotFoundError Then
        Set prp = dbs.CreateProperty(strName,varType,varValue)
        dbs.Properties.Append prp
        Resume
    Else
        AddAppProperty = False
        Resume AddProp_Bye
    End If
End Function
Public Function showmenu(Menuname As String)
'显示系统的功能菜单
Dim Mydb As Database
Dim myBar
Set Mydb = CurrentDb
Set myBar = CommandBars(Menuname)
myBar.Visible = True
End Function
Public Function Closemenu(Menuname As String)
'关闭系统的功能菜单
Dim Mydb As Database
Dim myBar
Set Mydb = CurrentDb
Set myBar = CommandBars(Menuname)
myBar.Visible = False
End Function
Public Function SetBypassProperty()
Const DB_Boolean As Long = 1
If CurrentProject.Name Like "*mdb" Then
    'CurrentProject.ProjectType = acMDB Then
    ChangeProperty "AllowBypassKey",DB_Boolean,True
Else
    '对 MDE 文件关闭 shift
    ChangeProperty "AllowBypassKey",DB_Boolean,False
End If
End Function
```

2. Changetochinese

功能：把数值转化为中文，包括以下函数及过程：

```
Option Compare Database
Option Explicit
```

```
Function CHANGE(n) As String
'把单个数字转化为汉字
Select Case n
  Case 0
    CHANGE = "零"
  Case 1
    CHANGE = "壹"
  Case 2
    CHANGE = "贰"
  Case 3
    CHANGE = "叁"
  Case 4
    CHANGE = "肆"
  Case 5
    CHANGE = "伍"
  Case 6
    CHANGE = "陆"
  Case 7
    CHANGE = "柒"
  Case 8
    CHANGE = "捌"
  Case 9
    CHANGE = "玖"
End Select
End Function

Function je3(n As Currency) As String
'用于打印专用交款单
Dim le, w, I As Integer
Dim wm As String
n = 100 * n
If n < 1 Then
 je3 = "零 零 零 零 零 零 零 零 零 零"
 Exit Function
End If
je3 = ""
For I = 10 To 1 Step -1
 If I <= 0 Then
  w = Int(n * 10 ^ (1 - I))
 Else
  w = Int(n / 10 ^ (I - 1))
 End If
   je3 = je3 & CHANGE(w) & " "
  n = CDbl(n - w * 10# ^ (I - 1))
Next I
je3 = Trim(je3)
End Function
```


3. GetComputerName（得到当前计算机的名字）

```
'得到当前计算机的名字，用于系统的安全，只有允许的计算机才可以使用本收费系统
'声明 GetComputerName 函数，它是 API 函数
```

```
Declare Function GetComputerName Lib "kernel32" Alias "GetComputerNameA" (ByVal lpBuffer As String, nSize As Long) As Long
    '声明 SetComputerName
    Declare Function SetComputerName Lib "kernel32" Alias "SetComputerNameA" (ByVal lpComputerName As String) As Long
    '定义一个获取计算机名字的函数
    Public Function GetCName(CName) As Boolean
    Dim sComputerName As String       '计算机的名字
    Dim lComputerNameLen As Long      '计算机名字的长度
    Dim lResult As Long 'GetComputerName 的返回值
    Dim RV As Boolean 'GetCName 返回值，若为 TRUE 则表示操作成功
    lComputerNameLen = 256
    sComputerName = Space(lComputerNameLen)
    lResult = GetComputerName(sComputerName, lComputerNameLen)
    If lResult <> 0 Then
     CName = Left$(sComputerName, lComputerNameLen)
     RV = True
    Else
     RV = False
    End If
    GetCName = RV
  End Function

    '定义一个修改计算机名字的函数
    Public Function SetCName(CName As String) As Boolean
    Dim lResult As Long
    Dim RV As Boolean
    lResult = SetComputerName(CName)
    If lResult <> 0 Then
     RV = True '修改成功
    Else
     RV = False
    End If
    SetCName = RV
  End Function
```

专业数据库应用系统的设计与普通数据库应用系统的设计过程完全一样，主要不同点是在系统的强壮性及操作的方便性上。强壮性也称为容错性，应尽可能保证输入数据的正确性，防止用户无意或有意非法的操作，保证系统仍可以按照设计要求正常运行。操作的方便性指操作界面尽量与实际一致。这些需要进行 VBA 的编程。许多 VBA 代码可以用向导生产，只有少量的关键代码需用户设计，用户不要造成误会，以为开发专业数据库应用系统必须大量编程。

采用 C/S+B/S 的混合结构，对数据输入编辑操作用功能完善、强大的 C/S 结构。在整个

网络中对数据的查询采用 B/S 结构。整个系统的结构为速度很快的两层结构：数据库服务器、Web 服务器。服务器操作系统用 Windows Server。在 Access 数据库系统上开发设计，然后将其升迁到 SQL Server 2000 数据库系统中，Web 服务器用 IIS 5.0 以上。

开发一个教学管理系统（具体设计“选课信息管理”子系统），系统的模块结构如图 12-21 所示，请利用切换面板管理器集成系统。注意，各菜单所需连接的查询、窗体和报表都已建好，与“模块结构图”中最底层模块同名，不需要另建，只需集成即可。

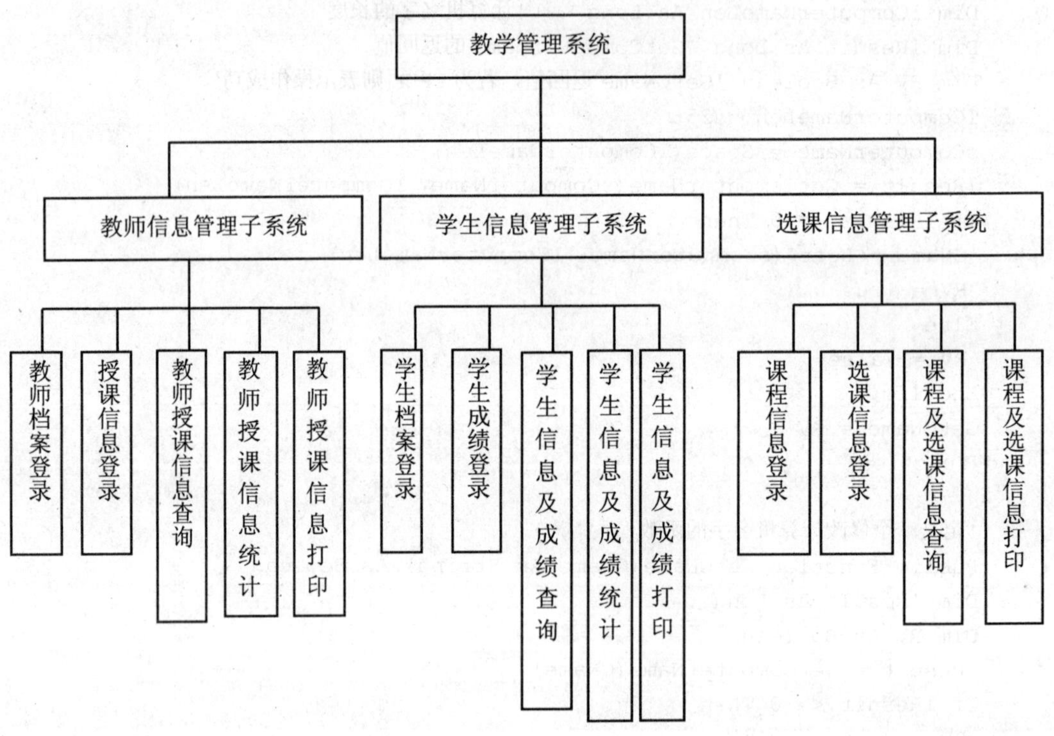

图 12-21　模块结构

1．设计完成“课程信息输入”窗体，如图 12-22 所示。

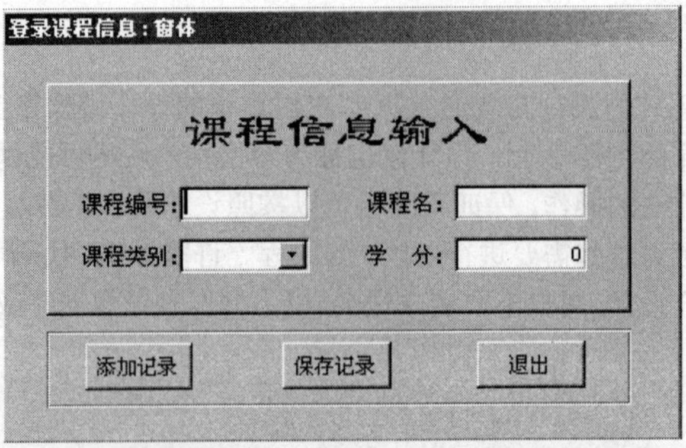

登录课程信息：窗体

课程信息输入

课程编号：　课程名：

课程类别：　学　分：0

添加记录　保存记录　退出

图 12-22　“课程信息输入”窗体

设计要求：

（1）以“课程表”为数据源创建纵栏表式窗体，加入标签、矩形框和命令按钮并调整至如图 12-23 所示。

（2）将“课程类别”文本框改为组合框，选项：必修课、选修课、限选课。

2．设计完成“学生选课信息输入”窗体，如图 12-23 所示。

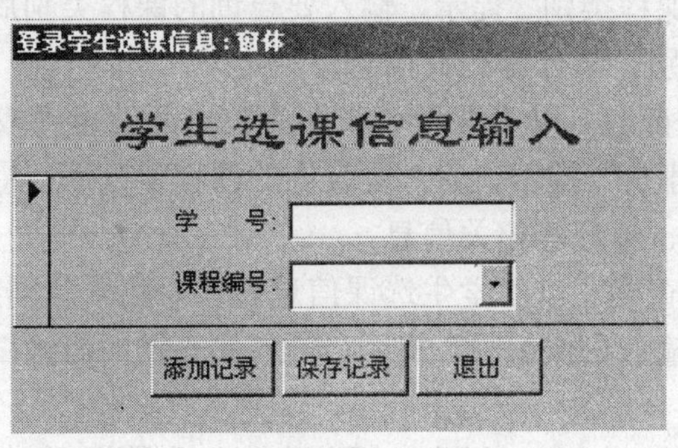

图 12-23　“学生选课信息输入”窗体

设计要求：

（1）以“学生选课表”为数据源创建纵栏表式窗体，加入标签和命令按钮并调整至如图 12 24 所示。

（2）将“课程编号”字段的文本框改为组合框，选项来源于“课程名表”。

3．设计完成 “课程及选课信息查询”窗体，如图 12-24 所示。

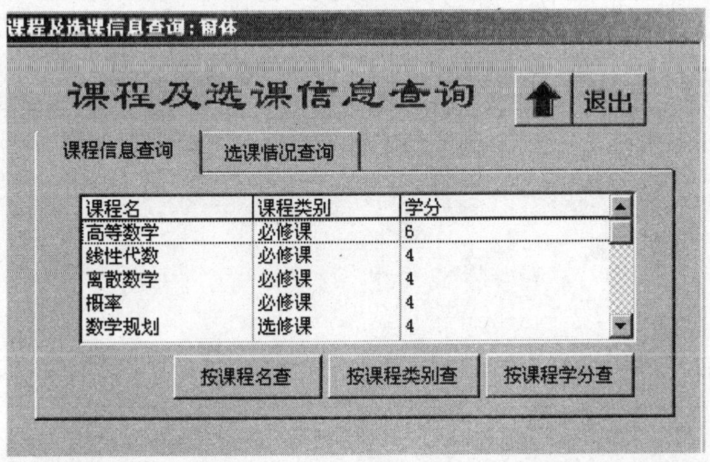

图 12-24　“课程及选课信息查询”窗体

设计要求：

（1）创建一个无数据源的空白窗体，加入标签和“退出”命令按钮并进行调整。

（2）在窗体中放入选项卡，一个是“课程信息查询”，另一个是“选课情况查询”。

（3）在“课程信息查询”选项卡中用列表框显示“课程表”的内容，在“选课情况查询”选项卡中的列表框的数据源为“学生档案表”、“课程名表”和“学生选课信息表”，显示班级编号、学号、姓名、所选课程等信息。

按要求完成以下查询：

1）“按课程名查”查询。以“课程名表”为数据源创建“按课程名查”查询，当查询运行时，弹出“请输入课程名称”提示，输入要查询的课程名后，将查出该课程的课程编号、课程名、课程类别、学分等相关信息。

2）“按课程类别查”查询。以“课程名表”为数据源创建“按课程类别查”查询，当查询运行时，弹出“请输入课程类别”提示，输入要查询的课程类别后，将查出该课程类别的课程编号、课程名、课程类别、学分等相关信息。

3）“按课程学分查”查询。以“课程名表”为数据源创建“按课程学分查”查询，当查询运行时，弹出“请输入学分”提示，输入要查询的课程学分后，将查出该学分的课程的课程编号、课程名、课程类别、学分等相关信息。

4）“按班级编号查”查询。以“学生选课信息表”为数据源创建“按班级编号查”查询，当查询运行时，弹出“请输入班级编号”提示，输入要查询的班级编号后，将查出该班级学生选课的相关信息。

5）“按学生学号查”查询。以“学生选课信息表”为数据源创建“按学生学号查”查询，当查询运行时，弹出“请输入学号”提示，输入要查询的学号后，将查出该学号学生选课的相关信息。

6）“按课程名称查”查询。以“课程名表”、“学生选课信息表”和“学生档案表”为数据源创建“按课程名称查”查询，当查询运行时，弹出“请输入课程名称”提示，输入要查询的课程名称后，将查出学生选该门课程的相关信息，并将“课程名”字段改名为“所选课程”。

（4）在选项卡中放入 6 个命令按钮，分别连接前面的 6 个查询。

参考文献

[1] 萨师暄，王珊．数据库系统概论（第三版）．北京：高等教育出版社，2000．

[2] 沈祥玖，尹涛等．数据库系统原理及应用（Access 2003）．北京：高等教育出版社，2007．

[3] 刘健南等．Access 2000 系统开发实务．北京：人民邮电出版社，2000．

[4] 苗雪兰，刘瑞新，王怀峰．数据库系统原理及应用教程．北京：机械工业出版社，2003．

[5] 丁宝康．数据库原理．北京：经济科学出版社，2000．

[6] 黄上腾，王绍英．数据库原理．上海：上海交通大学出版社，1996．

[7] 李爱中，何宇夫．数据库系统原理．北京：清华大学出版社，2000．

[8] 李爱中，何宇夫．数据库系统原理．北京：清华大学出版社，2000．

[9] （美）Michael Corey，Michael Abbey 等．数据仓库．希望图书创作室译．北京：北京希望电子出版社，2001．